Hager Daldoul

Prévalence de la BPCO dans la population tunisienne

Hager Daldoul

Prévalence de la BPCO dans la population tunisienne

Les causes qui y sont responsables

Presses Académiques Francophones

Impressum / Mentions légales
Bibliografische Information der Deutschen Nationalbibliothek: Die Deutsche Nationalbibliothek verzeichnet diese Publikation in der Deutschen Nationalbibliografie; detaillierte bibliografische Daten sind im Internet über http://dnb.d-nb.de abrufbar.

Information bibliographique publiée par la Deutsche Nationalbibliothek: La Deutsche Nationalbibliothek inscrit cette publication à la Deutsche Nationalbibliografie; des données bibliographiques détaillées sont disponibles sur internet à l'adresse http://dnb.d-nb.de.

Coverbild / Photo de couverture: www.ingimage.com

Verlag / Editeur:
Presses Académiques Francophones
ist ein Imprint der / est une marque déposée de
OmniScriptum GmbH & Co. KG
Heinrich-Böcking-Str. 6-8, 66121 Saarbrücken, Deutschland / Allemagne
Email: info@presses-academiques.com

Herstellung: siehe letzte Seite /
Impression: voir la dernière page
ISBN: 978-3-8416-3343-9

Zugl. / Agréé par: Tunisie, Faculté des Sciences de Bizerte, 2014

Dédicaces

&

Remerciements

Au moment d'écrire ces quelques phrases, la tâche m'apparaît plus difficile que prévue... : il y a beaucoup de personnes qui m'ont accompagnée et soutenue au cours de ce travail de thèse... Je souhaite n'avoir oublié personne.

Je dédie ce travail …

À mes chers parents Mohamed et Moufida

A qui je dois ce que je suis et ce que je serai.

Vous êtes ma vie, je ne parviens pas à exprimer tous mes sentiments et mon amour envers vous, c'est indiscutable.

Vous êtes la première école au sein de laquelle j'ai appris les secrets de la réussite dans la vie.

Par vos qualités humaines et votre perfectionisme vous serez toujours un Exemple pour moi.

Vos sacrifices, votre insistance à m'aider durant mon parcours de vie, vos précieux conseils, votre amour, votre présence, à la fois solide et discrète, à toutes les étapes de ma vie m'ont donné une grande confiance en moi et une volonté extrême de vous offrir le rêve que vous avez tellement attendu…

Je ferai de mon mieux pour rester à vos yeux une source intarissable de fierté, sans jamais vous décevoir.

À ma sœur Hayfa, son époux Sami, leurs enfants : Wael, Rihem, Ayoub

Les mots, les phrases et les paroles ne parviennent jamais à exprimer ma reconnaissance ainsi que mes sincères sentiments et la grande affection dont vous m'avez comblée.

À mon frère Haytham

Pour le soutien qu'il m'a accordé, pour ses précieux conseils et pour son aide.

Qu'il trouve ici l'expression de ma tendresse et de mon amour.

À l'âme de ma très chère Grand-mère Habiba

J'ai tellement espéré te voir à côté de moi à cet instant...

Que Dieu le tout puissant vous accorde clémence et miséricorde et vous reçoit dans son immense et éternel paradis.

À l'âme de mon cher oncle Béchir

Vous êtes parti avant que je termine cette thèse. Vous m'avez tellement appelée « Docteur»... Votre soutien et votre confiance m'ont encore poussée à terminer ce travail.

Que Dieu le tout puissant vous accorde clémence et miséricorde et vous reçoit dans son immense et éternel paradis

Aux Familles Daldoul, Eltaief et toute ma large famille

En témoignage de ma profonde et éternelle reconnaissance pour l'amour et la Sollicitude que vous ne cessez de me prodiguer. Je vous remercie du fond du cœur.

À tous mes amis,

En particulier Fadoua, Habiba, Amel, Chirine, Ines, Yassine, Zaki, Firas, Wahbi, Aymen, Meriam Tabka, Safa

Qui ont certainement contribué à ma motivation et leur compagnie a fait de mon passage une expérience inoubliable. Que ce travail soit le témoignage de mon affection et de ma reconnaissance.

HAGER DALDOUL ...

Remerciements

Ce travail de thèse a été réalisé au sein du Laboratoire de Physiologie et des Explorations Fonctionnelles, à la Faculté de Médecine de Sousse sous la direction bienveillante de **Monsieur le Professeur Zouhair TABKA.** Ce travail n'aurait sans doute pas vu le jour sans la collaboration, l'aide et le soutien de nombreuses personnes.

A mon Directeur de thèse, Monsieur le Professeur Zouhair TABKA,

Chef de Service de Physiologie et des Explorations Fonctionnelles EPS Farhat Hached de Sousse et Chef du Laboratoire de Physiologie à la Faculté de Médecine de Sousse,

Qui m'a accueillie durant ces années au sein de son service et sans qui je n'aurais ni collaboré à l'étude BOLD, ni mis sur pied ce projet de doctorat. Au cours de ces années, vous avez non seulement soutenu et accompagné la réalisation de cette thèse de bout en bout mais vous m'avez aussi permis de me former en physiologie et de me forger une expérience dans ce domaine. Outre les qualités scientifiques et intellectuelles dont j'ai bénéficié à vos côtés, je retiendrai aussi les qualités humaines, l'attention et la confiance que vous m'avez toujours témoignées. Vous êtes pour moi un modèle à suivre. J'espère que ce travail vous apparaîtra digne de la confiance que vous m'avez accordée et de l'exemple que vous m'avez donné.

A mon Co-Directeur de thèse, Madame Meriam DENGUEZLI BOUZGAROU,

Maître-Assistant à la Faculté de Médecine Dentaire de Monastir,

Je tiens à exprimer ma profonde gratitude pour vos conseils, votre aide et votre disponibilité qui m'ont permis d'élaborer ce travail. Votre gentillesse m'a énormément touchée. Au-delà de cette précieuse aide scientifique, vous avez toujours trouvé les mots d'encouragement les plus justes et m'avez apporté beaucoup de sérénité dans la réalisation de cette thèse. Recevez ici l'expression de ma profonde reconnaissance pour vos qualités scientifiques et humaines.

Je suis très reconnaissante à Monsieur le *Professeur Mossadok BEN ATTI*A d'avoir accepté de présider le jury de cette thèse.

J'exprime ma sincère gratitude à tous les membres du jury qui ont accepté, sans aucune réserve, d'évaluer cette thèse à sa juste valeur, et de me faire part de leur remarques sûrement pertinentes qui, avec un peu de recul, contribueront, sans nul doute, au perfectionnement du présent travail.
Je remercie très chaleureusement les **Professeurs Khémais BEN RHOUMA et Saloua BEN KHAMSSA** pour avoir accepté d'être rapporteurs de cette thèse. Je leur suis très reconnaissante pour l'intérêt qu'ils ont porté à mon travail, ceci tout en ayant un regard critique, juste, avisé et constructif.
J'adresse mes sincères remerciements aux **Professeurs Abdelaziz HAYOUNI** et **Ghazi SAKLI** pour m'avoir fait l'honneur d'évaluer mon travail et pour avoir accepté de participer au jury.

A Monsieur Imed HARRABI,
Professeur Agrégé au Service d'épidémiologie et de statistiques médicales au CHU Farhat Hached de Sousse,

Qui m'avez plusieurs fois reçue avec beaucoup de gentillesse pour discuter des questions de méthodologie statistique. Veuillez trouver dans ce travail l'expression de ma profonde gratitude et respect.

A Monsieur le Docteur Imed LAATIRI,
Maître-Assistant à la Faculté de Médecine de Sousse

Je vous remercie infiniment pour votre aide, votre gentillesse et votre disponibilité.

Je remercie aussi *Madame Hédia ALOUCH*, pour son aide et sa gentillesse.
Je remercie également **Monsieur Mohamed NABI** et **Monsieur Fradj BOUGATTAYA** pour leur disponibilité et leur aide.

Je remercie également très vivement *les laboratoires Boehringer-Ingelheim* pour leur subvention concernant le matériel utilisé dans cette étude (les spiromètres), ainsi que le *Centre « Imperial College London » relatif au projet de la charge des maladies pulmonaires obstructives (BOLD).*

A tous les Doctorants et les étudiants en mastère de notre laboratoire:
Merci pour votre esprit d'équipe et vos soutiens d'encouragement.

Au personnel hospitalier du service de Physiologie et des Explorations Fonctionnelles EPS Farhat Hached de Sousse, du Laboratoire de Physiologie à la Faculté de Médecine de Sousse et aussi le personnel du Service d'épidémiologie et de statistiques médicales au CHU Farhat Hached de Sousse,
Pour leur disponibilité et leur gentillesse.

Nombreuses sont les personnes qui, à un moment ou à un autre, par leur aide, leur présence ou leur soutien, ont permis que ce travail soit réalisé dans les meilleures conditions. Ce travail est aussi le leur. Qu'elles en soient remerciées.

Un grand merci à tous les sujets qui ont accepté de participer à ce travail de recherche. Merci pour votre disponibilité et votre patience.

SOMMAIRE

III

LISTE DES FIGURES

V

LISTE DES TABLEAUX

LISTE DES ABREVIATIONS

AAT	Alpha 1-Antitrypsine ou α1-antitrypsine
ATS	American Thoracic Society
BD	Bronchodilatateur
BOLD	Burden of Obstructive Lung Disease
BPCO	BronchoPneumopathie Chronique Obstructive
Bpm	Battements par minute
BTPS	Température du corps, pression barométrique, saturé en vapeur d'eau dans ces conditions
BTS	British Thoracic Society
CDVM	Courbe Débit-Volume Maximale
CHSCT	Comités d'Hygiène, de Sécurité et des Conditions de Travail
CIRDD	Centre d'Information et de Ressources sur la Drogue et les Dépendances
CM	Champs Magnétiques
Cm	Centimètres
CO	monoxyde de carbone
CPT	Capacité Pulmonaire Totale
CRAMAM	Caisse Régionale d'Assurance Maladie d'Alsace-Moselle
CRPC	Reactive Protein ou Protéine C réactive
CVou **CVL**	Capacité Vitale ou Capacité Vitale Lente
CVF	Capacité Vitale Forcée
DEM 25	Débit Expiratoire Maximal à 25% de la CVF
DEM 50	Débit Expiratoire Maximal à 50% de la CVF
DEM 75	Débit Expiratoire Maximal à 75% de la CVF
DEM 25-75	Débit Expiratoire Maximal entre 25 et 75 % de la CVF
DEMM	Débit Expiratoire Maximal Médian.
DEP	Débit Expiratoire de Pointe
DVO	Déficit Ventilatoire Obstructif
ECRHS	European Community Respiratory Health Survey
EFR	Epreuves Fonctionnelles Respiratoires
ERS	European Respiratory Society
FET	Forced Expiratory Time (durée de l'expiration forcée)

GOLD	Global Obstructive Lung Disease
HRB	Hyperréactivité Bronchique
IC 95%	Intervalle de Confiance à 95%
ID	Identifiant
ID Tech	Identifiant du technicien
IMC	Indice de Masse Corporelle
IMG	Index de Masse Grasse
IMNG	Index de Masse Non Grasse
INRS	Institut National de Recherche et de Sécurité
ISCO Code	Code du travail
Kg	Kilogrammes
LIN	Limite Inférieure de la Normale (LLN : Lower Limit of Normal)
L.s^{-1}ou L/s	Litre par seconde
Mcg	Microgrammme
MCV	Maladie Cardiovasculaire
ml	millilitres
MNG ou MM	Masse Non Grasse ou Masse Maigre
NE	polynucléaire Neutrophile
NHLBI	National Heart Lung and Blood Institute
OBE	Obstruction Bronchique Extrinsèque
OBI	Obstruction Bronchique Intrinsèque
OC	Centre des opérations (Operations Center)
OMS	Organisation Mondiale de la Santé
OR	Odds Ratio
PAPPA	Pathologies Professionnelles Pulmonaires en milieu Agricole
Pel	Pression de rétraction élastique
PFRC	Centre de lecture de la fonction pulmonaire
Post-BD	Post Bronchodilatateur
RNS	espèces réactives de l'azote
ROS	espèces réactives de l'oxygène
S	Seconde
SF-12	ensemble de questions pour évaluer l'état de santé global
SPLF	Société de Pneumologie de Langue Française

TVO	Trouble Ventilatoire Obstructif
VEMS$_1$	Volume Expiratoire Maximum en une Seconde
VEMS$_6$	Volume Expiratoire Maximum en 6 Secondes
VEMS/CVF	Volume Expiratoire Maximum en une Seconde/Capacité Vitale Forcée
VR	Volume Résiduel
VRE	Volume de Réserve Expiratoire

INTRODUCTION
GENERALE

L'histoire naturelle de la BPCO est définie comme l'évolution spontanée de la maladie. Étudier cette histoire, c'est déterminer les facteurs prédictifs ou explicatifs de cette évolution. Un des objectifs des thérapeutiques de la BPCO est de modifier l'histoire naturelle de la maladie, c'est-à-dire de ralentir sa progression en transformant ainsi l'histoire naturelle en une histoire « artificielle » moins péjorative (Roche 2008).

Les études évaluant l'histoire naturelle de la BPCO ont porté sur la mesure du déclin du VEMS ou sur la mortalité. Dans une étude restée classique, Fletcher et Peto ont ainsi décrit l'évolution du VEMS au cours de la vie en modélisant les données obtenues sur une cohorte d'hommes suivis sur une période de 8 ans (Fletcher et Peto 1977).

Au début des années 1980, deux études, aux caractéristiques méthodologiques discutables selon les critères actuels, ont montré l'impact positif de l'oxygénothérapie de longue durée chez les patients hypoxémiques atteints de BPCO (Nocturnal OxygenTherapy Trial Group 1980 ; Medical Research Council Working Party1981).

Plus récemment, les données de la *Lung Health Study* portant sur près de 4000 patients atteints d'une BPCO modérée ont confirmé l'existence d'un déclin rapide du VEMS et l'efficacité du sevrage tabagique dans la réduction de la vitesse du déclin du VEMS (Scanlon et al. 2000).

Plusieurs études ont évalué l'impact d'interventions thérapeutiques sur la mortalité. Ainsi, la *British Doctor's Study*, une étude transversale réalisée chez 34 439 médecins anglais entre 1948 et 1950 avec un suivi longitudinal de la mortalité jusqu'à 2001, a montré que l'intoxication tabagique était un facteur de risque de mortalité et que l'arrêt du tabac était associé à une survie plus prolongée (Doll et al. 2004).

Puis, la *Lung Health Study*, qui avait évalué un protocole de sevrage tabagique chez des patients atteints de BPCO modérée, a montré que la mortalité après près de 15 ans de suivi était diminuée chez les patients ayant définitivement interrompu leur intoxication tabagique (Anthonisen et al. 2005). Encore plus récemment, l'étude TORCH n'a pas montré de bénéfice significatif sur la survie à 3 ans chez des patients atteints de BPCO modérée à sévère traités par salmétérol-fluticasone par rapport au placebo (Calverley et al. 2007).

Dans les dernières années, de nombreux facteurs associés à une surmortalité chez les patients atteints de BPCO ont été identifiés. La liste des facteurs pronostiques comprend ainsi : l'âge, le VEMS, la réduction de l'activité physique et la diminution de la capacité à l'exercice, les anomalies des échanges gazeux, l'élévation de la CRP, la dénutrition et la diminution de la masse maigre (masse musculaire), l'anémie, la dyspnée, la qualité de vie, les exacerbations, la présence de comorbidités, la dépression et la présence de troubles cognitifs (Roche 2008).

Ainsi, la bronchopneumopathie chronique obstructive est un problème de santé publique majeur croissant qui devrait nous préoccuper tous (WHO 2013), passant en 15 ans dans le monde du 5ème au 3ème rang en termes de mortalité, et du 12ème au 5ème comme cause de handicap (Roche et Huchon 2004).

La BPCO est une pathologie évitable et fréquente d'installation progressive caractérisée par une réduction partiellement ou non réversible du débit expiratoire. Elle est associée à une inflammation des voies aériennes distales au contact de particules aériennes nocives. La limitation ventilatoire est causée par l'association d'une bronchiolite obstructive liée à une réponse inflammatoire chronique supranormale et aux changements structuraux liés au processus emphysémateux. Le résultat est une diminution de la capacité d'échange gazeux engendrant une hypoxie et une hypercapnie progressives. Cette affection est caractérisée par des épisodes d'exacerbations dont la fréquence et la sévérité augmentent à mesure que la pathologie de base progresse (GOLD 1997).

Donc, au niveau respiratoire, la BPCO est caractérisée par une obstruction lente et progressive des voies aériennes et des poumons, associée à une distension permanente des alvéoles pulmonaires avec destruction des parois alvéolaires. Elle est caractérisée par la diminution non complètement réversible des débits expiratoires (SPLF 2001 ; Garnier et Delamare 2002). Il s'agit principalement de la bronchite chronique et de l'emphysème. La BPCO se manifeste souvent par une bronchite chronique (toux chronique avec production de sécrétions, pendant au moins 3 mois par an depuis plus de 2 années consécutives). Le rétrécissement des bronches malades freine le passage de l'air, entraînant un essoufflement d'abord à l'effort, puis au repos. Une destruction progressive des poumons (emphysème) peut s'ajouter au rétrécissement chronique des bronches.

Lorsque la maladie évolue, elle aboutit souvent à l'inefficacité des échanges gazeux, c'est à dire à une baisse du contenu en oxygène dans le sang (insuffisance respiratoire) qui peut finalement retentir sur le fonctionnement du cœur (SPLF 2001).

L'inflammation chronique des poumons est impliquée dans les dysfonctionnements constatés au niveau musculaire. Chez le patient atteint de BPCO, le métabolisme anaérobie se retrouve préférentiellement sollicité, au détriment du métabolisme aérobie. L'excés de l'utilisation de la filière anaérobie entraîne une hyperlactatémie et une acidose chronique. Par rétrocontrôle, l'hyperlactatémie va déclencher une augmentation de la fréquence respiratoire et une aggravation de la dyspnée. L'entretien et la restauration du fonctionnement du métabolisme aérobie apparaît aujourd'hui comme un enjeu majeur de réadaptation en faveur de la qualité de vie des patients souffrant de BPCO (SPLF 2001 ; Garnier et Delamare 2002).

En effet, la BPCO est reconnue comme un facteur de risque cardio-vasculaire indépendant. Les conséquences systémiques (cardio-vasculaires, musculo-squelettiques et métaboliques) de la BPCO contribuent à la morbidité et à la mortalité (GOLD 1997).

Des chiffres récents de l'OMS montrent qu'environ 210 millions de personnes souffrant de BPCO dans le monde entier dont plus de 3 millions de décès en 2005, qui est égale à 5% de tous les décès dans le monde (WHO 2013). Cette évolution est liée au vieillissement de la population, mais surtout au tabagisme. Et pourtant la maladie est encore mal connue par les patients, et largement sous-diagnostiquée par les médecins, et cela dans tous les pays (Roche et Huchon 2004 ; Devereux 2006).

Cette maladie est la conséquence de l'inhalation chronique d'agents irritants tels que le tabac qui conduit à la réduction du débit expiratoire se traduisant par une intolérance à l'effort (ATS/ERS 1999). Le pronostic de la BPCO reste mauvais malgré l'amélioration des traitements. Les travaux actuels montrent ainsi que la BPCO ne doit plus être considérée comme une simple maladie respiratoire, mais de part sa chronicité et sa physiopathologie, comme une véritable maladie générale (Agusti et al. 2003 ; Wouters et al. 2002).

Elle est aujourd'hui l'exemple même d'une maladie chronique dont la prise en charge relève, au moins pour une longue période, des soins primaires. Elle progresse au rythme d'épisodes d'exacerbations, dont, sauf cas graves, la très grande majorité peut et doit être prise en charge en ambulatoire, même si cela impose un suivi rapproché pour vérifier l'efficacité du traitement et l'absence d'aggravation nécessitant une hospitalisation (Gallois et al. 2007)

En effet, la broncho-pneumopathie chronique obstructive est une principale cause de morbidité et de mortalité dans les pays de haut, moyen et faible revenu. Selon les estimations de l'OMS, le projet de «Global Burden of Disease and Risk Factors» (Lopez et al. 2006) montre que, en 2001, la BPCO est la 5ème cause de décès dans les pays à revenu élevé, ce qui représente 3,8% du total des décès, et c'était la sixième cause de décès chez les nations de revenu faible ou intermédiaire, ce qui représente 4,9% du total des décès. Dans ce même rapport, la BPCO est la septième et dixième principale cause de l'incapacité de l'ajustement des années de vie dans les pays au revenu élevé et dans ceux de faible ou moyen revenu, respectivement (Lopez et al. 2006).

Dans ce contexte, les données épidémiologiques sur la BPCO sont très limitées en Afrique du Nord et surtout en Tunisie. La comparaison de la prévalence de la BPCO en Tunisie avec celles dérivées des études de la littérature internationale a montré que la prévalence estimée en Tunisie a été faible par rapport à l'Amérique et à l'Europe et la maladie est certainement sous-diagnostiquée (Ben Abdallah Chermiti et al. 2011). En effet seules quelques études se sont intéressées à ce problème mais la méthodologie utilisée ne répondait pas aux exigences des études épidémiologiques. Dans une étude épidémiologique réalisée en Tunisie, la prévalence de la BPCO a été estimée à 3,8% (1,1% chez les femmes et 6,6% chez les hommes) (Maalej et al. 1986 ; Laroussi et al. 1984).

Une autre étude consacrée aux maladies secondaires au tabagisme a été effectuée par Fakhfakh et al. (2001) et a évalué le taux de décès par BPCO secondaire au tabac à 84% chez l'homme et 35% chez la femme (Fakhfakh et al. 2001). Ceci confirme qu'en Tunisie, le nombre des fumeurs ne cesse d'augmenter surtout chez les hommes pour atteindre la moitié de la population masculine. On compte actuellement des milliers d'insuffisants respiratoires chroniques qui ne peuvent plus vivre sans oxygène en ambulatoire. Les études épidémiologiques qui ont été faites auparavant, et dont les résultats ne reflétaient point la réalité du terrain ne sont plus fiables aujourd'hui (il est estimé que le taux de fréquence de la BPCO se situe entre 5 et 10%). Donc, en Tunisie, cette maladie souffre d'un déficit de notoriété même chez les médecins de première ligne (Adhadhi 2012).

Les études anatomiques ont permis de classifier les lésions caractéristiques de la BPCO et de proposer des corrélations anatomo-fonctionnelles. Si l'hypertrophie des glandes sous-muqueuses, l'aspect tortueux des bronchioles, la perte des attaches alvéolaires et l'emphysème sont les lésions les mieux corrélées à la réduction du débit expiratoire, il est désormais clair que l'inflammation des voies aériennes joue un rôle central. Cette inflammation est la conséquence directe de l'inhalation de la fumée du tabac. Elle va être source d'un déséquilibre protéases-antiprotéases, altérant la matrice extracellulaire du poumon, et d'une agression oxydative de toxicité directe pour les cellules. L'inflammation entraîne des lésions directes, mais elle est indissociable du processus de réparation de ces lésions. Lorsque l'inflammation est chronique, comme c'est le cas dans la BPCO, la réparation des lésions est rarement harmonieuse, mais « cicatricielle », déformante (Similowski et al. 2004).

En effet, la spirométrie est le test le plus largement utilisé de la fonction pulmonaire. Il est relativement simple, c'est un test non invasif qui mesure le volume d'air expulsé par les poumons pleinement gonflés en fonction du temps (Crapo 1994; Ferguson et al. 2000). La spirométrie doit être utilisée dans les soins primaires comme un outil de dépistage pour la détection précoce de la BPCO chez tous les patients âgés de 45 ans et plus, fumeurs actuels, ainsi que ceux présentant des symptômes respiratoires (Ferguson et al. 2000). Le diagnostic spirométrique repose sur un rapport de Tiffeneau (VEMS/CVF) < 0,7 (GOLD 1997).

Bien que la principale cause de la BPCO est le tabagisme, d'autres preuves ont impliqué les expositions professionnelles et environnementales comme facteurs étiologiques complémentaires (Balmes et al. 2003 ; Trupin et al. 2003). L'exposition professionnelle est un facteur de risque sous-estimé de la BPCO (GOLD 2013 [a] ; Trupin et al. 2003 ; Hnizdo et al. 2002 ; Hnizdo et al. 2004). Cette exposition comprend les poussières organiques et inorganiques ainsi que les agents chimiques et les fumées.

Les données fiables sur la prévalence de la BPCO manquent pour de nombreuses régions du monde, malgré la fréquence des facteurs de risque majeurs pour la BPCO, tels que le tabagisme, l'utilisation des combustibles de la biomasse, et la pollution atmosphérique (Halbert et al. 2003). L'utilisation des combustibles de la biomasse, comme le bois pour la cuisson, augmente le risque de la BPCO par trois ou quatre fois (Malik 1985 ; Dennis et al. 1996), et peut être un facteur important de prévalence de la BPCO dans certaines parties du monde, en particulier dans les pays en développement et les zones rurales (Chen et al. 1990 ;

De Koning et al. 1985). Ceci a été montré aussi dans les pays industrialisés européens d'après une étude espagnole publiée dans la revue "European Respiratory Journal" (ERJ) (Richard 2006).

Ainsi, il paraît incontournable d'étudier l'hypothèse selon laquelle les facteurs de risque augmenteraient l'incidence et la prévalence de la BPCO. Notre participation au projet international « BOLD », par lequel la prévalence de cette maladie en Tunisie sera établie, permettra de contribuer à l'évaluation non seulement de la prévalence de la BPCO mais aussi à l'identification d'un ensemble de facteurs de risque.

A notre connaissance, aucune étude n'a établie la prévalence de la BPCO en Tunisie d'une manière qui répond aux normes des études épidémiologiques. C'est pourquoi, dans la présente thèse, nous avons émis trois objectifs :

1. Déterminer la prévalence de la BPCO, en tenant compte notamment du tabagisme,
2. Explorer le rôle de la profession dans la genèse des maladies respiratoires et en particulier la BPCO,
3. Analyser les autres facteurs de risque impliqués dans la prévalence de la BPCO.

Le développement d'un modèle valide pour prévoir la charge des BPCO dans le futur ainsi que de proposer des moyens de lutte contre cette maladie constitue la finalité de notre étude.

SYNTHESE
BIBLIOGRAPHIQUE

A/ LE TABAGISME... EN TANT QUE PRINCIPAL FACTEUR DE RISQUE DE LA BPCO

I. DEFINITION ET CLASSIFICATION DE LA BPCO

I.1. Définition de la BPCO

I.1.1. Définition de l'ATS (1995)

Selon la définition de l'ATS, la BPCO est une obstruction bronchique permanente (documentée par la chute du rapport VEMS/CV) liée à la bronchite chronique ou l'emphysème ou à leur association ; l'obstruction bronchique est généralement progressive, peut s'accompagner d'hyperréactivité bronchique et peut être partiellement réversible. On n'inclut plus l'asthme dans les BPCO, ni les affections d'étiologie précise comme la mucoviscidose ou la bronchiolite oblitérante (ATS[a] 1995).

I.1.2. Définition de la BPCO (2002), (1ère version de GOLD)

Le projet GOLD a vu le jour en 2001 (GOLD 2001), résultant d'une initiative conjointe entre le National Heart Lung and Blood Institute américain (NHLBI) et l'Organisation Mondiale de la Santé (OMS) afin de lutter contre la BPCO (Coltey et al. 2002). Le programme GOLD se veut être un cadre de propositions et de réflexions malléables en fonction des caractéristiques propres à chaque pays. Selon ce texte, la BPCO est un état caractérisé par une limitation des débits aériens qui n'est pas (complètement) réversible. La limitation des débits aériens est progressive et le plus souvent associée à une réponse inflammatoire anormale des poumons à des agents nocifs particuliers ou gazeux (Pauwels et al. 2001).

I.1.3. Définition plus récente de la BPCO (GOLD)

La définition de travail de la BPCO, comme indiquée dans la Mise à jour 2006 de « Global Initiative for Obstructive Lung Disease (GOLD) guidelines », est que la BPCO est «une maladie évitable et traitable avec certains effets significatifs extrapulmonaires qui contribuent à la sévérité individuelle chez les patients. Sa composante pulmonaire est caractérisée par une limitation du débit aérien, qui n'est pas entièrement réversible. « La limitation du flux d'air est généralement progressive et associée à une réponse anormale inflammatoire des poumons à des particules nocives ou de gaz » (GOLD 2007). Cette définition est mise à jour aussi par GOLD en 2013, où il a été signalé que les exacerbations et les comorbidités contribuent à une gravité globale chez les différents patients (GOLD 2013 [a] ; GOLD 2013 [b]).

I.2. Classification spirométrique de la gravité de la BPCO

La classification spirométrique de la gravité de la maladie en 4 stades est recommandée (Tableau 1). La spirométrie est essentielle pour le diagnostic et donne une description utile de la gravité des changements pathologiques dans la BPCO. Des points de césure spirométriques spécifiques (le rapport postbronchodilatateur $VEMS_1/CVF<0,70$ ou $VEMS_1<80$, 50, ou 30% prédit) sont utilisés à des fins de simplicité: ces points de césure n'ont pas été cliniquement validés. Une étude sur un échantillon aléatoire de la population a trouvé que le rapport VEMS/CVF postbronchodilatateur dépasse 0,70 dans tous les groupes d'âge, en soutenant l'utilisation de ce rapport fixe (Johannessen et al. 2006). Cependant, parce que le processus du vieillissement affecte les volumes pulmonaires, l'utilisation de ce rapport fixe peut entraîner le sur-diagnostic de la BPCO chez les personnes âgées, et le sous-diagnostic chez les adultes âgés de moins de 45 ans (Cerveri et al. 2001). Toutefois, certaines études, telle que l'étude libanaise effectuée en 2012 (Salameh et al. 2012), indiquent que la spirométrie n'est pas indispensable au diagnostic. En effet, les données ont été tirées d'une étude épidémiologique transversale. Après la réduction des symptômes respiratoires chroniques, une régression logistique a été utilisée pour sélectionner les facteurs de risque et les symptômes de la BPCO. Les coefficients arrondis ont généré un score pour le diagnostic de la BPCO. Ce score a distingué les personnes ayant la BPCO des autres ayant seulement des symptômes respiratoires. Donc, ce score a constitué un outil pour le diagnostic de la BPCO et il a été utilisé avec de bonnes propriétés dans le cadre épidémiologique, ainsi, la spirométrie peut ne pas être nécessaire (Salameh et al. 2012).

Tableau 1 : Les stades de gravité de la BPCO selon GOLD (GOLD 2010)

Stade	Caractéristiques
1: BPCO débutante ou douce Caractérisée par l'obstruction bronchique légère	$VEMS_1/CVF < 0,70$ $VEMS_1 \geq 80\%$ des valeurs prédites Avec ou sans symptômes chroniques (toux, expectoration). L'individu est généralement ignorant que sa fonction pulmonaire est anormale.
2: BPCO modérée caractérisée par l'aggravation de l'obstruction bronchique	$VEMS_1/CVF < 0,70$ $50\% \leq VEMS_1 \leq 80\%$ des valeurs prédites L'essoufflement à l'effort et développement en général de la toux et l'expectoration qui sont parfois également présents. C'est l'étape à laquelle les patients ont généralement consulté un médecin en raison de symptômes respiratoires chroniques ou d'une exacerbation de leur maladie.
3: BPCO sévère caractérisée par une aggravation plus importante de l'obstruction bronchique	$VEMS_1/CVF < 0,70$ $30\% \leq VEMS_1 \leq 50\%$ des valeurs prédites un plus grand essoufflement, une capacité d'exercice réduite, une fatigue et des exacerbations répétées qui ont presque toujours un impact sur la qualité de vie du patient.
4: BPCO très sévère caractérisée par une obstruction bronchique sévère	$VEMS_1/CVF < 0,70$ $VEMS_1 < 30\%$ des valeurs prédites ou $VEMS_1 < 50\%$ des valeurs prédites Présence d'une insuffisance respiratoire chronique.

Le stade 0 ou à risque (apparu dans le rapport de GOLD en 2001) n'est plus inclus comme un stade de la BPCO, puisqu'il existe des preuves incomplètes que les personnes qui répondent à la définition de «à risque» (présence d'une toux chronique et une production d'expectorations, avec une spirométrie normale) progressent nécessairement au stade 1 (BPCO douce) (GOLD 2010).

En effet, la bronchite chronique (stade 0 de la classification) est minoritaire chez les sujets atteints de BPCO : de 10 à 39 % dans une étude danoise. Chez les bronchitiques chroniques, le seul facteur prédictif indépendant de la BPCO est le tabagisme. La dyspnée n'existe que dans les stades 2 et 3, expliquant que les malades ne consultent que tardivement (Gallois et al. 2007).

II. LA LIMITATION DU DEBIT DANS LA BPCO

La limitation chronique du débit caractéristique de la BPCO est causée par la maladie des petites voies aériennes (bronchiolite obstructive) et la destruction du parenchyme (emphysème) qui est la contribution relative qui varie d'une personne à une autre. Trois principaux mécanismes sont impliqués dans la pathogénèse de la BPCO : l'inflammation, le déséquilibre protéases/antiprotéases et le stress oxydatif. Ces processus peuvent agir en synergie dans la destruction des structures pulmonaires lors de la BPCO (Roudergues et al. 2010) (Figures 1 et 2).

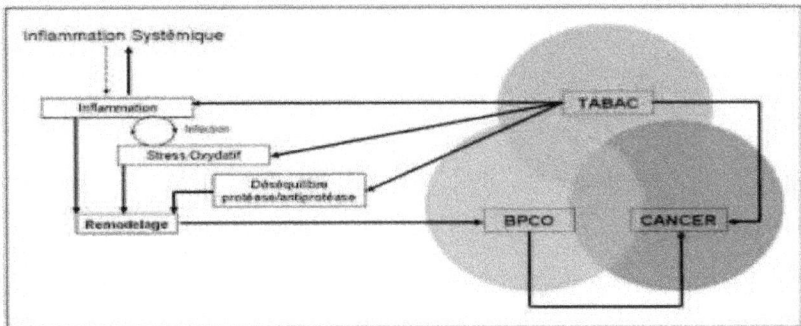

Figure 1: Pathogenèse de la BPCO (Prevot 2012)

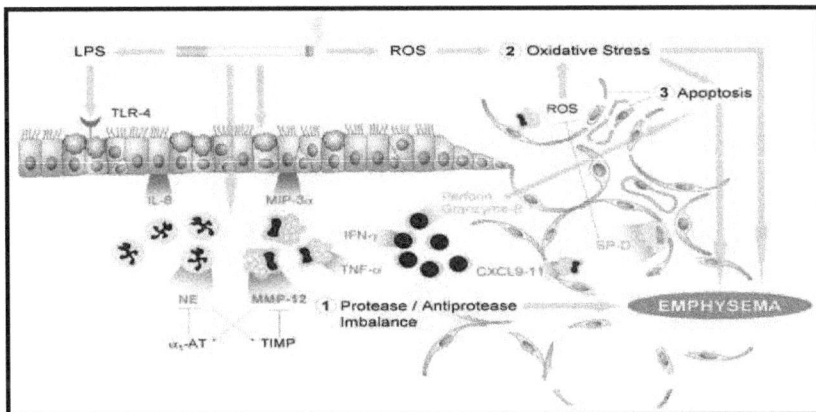

Figure 2: Les différents mécanismes cellulaires et moléculaires impliqués dans la pathogenèse de la BPCO et l'emphysème pulmonaire (Brusselle et al. 2006).

La pathogénicité de la BPCO est liée à une réponse inflammatoire anormale des poumons à des particules, des gaz toxiques inhalés. Cette réaction inflammatoire anormale a le potentiel d'engendrer des dommages pulmonaires permanents contribuant à la progression de la maladie et au déclin des fonctions respiratoires (Hogg et al. 2004 ; Barnes et al. 2003). En effet, l'exposition de l'appareil respiratoire à des substances nuisibles provoque une agression et une activation de l'épithélium bronchique et alvéolaire induisant une exsudation de plasma et un recrutement de cellules inflammatoires et immunes dans la muqueuse bronchique et le poumon profond. Ainsi, l'inflammation chronique provoque des changements structurels et le rétrécissement des petites voies aériennes. La destruction du parenchyme du poumon, également par des processus inflammatoires, conduit à la perte des septa alvéolaires et la diminution de la force de rétraction élastique du poumon. Ces changements diminuent la capacité des voies aériennes à rester ouvertes pendant l'expiration (GOLD 2013[a], GOLD 2010).

L'inflammation des voies aériennes modifie aussi les relations structure /fonction dans la bronche des patients ayant une BPCO, produisant une augmentation de l'épaisseur de la paroi bronchique, une augmentation du tonus musculaire lisse bronchique, une hypersécrétion des glandes séromuqueuses et une perte de la structure élastique (Aubier et al. 2010) (Figure 3).

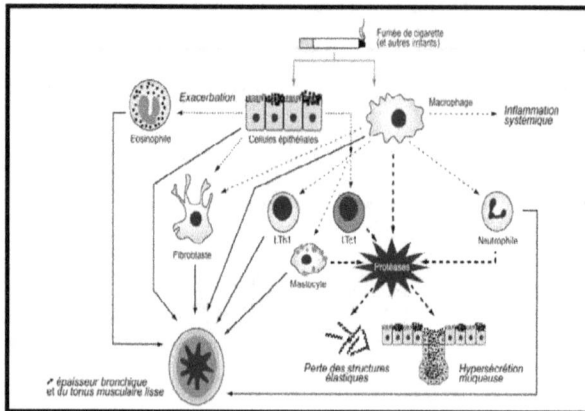

Figure 3 : Résumé des relations structure–fonction dans la bronchopneumopathie chronique obstructive (BPCO) (Barnes 2009).

Le deuxième mécanisme de la physiopathologie de la BPCO est le déséquilibre protéases/ anti protéases. En effet, chez les sujets atteints de BPCO, on note un déficit en AAT. L'AAT est le principal inhibiteur de protéases du plasma humain et sa fonction principale s'exerce dans le parenchyme pulmonaire où elle sert à protéger le tissu alvéolaire fragile de la destruction par l'élastase des polynucléaires neutrophiles (NE). Un déficit en AAT est à l'origine d'une destruction progressive du parenchyme pulmonaire et à l'apparition de l'emphysème. On parle ainsi d'un déséquilibre protéases/anti protéases où la quantité d'élastase dépasse celle de l'AAT (Figure 4).

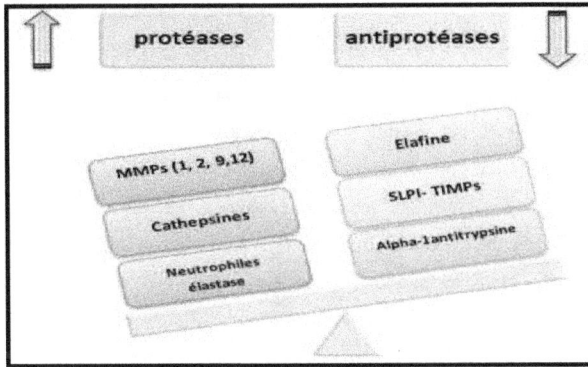

Figure 4 : Déséquilibre protéases/antiprotéases dans la BPCO (Barnes 2004).

Le stress oxydatif est le troisième mécanisme, il se définit comme étant un déséquilibre profond de la balance entre agents oxydants et antioxydants. Ce déséquilibre peut provenir d'une production accrue d'espèces réactives de l'oxygène ROS ou de l'azote RNS, d'un dysfonctionnement des défenses anti-oxydantes ou des deux à la fois.

Le stress oxydatif est responsable d'une série d'évènements impliqués dans la progression de la BPCO, il induit des lésions directes sur l'épithélium, le recrutement des cellules inflammatoires, l'augmentation de la sécrétion de mucus et de la perméabilité vasculaire, l'inactivation des inhibiteurs de protéases tels que l'AAT et une bronchoconstriction (Roudergues et al. 2010) (Figure 5).

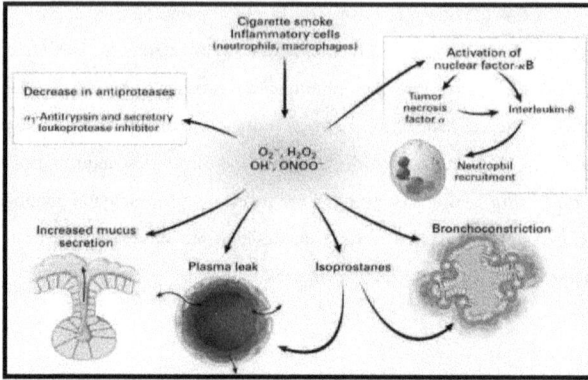

Figure 5 : Impact du stress oxydatif dans la physiopathologie de la BPCO (Barnes 2000)

Au plan fonctionnel, la limitation des débits aériens expiratoires est liée à la perte de rétraction élastique pulmonaire et à l'augmentation des résistances aux débits aériens au travers de l'arbre bronchique. L'obstruction des voies aériennes périphériques va progressivement piéger l'air pendant l'expiration, ce qui va conduire à une distension pulmonaire. Celle-ci diminue la capacité inspiratoire, si bien que la capacité résiduelle fonctionnelle augmente surtout pendant l'exercice ; ceci résulte en une dyspnée et une limitation de la capacité d'exercice. On pense d'ailleurs que la distension pulmonaire se développe tôt dans la BPCO et qu'elle serait le mécanisme essentiel de la dyspnée d'effort (O'Donnell et al. 2001 ; Gayan-Ramirez et al. 2012).

En effet, la limitation du débit est mieux mesurée par la spirométrie, qui est le test le plus reproductible de la fonction pulmonaire et le plus largement disponible (GOLD 2013[a], GOLD 2010, Vestbo et al. 2013).

L'impact de la BPCO sur un patient ne dépend pas seulement du degré de la limitation du débit, mais aussi sur la sévérité des symptômes (en particulier l'essoufflement et la baisse de la capacité d'exercice). Il ya une relation imparfaite entre le degré de limitation du débit et la présence de symptômes. Les symptômes de la BPCO sont la dyspnée chronique et progressive, la toux et l'expectoration. La toux chronique et la production d'expectorations peuvent précéder le développement de la limitation du débit par de nombreuses années. Ce modèle offre une occasion unique pour identifier les fumeurs et les autres à risque de BPCO, et d'intervenir lorsque la maladie n'est pas encore un problème majeur de santé. A l'inverse, la limitation du débit peut se développer sans toux chronique ni production d'expectorations. Donc, la BPCO est définie sur la base de la limitation du débit. Ainsi, la BPCO peut être diagnostiquée à n'importe quel stade de la maladie (GOLD 2010).

III. PREVALENCE DE LA BPCO

III.1. Au niveau mondial

La BPCO est un problème de santé mondial, et depuis 2001, GOLD a publié son document de stratégie pour le diagnostic et le traitement de cette maladie (Vestbo et al. 2013).

En terme de prévalence, on retrouve d'après une enquête datant de 1990 menée sous les auspices de l'OMS, une prévalence mondiale de 93,4/100 000 pour l'homme et 73,3/100 000 pour la femme (Fournier et al. 2002).

Selon une analyse épidémiologique publiée en 2010 dans la revue des Maladies Respiratoires (Fuhrman et Delmas 2010), la prévalence de la BPCO en France est située entre 5 et 10% parmi les adultes âgés de plus de 45 ans. Cette prévalence a été confirmée aussi en Europe, en plus de 1,5% des jeunes de 20 à 44 ans ont été touchés par cette pathologie (Institut de Veille Sanitaire 2006). Les variations entre les pays et entre les groupes au sein du même pays sont cependant importantes et sont en général corrélées avec la consommation du tabac (GOLD 2005, 2007, 2010, 2013[a]). En Belgique, selon l'Enquête de Santé belge par Interview de 2004 (Bayingana et al. 2004), le pourcentage de la population qui signale la présence des signes de bronchite chronique ou d'autres maladies pulmonaires chroniques (hormis l'asthme) au cours des 12 derniers mois atteint 5,3% (contre 5,5% en 2001) (Enquête de Santé par Interview 2006).

La BPCO représente actuellement la 5ème cause de mortalité avec un risque en augmentation constante (Fuhrman et al. 2006 ; Murray et Lopez[a] 1996). La mortalité moyenne associée à la BPCO est estimée à 84,3/100 000 chez l'homme et 19,1/100 000 chez la femme (Fuhrman et al. 2006). Selon les statistiques de l'OMS, cette pathologie est la cause de mortalité qui augmentera le plus dans les pays industrialisés (Murray et Lopez[a] 1996) et deviendra la 3ème cause de mortalité en 2020 (Murray et Lopez[b] 1996). Sa prévalence devrait croître plus rapidement que celle des autres maladies respiratoires, comme l'asthme et le cancer du poumon (Murray et Lopez [a] 1996).

Les plus faibles estimations de la prévalence sont généralement celles qui sont fondées sur l'auto-rapport du diagnostic de la BPCO par un médecin. Par exemple, des données montrent que moins de 6% de la population ont la BPCO (Halbert et al. 2006, GOLD[a] 2013). En revanche, les données des enquêtes de prévalence menées dans un certain nombre de pays, en utilisant des méthodes standardisées et y compris une spirométrie, estiment que jusqu'à environ un quart des adultes âgés de 40 ans et plus peuvent avoir la limitation du débit stade 1 BPCO (Menezes et al. 2005 ; Buist et al. 2005 ; GOLD 2010). En raison de l'écart important entre la prévalence de la BPCO telle que définie par la présence de la limitation du débit et celle définie par une maladie cliniquement significative, le débat se poursuit, il est donc préférable de l'utiliser dans l'estimation de la charge de la BPCO (Wilt et al. 2005 ; GOLD 2010).

En effet, la différence dans les prévalences de la BPCO à travers le monde mis en évidence par l'intermédiaire du projet BOLD était remarquable, par exemple: 7,8% au Mexique (Menezes et al. 2005), 8,2% en Chine (Zhong et al. 2007), 26,1% en Autriche (Lundback[a] et al. 2003), 23,2% en Afrique du Sud (Jithoo et al. 2006), 19,1% en Turquie (Kocabaset al. 2006).

III.2. En Tunisie

La prévalence estimée de la BPCO au niveau mondial en 2001 est de 1,013/100,000 ; elle est la plus élevée dans la région du Pacifique Occidental et la plus faible en Afrique. La même distribution s'observe en ce qui concerne la mortalité par BPCO (Chan-Yeung et al. 2004). Donc, d'après Ben Abdallah Chermiti et al. (2011), la prévalence estimée en Tunisie est faible par rapport à l'Amérique et l'Europe (Ben Abdallah Chermiti et al. 2011).

IV. BPCO ET SPIROMETRIE

IV.1. EFR et déficit ventilatoire obstructif

D'un point de vue pratique, la BPCO est l'obstruction bronchique (ou aussi la limitation des débits aériens) permanente, le plus souvent progressive, en l'absence d'affections respiratoires sous-jacentes tels que l'asthme, la mucoviscidose, les dilatations des bronches, etc.... L'obstruction bronchique est elle-même définie par la chute du volume expiratoire maximal seconde/capacité vitale forcée (VEMS/ CVF) en dessous de 70 % (Pauwels et al. 2001; ATS[a] 1995 ; Rabe et al. 2007) (Figure 6).

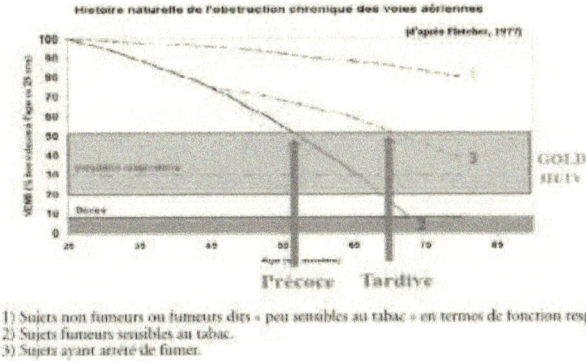

Figure 6 : Déclin du VEMS en fonction de l'âge (Fletcher 1977)

Le diagnostic de la BPCO repose donc sur la mesure du rapport VEMS/CVF au cours d'une expiration forcée et, par conséquent, sur la réalisation des explorations fonctionnelles respiratoires (EFR) (Weitzenblum[a] et al. 2009 ; Garcia et al. 2012 ; Gayan-Ramirez et al. 2012 ; Celli et MacNee 2004).

Celles-ci sont également nécessaires à l'évaluation de la sévérité de la maladie, estimée actuellement par la diminution du volume expiratoire maximal seconde (VEMS) (Garcia et al. 2012 ; Gayan-Ramirez et al. 2012 ; Celli et MacNee 2004). Les EFR sont également utiles pour suivre l'évolution de la BPCO et pour juger de l'efficacité des thérapeutiques (Garcia et al. 2012 ; Weitzenblum[a] et al. 2009). Il n'y a pas de consensus sur la périodicité des EFR (SPLF 2003).

En effet, les EFR permettent d'affirmer la présence d'un trouble ventilatoire obstructif et d'en quantifier son niveau (Gayan-Ramirez et al. 2012), plus précisément sa nature en fonction de l'étiologie de l'insuffisance respiratoire. En fait, la définiton du trouble ventilatoire obstructif (TVO) a fait l'objet de nombreuses discussions au cours des 30 dernières années (Weitzenblum [b] et al. 2009). La définition la plus rigoureuse du TVO est une valeur du VEMS/CV inférieure au 5ème percentile de la valeur de référence en retenant la meilleure valeur de CV obtenue (CVL ou CVF) (Weitzenblum[b] et al. 2009). Cette définition du syndrome obstructif correspond aux recommandations ATS/ERS publiées en 2005 mais pas à celles éditées par GOLD (Pellegrino et al. 2005 ; Garcia et al. 2012). Celle-ci est la plus utilisée et la plus consensuelle et elle est illustrée ci-dessous:

« Le DVO est caractérisé par une chute du rapport VEMS/capacité vitale forcée < 70% » (Weitzenblum[b] et al. 2009 ; Pauwels et al. 2001 ; Rabe et al. 2007). Dans tous les cas, il s'agit des valeurs de VEMS et de CV après bronchodilatateur (Weitzenblum[b] et al. 2009). Donc, l'insuffisance respiratoire chronique obstructive est représentée essentiellement par la BPCO, mais elle peut connaître d'autres causes. En cas d'insuffisance respiratoire, il s'agit généralement d'une BPCO évoluée de stade III (sévère) ou IV (très sévère) de la classification actuelle. Le VEMS est souvent < 1 litre et presque toujours < 50 % de la valeur théorique. A l'obstruction bronchique, s'associe une distension aérienne, surtout dans le type «emphysémateux», caractérisée par l'élévation des volumes pulmonaires statiques et en particulier la capacité pulmonaire totale (CPT) (Weitzenblum[b] et al. 2009).

IV.2. Moyens diagnostiques du déficit ventilatoire obstructif

Le diagnostic d'un DVO est aisé à effectuer si l'on prend en compte la courbe débit-volume maximale obtenue durant une manœuvre de CVF inspiratoire et expiratoire. La qualité de la CDV (Courbe débit-volume) dépend d'abord de la coopération du malade et de la compétence de l'opérateur. Elle ne peut être interprétée que si ces deux conditions préalables sont remplies. En effet, le malade est prié de gonfler sa poitrine à fond puis de souffler le plus fort possible dans l'appareil, aussi longtemps que sa poitrine n'est pas complètement vidée (Capacité Vitale Forcée : CVF).

En fait, un tracé spirométrique simple constitue la base de l'exploration fonctionnelle de la BPCO. Le diagnostic positif de l'obstruction bronchique est fait, par définition, sur la constatation d'un rapport VEMS/CV (Tiffeneau) abaissé. Selon les recommandations de l'European Respiratory Society, la manœuvre choisie pour mesurer la CV doit être la variante « lente ». En effet, s'il existe un syndrome obstructif, la CV forcée risque d'être sous-estimée, d'où une erreur sur le rapport VEMS/CV. La lecture du chiffre de ce rapport ne suffit pas, en particulier pour le diagnostic des formes débutantes de BPCO : il est fondamental d'examiner visuellement et numériquement les débits expiratoires à bas volume pulmonaire sur la courbe débit-volume qui doit être systématiquement réalisée. La réduction de ces débits est un signe précoce de l'obstruction (Similowski et al. 2004).

En pratique, plutôt que d'utiliser les débits expiratoires maximaux à un volume pulmonaire expiré donné, c'est le VEMS qui est la variable fonctionnelle la plus souvent utilisée pour détecter et quantifier le degré du DVO. Il s'agit en effet de la variable la plus reproductible pour un sujet donné. La réduction du VEMS n'a de signification pour étudier le DVO que lorsqu'elle est mise en relation avec la CV dans le rapport VEMS/CV ou à la CVF sous forme du rapport VEMS/CVF. Le VEMS correspond à une large proportion de la courbe débit-volume expiratoire maximale; il est surtout influencé par l'obstruction des bronches de gros calibre qui survient tardivement dans l'histoire naturelle de la BPCO (ATS 1991 ; ATS[a] 1995 ; BTS 1994 ; BTS 1997 ; Celli et MacNee 2004, Pauwels et al. 2001 ; Pellegrino et al. 2005 ; Quanjer et al. 1993 ; SPLF 1997).

Selon les recommandations de l'ATS / ERS pour les stratégies de l'interprétation de la fonction pulmonaire, en présence d'un rapport VEMS/CVF normal ou quasi normal, la vigilance s'impose, particulièrement si une diminution concomitante du VEMS et de la CVF est observée (Pellegrino et al. 2005).

Donc la coube débit-volume est considérée comme un examen très reproductible lorsqu'il est bien réalisé, alors qu'il est une manoeuvre artificielle mal corrélée aux paramètres cliniques comme la dyspnée, l'état de santé, la capacité d'exercice ou les exacerbations puisqu'aucune différence minimale significative n'a été définie, même s'il y avait une valeur de 100 à 140 mL (Cazzola et al. 2008).

IV.3. Mécanismes de l'obstruction bronchique dans la BPCO

Le mécanisme le plus simple de l'obstruction bronchique est la diminution du calibre bronchique, analogue à celle qu'on observe dans la crise d'asthme. On parle dans ce cas d'obstruction bronchique « intrinsèque » (OBI) qui est constatée dans la bronchite chronique obstructive et qui s'explique par des lésions diffuses des petites bronches (moins de 2 mm), inflammation, fibrose et bouchons muqueux conjuguant plus ou moins leurs effets (Hogg 2004). Des travaux récents ont souligné l'importance du processus inflammatoire des petites bronches dans la BPCO évoluée (Turato et al. 2002) et la corrélation entre le degré du processus de « remodelage » bronchique et la sévérité de l'atteinte fonctionnelle (Hogg 2004).

Le deuxième mécanisme de l'obstruction bronchique dans la BPCO correspond surtout à l'emphysème et on peut le dénommer obstruction bronchique « extrinsèque »

(OBE). Dans l'emphysème, la destruction des structures élastiques entraîne une perte de la rétraction élastique et, par voie de conséquence, la diminution de la pression motrice au cours de l'expiration forcée (laquelle n'est autre que la pression de rétraction élastique : Pel). C'est une obstruction extrinsèque sans modification du calibre des petites voies aériennes. Cela explique l'aspect caractéristique de la boucle débit-volume avec cassure du débit expiratoire aux bas volumes pulmonaires, témoin du collapsus des voies aériennes périphériques. La relation entre la Pel, qui est liée aux structures élastiques pulmonaires, et les débits expiratoires maximaux a été bien établie il y a plus de 40 ans (Mead et al. 1967).

L'OBI est donc caractéristique de la bronchite chronique obstructive (mais aussi de l'asthme) alors que l'OBE est observée dans l'emphysème (Gelb et al. 1973 ; Colebatch et al. 1973) mais cette distinction est un peu schématique et, dans le cas de BPCO évoluée, il y a souvent association de lésions distales de bronchite chronique obstructive et d'emphysème. Logiquement, l'OBI porte à la fois sur les débits inspiratoires et expiratoires alors que l'OBE porte préférentiellement sur les débits expiratoires (Figures 7 et 8).

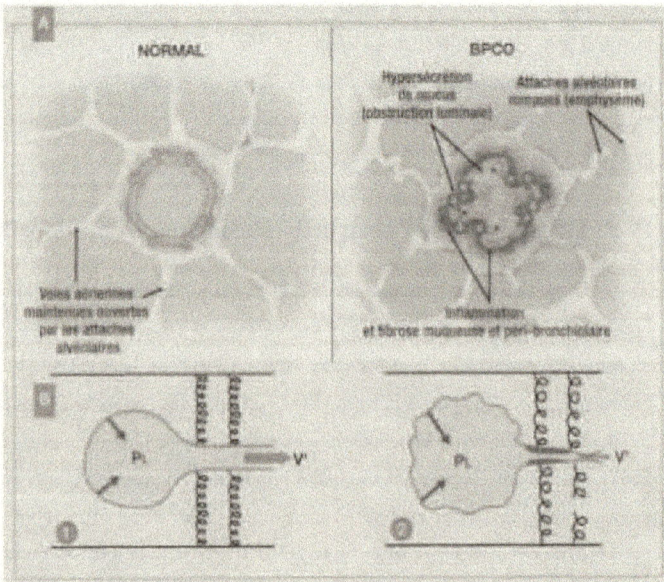

Figure 7 : Mécanismes de la limitation des débits aériens dans la BPCO (Gomez 2011)

Normale | BPCO

Attachements alvéolaires
Détruits (emphysème)

Inflammation bronchique
Fibrose

Hypersécrétion de mucus

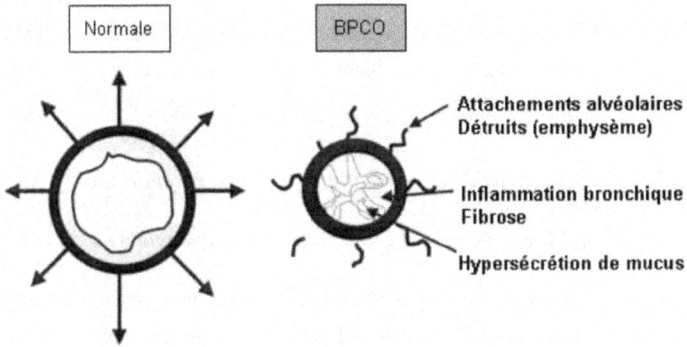

Figure 8 : Physiopathologie de la BPCO (Barnes 2003)

IV.4. Définition de la réversibilité de l'obstruction bronchique

IV.4.1. Introduction

La définition de la BPCO inclut l'absence de réversibilité importante de l'obstruction bronchique sous bronchodilatateurs (Pauwels et al. 2001).

La BPCO comporte schématiquement deux types d'anomalies, des lésions bronchitiques (responsables de la toux et de l'expectoration) et des lésions parenchymateuses entraînant la constitution d'un emphysème (destruction des espaces aériens des poumons). Face au caractère essentiellement destructif des lésions, la notion de réversibilité de l'obstruction bronchique introduit un élément de complexité dans la définition de la maladie. Une façon simple de résoudre le problème est de considérer que la BPCO est une maladie non réversible à long terme. Par définition, cette réversibilité est « incomplète » mais son existence doit faire poser la question d'un asthme, qu'il s'agisse d'un diagnostic différentiel ou d'une co-affection (Similowski et Roche 2006).

En effet, le test de réversibilité de l'obstruction bronchique forme la base de la classification du DVO comme «réversible» ou «irréversible», élément clé de la différence entre asthme et BPCO (Meslier et al.1989). Ainsi, ce test doit être effectué lors du bilan initial de la BPCO (Pauwels et al. 2001 ; GOLD 2001). D'ailleurs, le VEMS pris pour référence est celui obtenu après test de réversibilité (VEMS dit post bronchodilatateur) (Pauwels et al. 2001 ; GOLD 2001). Le test de réversibilité a ainsi une valeur pronostique dans la BPCO (Hansen et al. 1999). Sa reproductibilité est médiocre et il n'est généralement pas nécessaire de le pratiquer à nouveau après l'évaluation initiale (Weitzenblum[a] et al. 2009).

IV.4.2. Conditions de la réalisation du test de réversibilité

IV.4.2.1. Choix du bronchodilatateur et voie d'administration

Le test de réversibilité de l'obstruction bronchique est pratiqué chez un patient n'ayant plus pris de bronchodilatateur inhalé depuis 6 heures (courte durée d'action) ou 12, voire 24 heures (longue durée d'action) (Weitzenblum[a] et al. 2009).

Le test est habituellement réalisé avec l'un des agents ß2-mimétiques couramment utilisés en pratique clinique. Le plus souvent, le ß2-mimétique est administré sous forme d'aérosol (Pellegrino et al. 2005). En pratique, l'utilisation d'un aérosol doseur est la technique la plus simple.

IV.4.2.2. Dose administrée

Il n'existe de consensus ni sur la nature du bronchodilatateur à utiliser pour évaluer la réversibilité d'une obstruction bronchique, ni sur le mode d'administration. Toutefois, lorsqu'un inhalateur-doseur est utilisé, il est recommandé d'utiliser des béta 2-agonistes de courte durée d'action comme le salbutamol. Si l'inhalateur-doseur est utilisé avec une chambre d'inhalation, il est recommandé d'administrer séparément quatre doses de 100 µg. Les tests sont répétés à intervalles de 15 minutes (Pellegrino et al. 2005).

D'où, la dose d'aérosol administrée doit être fonction de l'objectif du test (Pellegrino et al. 2005 ; Soriano et Mannino 2008). Si l'objectif est de surveiller l'efficacité d'un traitement, la dose inhalée lors du test doit correspondre à la dose habituellement utilisée en thérapeutique (le plus souvent 200 µg) (Pellegrino et al. 2005).

IV.4.2.3. Test de fonction pulmonaire : la spirométrie

L'examen de base pour les EFR est la spirométrie (Garcia et al. 2012 ; Weitzenblum[a] et al. 2009). Celle-ci est le test non invasif le plus largement utilisé de la fonction ventilatoire et évalue les propriétés mécaniques du système pulmonaire par la mesure des volumes et des capacités pulmonaires statiques et dynamiques. Lorsqu'il est combiné avec la mesure des pressions artérielles des gaz, il fournit une évaluation globale de la fonction pulmonaire adaptée à la détection, la différenciation et le diagnostic de diverses maladies respiratoires.

La spirométrie est objective pour le suivi de la progression de la maladie ou l'amélioration et la réponse thérapeutique au fil du temps (Pierce 2005).

La spirométrie est donc la mesure extrapolée des volumes pulmonaires et des capacités dynamiques au cours de l'expiration forcée et de l'inspiration pour quantifier efficacement et rapidement l'évacuation et le remplissage des poumons (Pierce 2005). Ceci est obtenu soit au travers de la mesure de variations de volume, soit au travers de la mesure de variations de débit (Miller et al. 2006). En plus, cette technique est le test le plus fréquemment employé pour évaluer et suivre l'évolution du TVO associé à une atteinte inflammatoire bronchique chronique (Garcia et al. 2012). Donc, l'intégration des débits expiratoires permet d'obtenir les volumes pulmonaires et notamment la CVF et le VEMS.

La CVF correspond au volume maximum d'air expiré au cours d'un effort maximum effectué à partir d'une inspiration maximale (Miller et al. 2006 ; Valery-Rodot et al.1971 ; Cotes et Steele 1987). La capacité vitale forcée (CVF) intègre la compression dynamique des bronches. Chez un sujet normal, CVF = CVL (capacité vitale lente). Lorsque CVF < CVL cela traduit une obstruction distale (O'Donnell et Laveneziana 2006 ; O'Donnell 2008). Dans le cas contraire, l'examen doit être considéré comme de mauvaise qualité.

Plusieurs travaux ont affirmé que la CVF doit être mesurée et utilisée dans l'évaluation de la réversibilité bronchique (Girard et Light 1983 ; Light et al. 1977 ; Ramsdell et Tisi 1979).

Alors que le VEMS correspond au volume maximum d'air expiré au cours de la première seconde d'une expiration forcée à partir d'une inspiration maximale (Miller et al. 2006 ; Valery-Rodot et al.1971 ; Cotes et Steele 1987), le VEMS a des limites méthodologiques et conceptuelles. Méthodologiquement, la bonne reproductibilité qui lui est attribuée est sujette à caution. De nombreux facteurs peuvent l'affecter, dont au premier rang le type de manœuvre inspiratoire qui précède l'expiration forcée. Conceptuellement, le VEMS varie certes avec la résistance des bronches à l'écoulement de l'air, mais c'est un index intégratif, qui dépend de la compréhension et de la coopération du patient, de l'état de ses muscles expiratoires, des propriétés élastiques du parenchyme pulmonaire et de la paroi (Similowski et al. 2004). En effet, le VEMS est nettement mieux reproductible que les débits expiratoires instantanés et il demeure, avec le rapport VEMS/CVF, le critère principal (quasiment exclusif) du diagnostic de l'obstruction bronchique (Weitzenblum[a] et al. 2009).

D'autres volumes peuvent être mesurés par le spiromètre tels que la CV (capacité vitale) qui est le volume maximal expiré après une inspiration maximale et une expiration lente; ainsi que le VRE (Volume de réserve expiratoire) qui est le volume expiré par un mouvement volontaire forcé à la fin d'une expiration spontanée (Valery-Rodot et al.1971 ; Cotes et Steele 1987).

Le rapport VEMS/CVL représente le classique coefficient de Tiffeneau (Tiffeneau et Pinelli 1948) et il est bon de rappeler que dans la BPCO, la CVF est souvent inférieure à la CVL ; le rapport VEMS/CVF peut donc sous-estimer l'obstruction bronchique. Dans la BPCO, il est recommandé de mesurer à la fois la CVF (courbes d'expiration forcée) et la CVL (Weitzenblum[a] et al. 2009). D'où le rapport de Tiffeneau (VEMS$_1$/CVF) peut être mesuré (Pierce 2005). En effet, la BPCO se caractérise par une réduction du VEMS$_1$, mais aussi par un déclin accéléré de ce volume. Divers facteurs contribuent à cette baisse accélérée tels que :

* Le **DEMM** appelé aussi **DEM 25-75** est le débit expiratoire maximal entre les valeurs de 25% et 75% de la capacité vitale forcée et aussi connu sous le nom de débit expiratoire maximal médian. Cet indice doit être dérivé de la manœuvre expiratoire associée à la somme VEMS+CVF la plus élevée (Miller et al. 2006). Il a été longtemps considéré comme un marqueur de TVO débutant (Hogg et al. 1968 ; Macklem et al. 1971 ; Sobol 1976). C'est un très mauvais indice : Gelb et Coll ont démontré en 1983 dans la revue CHEST (Gelb et al. 1983) que le VEMS était toujours perturbé quand le DE 25-75 était abaissé "significativement". D'autre part, il n'y a pas de véritables définitions d'un DE 25-75 normal ou pathologique. Malheureusement, ce critère est souvent retenu dans les interprétations comme prétendue atteinte des petites bronches. On ne devrait utiliser que le VR pour diagnostiquer une atteinte des petites bronches et oublier le DE 25-75. Ce critère est encore retenu dans certains articles médicaux, alors qu'il ne le devrait pas (Garcia et al. 2009). Donc le DEMM est beaucoup moins reproductible que le VEMS (Pennock et al. 1981) et l'amplitude de sa variation est plus grande que celle du VEMS (Casaburi et al. 2000 ; Sherter et al. 1978), c'est pour cela qu'il est difficile de l'utiliser comme indice de réversibilité d'une obstruction bronchique. Cependant, il est considéré un indice sensible de la fonction des petites voies aériennes (Pierce 2005). La valeur du DEMM dépend fortement de la validité de la mesure de la CVF et du niveau de l'effort expiratoire (Miller et al. 2006).

* L'utilisation du rapport VEMS/CVF ou des débits instantanés à partir d'une fraction déterminée de la CVF (**DEM$_{50\%}$** ou **DEM$_{25\%}$**) peut également s'avérer trompeuse au regard de l'évaluation de la réponse à un BD si les variations de la durée de l'expiration ne sont pas prises en compte et si les débits ne sont pas mesurés au même volume en dessous de la CPT. Les débits expiratoires maximaux à 50% et 25% de la CVF pourraient être utilisés pour le dépistage précoce de l'obstruction bronchique à un stade où VEMS et VEMS/CV sont encore dans les limites de la normale (Hogg et al. 1968 ; Macklem et al. 1971 ; Sobol 1976 ; Becklake et Permutt 1979).

B/ L'IMPLICATION DE LA PROFESSION DANS LA GENESE DE LA BPCO

La responsabilité des facteurs professionnels dans la genèse ou l'aggravation des BPCO est restée longtemps méconnue, occultée en particulier par le poids prépondérant du tabagisme. Peu d'arguments dans la présentation clinique, radiologique et fonctionnelle, ou dans l'évolution, ne permettent de distinguer une BPCO professionnelle d'une BPCO post-tabagique (Dalphin 2001 ; Kauffmann et al. 2002 ; Le Souef 2000). De ce fait, le rôle de l'exposition professionnelle en tant que facteur de risque pour la BPCO est probablement mal évalué (Hnizdo et al. 2002 ; Trupin et al. 2003).

De plus, la BPCO est le plus souvent une maladie multifactorielle et les études épidémiologiques rencontrent toujours des difficultés méthodologiques qui contribuent à sous-estimer l'importance des facteurs professionnels, comme le biais d'auto sélection (effet travailleur sain et perte de sujets sensibles dans les études de cohorte en population sélectionnée) ou l'effet apprentissage pour les études longitudinales comportant des mesures itératives de la fonction respiratoire (Dalphin 2001).

Cependant, il existe un corpus de données expérimentales et surtout épidémiologiques qui attestent du rôle important des expositions professionnelles en tant que facteur étiologique des BPCO. Ces données ont mis l'accent sur plusieurs revues générales (Becklake 1989; Balmes 2005).

I. DIFFERENCE ENTRE LES ETUDES EXPERIMENTALES ET LES ETUDES EPIDEMIOLOGIQUES

Des études expérimentales ont démontré que plusieurs agents, connus comme pouvant être associés à la BPCO chez l'homme, sont aptes de circonvenir des lésions bronchiques ou de l'emphysème chez l'animal, notamment la silice, la poussière de charbon, le cadmium, le vanadium et les endotoxines (Balmes 2005).

Plusieurs études épidémiologiques en population générale ont été publiées dans les vingt dernières années (Korn et al. 1987 ; Humerfelt et al. 1993). Ces études permettent en partie d'émanciper l'effet travailleur sain. En effet, elles ont montré une association ferme entre l'exposition professionnelle aux poussières et la bronchite chronique, en plus d'une association plus inconstante entre l'exposition professionnelle aux gaz, vapeurs, fumées, et cette même maladie. Concernant les études en population générale, comportant une évaluation de la fonction respiratoire, elles sont peu nombreuses (Korn et al. 1987 ; Viegi et al. 1991 ; Sunyer et al. 1998 ; Humerfelt et al. 1993). Celles-ci ont mis en évidence un risque augmenté de trouble ventilatoire obstructif (TVO) chez les sujets exposés aux gaz, vapeurs et fumées.

En 2002, un comité *ad hoc* de l'*American Thoracic Society* a procédé à une revue des études en population générale concernant l'association entre des facteurs professionnels et la BPCO et permettant de calculer des fractions de risque attribuable (ATS 2003). Il a estimé autour de 15 % la fraction des BPCO attribuables à des facteurs professionnels. Ce chiffre a été corroboré récemment par une étude norvégienne (Eagan et al. 2002) et deux études américaines (Hnizdo et al. 2002 ; Trupin et al. 2003).

II. LA PROFESSION : UN FACTEUR EXOGENE DANS LA GENESE DE LA BPCO

II.1. Introduction

Environ 80% des BPCO sont d'origine tabagique, mais seulement 15 à 20% des fumeurs développent une BPCO (Fletcher et Peto 1977). Ces données indiquent que des facteurs non tabagiques, endogènes et environnementaux jouent certainement un rôle déterminant dans le développement de la BPCO (Gayan-Ramirez et al. 2012).

Selon la société de pneumologie de langue franaise (SPLF 2003), la profession est considérée comme un facteur exogène dans la genèse de la BPCO.

En 2003, à partir d'une analyse des données de la littérature scientifique, des experts missionnés par l'American Thoracic Society ont considéré que la contribution des facteurs professionnels dans les BPCO pouvait raisonnablement être estimée autour de 15 % (ATS 2003). Depuis, plusieurs études en population générale ont confirmé la contribution importante des facteurs professionnels dans la BPCO et la plausibilité d'une fraction de risque attribuable de l'ordre de 15 % (Blanc et Torén 2007; Eisner et al. 2010).

Cette exposition professionnelle à des polluants prend en compte tout ce qui est solvants, gaz toxiques, ciments, poussières de silice,... (SPLF 2003). Ainsi, lorsque cette exposition est prolongée et intense (poussières végétales, minérales et industrielles, gaz, irritants, etc.), elle peut provoquer la BPCO, et ce indépendamment du tabagisme actif. Par ailleurs, chez les fumeurs, le risque de développer la maladie en est augmenté (Kauffmann et al. 1979). Il existe donc une potentialisation du risque de BPCO lorsque l'exposition professionnelle et la consommation du tabac sont combinées (SPLF 2003).

Dans un rapport, les estimations ont montré que 19,2% des cas de la BPCO aux Etats-Unis étaient imputables aux expositions du travail, cette proportion étant de 31,1% chez les non-fumeurs (Hnizdo et al. 2002).

II.2. Activités professionnelles associées à un risque avéré de BPCO

Des études en population sélectionnée ont permis d'identifier les secteurs professionnels associés à des risques importants de BPCO. Les principaux sont le secteur minier, le bâtiment et les travaux publics, la fonderie et la sidérurgie, le textile et certaines activités agricoles comme l'élevage de porcs, le milieu céréalier et la production laitière (Ameille[a] et al. 2006).

II.2.1. Secteur minier

Les plus importants sont *les mineurs de charbon*.

De nombreuses études transversales et longitudinales ont été intéressées aux mineurs de charbon dont les résultats permettent de retenir avec certitude l'existence d'un lien de causalité entre l'exposition aux poussières de mine et le risque de BPCO (Oxman et al. 1993; Coggon et Newman Taylor 1998).

Une importante prévalence de bronchite chronique et de TVO a été mise en évidence dans des cohortes de mineurs de charbon britanniques et américains (Marine et al. 1988; Attfield et Hodous 1992). Dans ces deux fortes cohortes de 3 380 et 7 139 sujets, respectivement, la prévalence de la bronchite chronique et du TVO était corrélée significativement à l'exposition aux poussières de mine. En effet, dans la cohorte britannique, la prévalence du TVO chez les mineurs non-fumeurs fortement exposés était proche de celle observée chez les mineurs fumeurs faiblement empoussiérés. Alors que dans la cohorte nord-américaine, chez les mineurs exposés à des concentrations de poussières respirables élevées (supérieures ou égales à 6 mg/m^3), les effets mesurés sur les paramètres respiratoires étaient du même ordre de grandeur que ceux engendrés par le tabac.

D'après certaines études (Attfield 1985; Carta et al. 1996), une baisse accélérée du VEMS a été signalée chez les mineurs de charbon de même qu'une association statistiquement significative entre le niveau d'exposition aux poussières de mines et la vitesse de dégradation de la fonction respiratoire (Attfield 1985; Carta et al. 1996). En fait, le déclin accéléré des volumes et débits pulmonaires est observé même chez les non-fumeurs et indépendamment de l'existence d'une pneumoconiose.

Donc, la BPCO a une forte étiologie de mortalité chez les mineurs de charbon (Miller et Jacobsen 1985; Meijers et al. 1997). En effet, le risque de mortalité par BPCO est relié au niveau d'exposition (Kuempel et al. 1995). Or, les principaux facteurs prédictifs de mortalité par BPCO sont le VEMS et le rapport VEMS/CV (Meijers et al. 1997), ainsi que la vitesse de décroissance du VEMS (Beeckman et al. 2001).

Autres mineurs

L'exposition plus ou moins importante à la silice est la caractéristique commune de la grande majorité des travaux miniers. En fait, l'inhalation chronique de poussières renfermant de la silice favorise le développement d'une bronchite chronique, d'un emphysème et/ou d'une maladie des petites voies aériennes, même en l'absence de silicose radiologique (Hnizdo et Vallyathan 2003). D'où un grand risque de BPCO est prévu chez tous les mineurs. Ce risque a notamment été observé chez les mineurs d'or sud-africains (Becklake et al. 1987), chez les mineurs de potasse (Graham et al. 1984) et chez les mineurs de fer (Hedlund et al. 2004).

La silice est un terme général pour un groupe de minéraux composés de silicium et de l'oxygène. Elle existe en trois formes principales qui sont le quartz, la tridymite et la cristobalite. La silice joue un rôle majeur dans de nombreuses industries et est souvent à la fois une composante clé et un élément de traitement (Linch et al. 1998; Rushton 2007).

II.2.2. Bâtiment et travaux publics

Les ouvriers du bâtiment et des travaux publics sont exposés à de nombreux aérocontaminants : particules inorganiques (silice, fibres minérales naturelles ou artificielles, poussières de ciment), gaz, vapeurs et fumées. Ils sont également exposés aux intempéries.

La construction est une des activités qui favorise le développement de la BPCO liée à l'exposition professionnelle. Ceci a été montré dans une étude réalisée aux USA (Hnizdo et al. 2002). Une autre étude de cohorte suédoise, portant sur plus de 300 000 hommes exerçant un métier de la construction a mis en évidence une augmentation du taux de mortalité par la BPCO chez les ouvriers exposés aux aérocontaminants (Bergdhal et al. 2004). Comparativement à un groupe contrôle, le risque relatif de décès par la BPCO était particulièrement élevé chez les non-fumeurs exposés aux poussières inorganiques. Dans cette étude, le risque de décès par BPCO attribuable au travail dans le domaine de la construction a été calculé à 10,7 % pour l'ensemble des travailleurs fumeurs exposés à des aérocontaminants et à 52,6 % pour les travailleurs non-fumeurs exposés à des aérocontaminants.

Certaines activités semblent comporter un risque de BPCO particulièrement élevé. C'est le cas du creusement des tunnels (Ulvestad et al. 2000; Ulvestad et al. 2001). Les expositions cumulées aux poussières respirables et à la silice étaient les facteurs de risque les plus importants pour la diminution des débits expiratoires et par conséquent pour les symptômes respiratoires.

L'exposition à la silice au sein de l'industrie de la construction et des études sur les problèmes de santé chez les travailleurs du secteur ont été examinées en profondeur (Lumens et al. 2001; Meldrum 2005). La nature de la poussière varie en fonction des matériaux utilisés et peuvent contenir une grande quantité de silice. L'exposition à la silice se produit alors avec les matériaux de traitement contenant du sable et de la pierre en particulier lors de la démolition, le nettoyage, le dynamitage, le forage, le broyage, le mélange de béton et d'autres activités dans lesquelles de grandes quantités de poussières respirables sont générées (Lumens et Spee 2001).

Plusieurs études transversales ont trouvé une prévalence plus élevée de symptômes respiratoires et la fonction pulmonaire chez les travailleurs de construction exposés à la silice comparés avec des groupes témoins (Meldrum 2005). D'autres études ont été menées sur des travailleurs de construction et ont montré une mortalité accrue par maladies respiratoires, y compris l'emphysème, la BPCO et les pneumoconioses (Meldrum 2005).

Une autre activité professionnelle à haut risque de BPCO est l'asphaltage des routes. Les asphalteurs sont exposés aux fumées de bitume et aux gaz d'échappement des machines et de la circulation. Comparativement à des ouvriers du bâtiment, les asphalteurs ont une prévalence de symptômes respiratoires significativement plus grande et un rapport VEMS/CVF significativement abaissé (Randem et al. 2004).

II.2.3. Fonderie et sidérurgie

Les ouvriers de fonderie et les sidérurgistes sont exposés à des pollutions complexes associant à des degrés divers des particules minérales (poussières métalliques, charbon, silice, amiante, fibres minérales artificielles) et des gaz et fumées (émissions des fours, fumées métalliques, oxydes de soufre ou d'azote). De plus, ils travaillent souvent dans un environnement où les températures sont élevées, dont la responsabilité dans le déclin accéléré du VEMS a été démontrée (Kauffmann et al. 1982).

Dès 1979, une étude réalisée chez des sidérurgistes lorrains avait montré une association entre l'activité professionnelle et la BPCO (Pham et al. 1979).

Plus récemment, une publication portant sur 475 ouvriers d'aciéries de l'État de Virginie Occidentale (USA) ayant effectué au moins trois examens spirométriques entre 1982 et 1991, a montré par une étude multivariée que l'exposition aux poussières était associée à un niveau plus bas et à un déclin plus rapide de la fonction pulmonaire (Wang et al. 1996).

Une étude transversale réalisée aux Émirats Arabes Unis a permis d'observer des valeurs de VEMS, VEMS/CVF et VEMS/CV, significativement plus faibles chez les ouvriers d'une fonderie de métaux ferreux que chez des ouvriers non exposés à des aérocontaminants

(Gomes et al. 2001). Les ouvriers travaillant dans les zones les plus polluées avaient des valeurs fonctionnelles plus faibles que celles des ouvriers travaillant dans des zones moins polluées.

II.2.4. Textile

Les employés du textile sont exposés à des poussières végétales, à des micro-organismes bactériens ou fongiques et à des endotoxines.

Historiquement, l'intérêt des cliniciens et des chercheurs s'est d'abord porté sur la byssinose (Christiani et Wang 2003) décrite chez les travailleurs du coton et caractérisée par une sensation de constriction thoracique et/ou de dyspnée survenant dans les heures qui suivent la reprise de l'activité après une période d'éviction, disparaissant en fin de journée, mais susceptible de persister tout au long de la semaine. Le principal déterminant de la byssinose semble être l'inhalation d'endotoxines bactériennes, plus que la poussière de coton elle-même (Wang et al. 2003).

Des recherches plus récentes ont attiré l'attention sur le risque augmenté de bronchite chronique et de BPCO chez les travailleurs du textile.

Plusieurs études prospectives ont montré un déclin accéléré de la fonction respiratoire chez les travailleurs du coton (Zuskin et al. 1991; Christiani et al. 1994). Les facteurs identifiés, prédictifs d'un déclin accéléré du VEMS ou associés au développement d'une BPCO, sont la durée et l'intensité de l'exposition aux poussières de coton (Zuskin et al. 1991; Christiani et al. 2001) et aux endotoxines bactériennes (Christiani et Wang 2003) ; l'existence de symptômes cliniques de byssinose ou de bronchite chronique (Niven et al. 1997; Christiani et al. 2001); l'existence de variations significatives du VEMS entre le début et la fin de poste (Glindmeyer et al. 1994; Christiani et al. 1994).

II.2.5. Milieu agricole

L'agriculture est considérée comme une des professions les plus à risque de problèmes respiratoires aigus ou chroniques (ATS 1998; The national safety 1990), alors que, paradoxalement, la mortalité, toutes causes confondues, est généralement plus faible dans ce secteur professionnel que dans la population générale (Stiernstrom et al. 2001). En effet, la diversité des activités professionnelles et la multiplicité des aérocontaminants en milieu agricole rendent difficile l'étude des risques respiratoires et l'analyse du rôle respectif des différentes nuisances. Néanmoins, les données épidémiologiques actuelles permettent d'identifier trois secteurs à risque de BPCO : le milieu céréalier, l'élevage de porcs et la production laitière (Dalphin 1998).

Les études transversales montrent en général une altération modérée mais significative des paramètres fonctionnels respiratoires (notamment des débits) chez les agriculteurs par rapport à des groupes contrôles. Ce trouble ventilatoire pourrait avoir un retentissement significatif sur l'hématose, comme l'a suggéré une étude prospective réalisée en France (Chaudemanche et al. 2003).

Mais les études longitudinales, qui se heurtent à des difficultés méthodologiques et interprétatives (effet du travailleur sain, effet apprentissage, modification de l'exposition et du statut tabagique...) sont peu nombreuses. Néanmoins, la preuve d'un déclin accéléré des débits expiratoires chez les ouvriers des silos à grains (Chan-Yeung et al. 1992; Enarson et al. 1985) et dans certains élevages de porcs (Senthilselvan et al. 1997) apparaît acquise. C'est également le cas en milieu de production laitière, notamment chez les agriculteurs les plus âgés (Chaudemanche et al. 2003; Dalphin 1998).

Un certain nombre de facteurs associés à la présence d'une bronchite chronique obstructive et/ou prédictifs du développement d'un trouble ventilatoire obstructif chronique, ont pu être précisés (Chan-Yeung et al. 1992; Dalphin et al. 1993 ; Dosman et al. 1990; Enarson et al. 1985; Enarson et al. 1998; Iversen 1997; Radon et al. 2001; Reynolds et al. 1996; Tabona et al. 1984). Ces facteurs sont l'âge et la durée d'exposition (notamment le nombre d'heures par jour), la présence d'une hyperréactivité bronchique non spécifique et l'existence (ou les antécédents) de manifestations aiguës (toux, dyspnée, baisse du VEMS) pendant une période d'exposition.

II.3. Activités professionnelles associées à un risque probable ou possible de BPCO

II.3.1. Travail du bois

Plusieurs études transversales ont montré un excès de symptômes respiratoires chez des travailleurs exposés aux poussières de bois, comparativement à des sujets non exposés (Shamssain 1992; Mandryk et al.1999). Certaines d'entre elles ont également mis en évidence une diminution des débits expiratoires (Shamssain 1992; Liou et al. 1996). Une étude concernant des ouvriers exposés à des poussières de bois de chêne et de hêtre n'a pas confirmé ces données (Bohadana et al. 2000), du fait peut-être des niveaux d'exposition et de co-expositions différents.

Peu d'études longitudinales ont été publiées. Dans une cohorte canadienne de 243 ouvriers d'une scierie de cèdre rouge, non asthmatiques, suivis pendant 11 ans, un déclin accéléré du VEMS et de la CVF a été observé, comparativement à un groupe contrôle d'employés de bureau, mais seule la vitesse de déclin de la CVF était corrélée au niveau d'exposition aux poussières de bois (Noertjojo et al. 1996).

II.3.2. Soudage

Les activités de soudage génèrent des pollutions variables en fonction du procédé utilisé, du métal soudé, du métal d'apport, du type d'électrode et du degré de confinement. Les polluants sont à la fois particulaires (particules métalliques : chrome, nickel, cadmium, fer, plomb...) et gazeux (ozone, oxydes d'azote...).

Un state of the art publié en 1991 sur la santé respiratoire des soudeurs concluait, sur la base de nombreuses études transversales, à l'existence d'un lien entre l'activité de soudage et un risque accru de bronchite chronique, avec des effets sur la fonction respiratoire portant sur les petites voies aériennes et observés essentiellement chez les fumeurs (Sferlazza et Beckett 1991).

Des publications plus récentes ont confirmé une prévalence augmentée de symptômes d'irritation bronchique (Sobaszek et al. 1998) ou de bronchite chronique (Ozdemir et al. 1995 ; Bradshaw et al. 1998) chez les soudeurs.

II.3.3. Cimenteries

Les ouvriers des cimenteries sont exposés principalement à des poussières inorganiques.

Plusieurs études transversales réalisées dans l'ex-Yougoslavie (Kalacic 1973), à Taiwan (Yang et al. 1996), en Éthiopie (Mengesha et Bekele 1998), aux Émirats Arabes Unis (Al Neaimi et al. 2001) et au Maroc (Laraqui Hossini et al. 2002) ont montré une prévalence de symptômes respiratoires augmentée et des valeurs fonctionnelles respiratoires abaissées comparativement à des groupes contrôles. Toutefois, ces résultats ne sont pas confirmés par des travaux réalisés dans des pays occidentaux industrialisés comme les États-Unis (Abrons et al. 1988), le Danemark (Vestbo et Rasmussen 1990) et la Norvège (Fell et al. 2003).

II.3.4. Usinage des métaux

L'usinage des métaux expose à l'inhalation de brouillards d'huiles de coupe, qu'il s'agisse d'huiles pleines ou d'émulsions aqueuses.

Confirmant des travaux anciens (Krzesniak et al. 1981; Jarvhölm et al. 1982), plusieurs études transversales réalisées dans les dix années ont montré une fréquence augmentée de toux et d'expectoration chroniques chez des ouvriers exposés à l'inhalation de brouillards d'huiles minérales dans l'industrie automobile ou la fabrication de roulements à bille (Ameille et al. 1995 ; Massin et al. 1996). Une prévalence augmentée de TVO (Krzesniak et al. 1981) et une diminution du VEMS chez les fumeurs, corrélée à la durée d'exposition aux huiles pleines (Ameille et al. 1995), ainsi qu'une augmentation de la réactivité bronchique non spécifique (Massin et al. 1996; Wild et Ameille 1997) ont été rapportées.

C/ LES AUTRES FACTEURS DE RISQUE DE LA BPCO

On distingue les facteurs exogènes et les facteurs endogènes (SPLF 2003) :

- Exogènes: Tabagisme, polluants professionnels, pollution domestique, pollution urbaine, infections respiratoires, conditions socioéconomiques défavorables (SPLF 2003).
- Endogènes: Déficit en alpha 1-antitrypsine, hyperréactivité bronchique, prématurité, prédisposition familiale, sexe féminin, reflux gastrooesophagien (SPLF 2003).

I. LES FACTEURS EXOGENES

I.1. Polluants de l'air intérieur

La pollution de l'air intérieur, appelée domestique, regroupe tout ce qui est tabac, poussières et produits toxiques (SPLF 2003). Elle est variable selon le contexte géographique et social. Différentes sources de pollution sont retrouvées (cuisinières, chauffages, aérosols, détachants, solvants organiques, etc.) ainsi que lors de l'exposition à des combustibles de la biomasse tels que le charbon, la paille, le fumier animalier ou la bouse d'animaux, les résidus de récolte et le bois, qui sont utilisés pour chauffer et faire cuire dans les maisons mal ventilées ou aussi leur combustion dans des cheminées ouvertes ou des fourneaux peu performants. La pollution de l'air intérieur peut être un facteur important de risque pour le développement d'une BPCO (Mannino[a] et al. 2007 ; SPLF 2003 ; Lopez et al. 2006 ; GOLD 2009, GOLD[a] 2013).

L'OMS estime que, dans les pays à faible et moyen revenu, 35% des personnes atteintes de BPCO ont développé le désordre après leur exposition à la fumée des combustibles de la biomasse à l'intérieur. Par ailleurs, l'OMS indique que 36% de la mortalité de la maladie respiratoire est également liée à l'exposition intérieure aux fumées (Lopez et al. 2006). Un rapport en provenance de Chine a montré que la prévalence de la BPCO chez les non fumeuses est de deux à trois fois plus élevée dans une région rurale où les femmes sont exposées à la fumée de biocombustibles par rapport aux femmes urbaines non exposées (Ran et al. 2006)

La fumée de seconde main, aussi appelée «fumée de tabac ambiante», est la fumée que les fumeurs exhalent et celle qui s'échappe d'une cigarette qui se consume. C'est une autre forme de fumée de la biomasse, et elle a été liée à des symptômes respiratoires, mais pas au développement de la BPCO (US Department of Health and Human Services 2006).

I.2. Polluants de l'air extérieur

Le risque attribuable aux polluants de l'extérieur dans le développement de la BPCO est beaucoup moindre que celui des polluants de l'air intérieur. L'OMS estime que la pollution de l'air urbain cause 1% des cas de BPCO dans les pays à revenu élevé et 2% de la pollution de l'air dans les pays à faible et moyen revenu (Lopez et al. 2006). La pollution de l'air est également liée à l'augmentation des infections respiratoires aiguës et des événements cardio-pulmonaires aigus, qui sont également importants à la fois dans le développement et la progression de la BPCO.

La pollution atmosphérique est délétère pour les personnes souffrant d'une maladie respiratoire ou cardiaque. Les données de la littérature suggèrent que le déclin du VEMS est accéléré dans les régions hautement polluées, en plus de l'effet attribuable au tabagisme actif ou à d'autres facteurs confondants (Tashkin et al. 1994)

On distingue les pics de pollution qui sont responsables, chez les malades atteints de BPCO, des complications de la maladie et la pollution de fond dont les effets sont attendus à plus long terme (Mannino[a] et al. 2007 ; SPLF 2003). En ville, la pollution atmosphérique est due aux gaz d'échappement des voitures et aux émissions de fumées produites par les usines (SPLF 2003).

I.3. Infections

Leur rôle est encore mal documenté. Les infections respiratoires sont responsables d'une aggravation de la BPCO déjà constituée. Elles ont un rôle important aussi bien dans l'élaboration que dans la progression de la BPCO. L'exposition à l'infection au début de la vie pourrait prédisposer une personne à la bronchite ou aux changements dans la réactivité des voies aériennes (Mannino[a] et al. 2007 ; SPLF 2003 ; SPLF 2004 ; Wedzicha 2007).

La plupart des exacerbations de la BPCO sont liées à des infections bactériennes ou virales (Wedzicha 2007).

I.4. Les facteurs socio-économiques liés

Le risque de développer une BPCO est inversement proportionnel au statut socio-économique, celui-ci étant basé sur le niveau d'étude et les revenus (Prescott et al. 1999). Ce risque est présent aussi bien chez les hommes que chez les femmes, et ce indépendamment du tabagisme (Prescott et al. 1999). Cependant, il est possible que ce phénomène reflète les effets d'autres facteurs (l'exposition à la pollution atmosphérique et l'air intérieur, encombrement, malnutrition, etc.) associés au statut socio-économique.

En effet, les populations pauvres ont tendance à avoir un risque plus élevé de développer la BPCO et ses complications que les populations riches. Toutefois, la pauvreté est considérée comme une mesure de substitution pour beaucoup de facteurs qui ont ensuite augmenté le risque de la BPCO, comme le statut nutritionnel médiocre, la promiscuité, l'entassement, l'exposition aux polluants, dont les hautes expositions au travail et les taux de tabagisme élevés (dans les pays de revenu faible et moyen), l'accès insuffisant aux soins de santé, et le début des infections respiratoires. Ces facteurs sont par conséquent responsables d'une augmentation du nombre de BPCO dans les populations au niveau socio-économique bas (Anto et al. 2001 ; Lawlor et al. 2004 ; Mannino[a] et al. 2007 ; SPLF 2003).

En plus, les conditions de vie défavorables et la malnutrition aggravent le risque d'apparition d'une BPCO sévère (Ministère de la Santé et des Solidarités 2005).

II. LES FACTEURS ENDOGENES

Le risque de la BPCO est lié à une interaction entre les facteurs génétiques et de nombreuses différentes expositions environnementales, qui pourraient aussi être affectés par la maladie de comorbidité.

II.1. Les facteurs génétiques

Le facteur génétique connu lié à la BPCO est la défiscience en protéase sérine α1 antitrypsine, qui survient dans 1-3% des patients atteints de BPCO. Le fait d'avoir de faibles concentrations de cette enzyme, en particulier en combinaison avec le tabagisme ou autres expositions, augmente le risque d'emphysème (Stoller et Aboussouan 2005 ; ATS 1989 ; Mannino[a] et al. 2007 ; SPLF 2004). Le déficit en alpha1-antitrypsine est responsable aussi d'une destruction des alvéoles pulmonaires (Mannino et al. 2007 ; SPLF 2004).

Il existe de nombreuses mutations qui conduisent soit à une réduction des taux sériques d' α1 antitrypsine, soit à une anomalie fonctionnelle. Pour certains phénotypes, (par exemple le phénotype ZZ), le risque d'emphysème est plus important si les sujets sont fumeurs (Piitulainem et Eriksson 1999).

Un polymorphisme de gènes impliqués dans l'inflammation, l'équilibre oxydants-antioxydants, protéases et anti-protéases a été décrit. Par ailleurs, certains allèles de la vitamine D binding protein pourraient être associés à une modification du risque de BPCO (Ito et al. 2004 ; Schellenberg et al. 1998).

Plusieurs gènes ont été impliqués dans la BPCO, y compris ceux codant pour le facteur de croissance transformant β1 (Celedon et al. 2004), le facteur α de nécrose de la tumeur (Keatings et al. 2000, Keatings et al. 1996, Keatings et al. 1997) et l'hydrolase 1 époxyde microsomale (Cheng et al. 2004). À ce jour, cependant, le travail effectué afin d'examiner les polymorphismes spécifiques de ces gènes pour le développement de la maladie a été, au mieux, incohérent.

En effet, les antécédents néonataux (prématurité), le tabagisme passif durant la grossesse, les facteurs génétiques et les infections respiratoires dans l'enfance semblent être des facteurs favorisants de la BPCO (Ministère de la Santé et des Solidarités 2005).

II.2. Asthme

Une hyperréactivité bronchique non spécifique est présente chez les deux tiers des patients de BPCO environ (Tashkin et al. 1992). La présence et la sévérité de cette hyperréactivité sont associées à un déclin plus rapide du volume expiratoire maximal seconde (VEMS), particulièrement chez les sujets qui continuent à fumer (Tashkin et al. 1996).

L'asthme et l'hyperréactivité bronchique ont été identifiés comme facteurs de risque pouvant contribuer au développement d'une BPCO (GOLD 2009). Selon l'hypothèse du néerlandais, l'augmentation de la réactivité bronchique, une caractéristique de l'asthme, conduit au développement de la BPCO, bien que cette question reste controversée (Soriano et al. 2003). En effet, l'hyperréactivité bronchique peut apparaître sous l'influence du tabac et d'autres agressions environnementales, et pourrait bien représenter une maladie bronchique liée au tabagisme (Gayan-Ramirez et al. 2012).

En effet, l'appréciation des études transversales a montré un grand chevauchement de 30% chez les personnes ayant un diagnostic clinique de la BPCO et l'asthme (Soriano et al. 2003). D'autres travaux ont montré que les personnes souffrant d'asthme, surtout si elles sont des fumeurs, peuvent perdre la fonction pulmonaire plus rapidement que les individus sans asthme (Lange et al. 1998).

II.3. Maturité du système respiratoire

La maturité du système respiratoire dépend du processus de gestation, du poids à la naissance, et des expositions encourues dans l'enfance et dans l'adolescence (GOLD 2009 ; GOLD[a] 2013). Les individus ayant une diminution de la capacité pulmonaire pourraient présenter un risque accru de développer une BPCO (GOLD 2009; GOLD[a] 2013). En effet, la prématurité est plus fréquemment associée à l'apparition de signes respiratoires et d'infections respiratoires qui pourraient faire le lit d'une BPCO (Mannino[a] et al. 2007; SPLF 2004).

II.4. Vieillissement

La BPCO atteint les adultes de plus de 45 ans. La prévalence, la morbidité et la mortalité de cette maladie augmentent de fréquence avec l'âge (Ministère de la Santé et des Solidarités 2005 ; Mannino[a] et al. 2007 ; SPLF 2004).

La fonction pulmonaire, qui atteint son niveau record chez les jeunes adultes, commence à décliner dans les troisième et quatrième décennies de vie (Fletcher et al. 1976). Bien que cette diminution de fonction soit jugée normale, certains chercheurs ont signalé que les personnes âgées ayant un niveau élevé de fonction pulmonaire vivent plus longtemps que celles ayant un faible niveau de fonction pulmonaire (Mannino[a] et al. 2006). Une des raisons de l'augmentation de la prévalence de la BPCO au cours des dernières années est l'évolution démographique de la population du monde, imputable à une bonne nutrition et l'élimination ou la réduction de certaines maladies infantiles infectieuses et la baisse des taux de mortalité due aux maladies qui tuent les jeunes personnes, telles que les maladies cardiaques et les infections aiguës. Le résultat est qu'une plus grande proportion de la population mondiale vit plus longtemps et est à risque de troubles chroniques, comme la BPCO (Jemal et al. 2005).

II.5. Sexe

Les hommes sont plus atteints que les femmes (sexe ratio 0,6). Cependant, dans les pays industrialisés, la proportion de femmes atteintes augmente, notamment en raison de l'augmentation du tabagisme féminin et d'une susceptibilité plus grande à la maladie (leurs bronches sont plus sensibles) (Ministère de la Santé et des Solidarités 2005).

Le rôle des femmes dans le développement et la progression de la BPCO est controversé (de Torres et al. 2005). Dans le passé, la BPCO a été beaucoup plus fréquente chez l'homme, à cause des fumeurs pratiques et des expositions professionnelles (Mannino[a] et al. 2002 ; Silverman et al. 2000 ; Mannino[a] et al. 2007 ; SPLF2004), dernièrement, toutefois, la prévalence de la BPCO semble devenir égale chez les deux sexex de pays à revenu élevé puisque les habitudes tabagiques sont similaires entre eux (Mannino[a] et al. 2007 ; SPLF 2004 ; Buist et al. 2007 ; Watson et al. 2006). Le fait que les femmes sont plus sensibles au développement de la BPCO que les hommes, compte tenu des expositions équivalentes, continue à être un sujet d'enquête, mais certains éléments font preuve à cette hypothèse (Buist et al. 2007 ; Watson et al. 2006). Cette question est importante puisque les femmes dans les pays à revenu faible ou intermédiaire ont, historiquement, une faible prévalence du tabagisme, mais sont de plus en plus ciblées, par la publicité, d'augmenter leur consommation de cigarettes.

METHODOLOGIE
GENERALE

Ce travail de recherche est réalisé dans le cadre du projet BOLD (Burden Of Obstructive Lung Disease) pour identifier la prévalence de la BPCO en Tunisie. Il a été suivi par Imperial College, London (Figure 9).

Le projet BOLD développe un protocole standardisé afin d'obtenir des informations se rapportant à la prévalence et à la charge des Broncho Pneumopathies Chroniques Obstructives (BPCO). Il met en application ce protocole dans un certain nombre de pays à travers le monde.

Figure 9: Page d'accueil du projet international « BOLD » (www.boldstudy.org)

En effet, l'enquête a été conduite auprès de ménages ordinaires résidant en Tunisie dans la ville de Sousse. Il s'agit d'administrer des questionnaires à l'ensemble des occupants d'une résidence principale ayant ou non des liens de parenté.

I. TYPE D'ETUDE

Il s'agit d'une étude épidémiologique, descriptive et transversale effectuée durant la période juin 2010 - mars 2011.

Cette étude a été réalisée sous l'accord du gouverneur de Sousse et du directeur régional de la Santé Publique de Sousse ainsi que sous l'accord du comité d'éthique de l'hôpital Farhat Hached de Sousse (Annexes 1, 2, 3).

II. POPULATION CIBLE

II.1. Taille de la population

L'enquête a été menée par un échantillon aléatoire stratifié représentatif des résidents non institutionnalisés, des deux sexes, âgés de 40 ans et plus, choisis parmi la population générale vivant dans la zone urbaine de Sousse. La taille de cette population est de 127996.

Il ya quatre quartiers dans cette région de Sousse : Sousse Medina, Sousse Erriadh, Sousse Sidi Abdelhamid et Sousse Jawhara. Deux ont été sélectionnés pour des raisons pratiques, Erriadh (N = 65 333) et Jawhara (N = 62 663). Ces deux quartiers sont très similaires en ce qui concerne la taille de la population totale et la superficie, même s'ils sont séparés par une ligne virtuelle, ils peuvent être considérés comme une seule zone géographique. Il n'y a pas de données disponibles sur les caractéristiques sociodémographiques des quatre quartiers, mais selon les autorités administratives locales, la majorité des gens qui y vivent appartiennent à la classe socio-économique moyenne.

II.2. Echantillonnage

La stratégie d'échantillonnage a été basée sur un échantillonnage stratifié à plusieurs degrés.

La procédure d'échantillonnage aléatoire est présentée comme suit :

> ➢ Dans la première étape, les unités d'échantillonnage sont des districts qui ont été échantillonnés dans chacun des deux quartiers sélectionnés : 9 districts ont été choisis au hasard à partir des 152 districts du quartier Erriadh et 8 districts ont été choisis au hasard à partir des 256 districts du quartier Jawhara,

> ➢ Dans la deuxième étape, les unités d'échantillonnage étaient des ménages. Tous les ménages échantillonnés dans les districts sélectionnés seront visités,

> ➢ Dans la troisième étape, toutes les personnes âgées de 40 ans et plus dans les ménages visités seront sélectionnées pour participer à l'enquête. Le nombre moyen de sujets âgés de 40 ans ou plus devrait être environ un par foyer.

1061 ménages ont été visités au total, 517 des districts Erriadh et 544 des districts Jawhara, soit un taux de réponse d'environ 70% qui a été prévu. Tous les individus de chaque ménage, éligibles pour la participation à l'enquête, ont un formulaire de suivi.

➢ Nous avons stratifié selon les groupes d'âge, le sexe et les strates.

La condition la plus importante dans notre travail est la réalisation du test à domicile et pas dans un laboratoire de recherche.

Le total de 807 participants est réparti comme suit :

- 661 personnes ont entamé la spirométrie avec succès dont 309 hommes et 352 femmes,

- 56 participants avaient des spirométries non acceptables,

- Le nombre des non répondeurs et des participants inéligibles étaient respectivement 77 et 13.

II.3. Participants

Notre étude est divisée en deux parties principales.

Premièrement, 717 individus (661 + 56) ont répondu aux questionnaires portant sur les maladies respiratoires, les symptômes (toux, expectoration, sifflement, exposition aux facteurs de risque potentiels, besoins en santé, consommation en médicaments), l'état de santé, la limitation d'activité ainsi que le mode de vie et les possibles facteurs de risque tels que le tabagisme.

En effet, avant d'administrer les questionnaires aux différentes personnes, chacune reçoit un formulaire de consentement qui précise les objectifs de l'étude (Annexe 4).

Si cet individu est d'accord, il signe ce consentement et on lui administre les différents questionnaires, sinon, on lui remplit un questionnaire de refus (Annexe 5).

Une autre condition importante est que tous les questionnaires doivent être administrés par du personnel formé. Les questionnaires auto administrés ne sont pas autorisés.

Deuxièmement, l'ensemble des sujets a réalisé à domicile des mesures de la fonction respiratoire (spirométries) avant et après administration d'un agent broncho-dilatateur de courte durée d'action qui est le salbutamol (ventoline).

Cette spirométrie est réalisée à l'aide d'un spiromètre portable NDD-EasyOne (Figures 10, 11), afin d'identifier les différents paramètres ventilatoires.

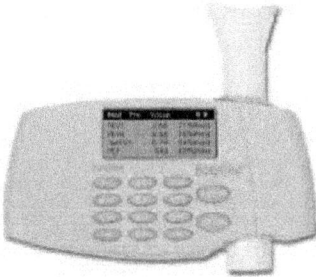

Figure 10 : Spiromètre NDD-EasyOne   **Figure 11 :** Spiromètre avec son support

Afin de détailler encore plus la visite à domicile, on cite les étapes suivantes :

➢ Confirmer l'Identifiant du participant (ID)
➢ Obtenir le consentement éclairé
➢ Administrer le questionnaire de spirométrie
➢ Mesure de l'hauteur, du poids, du tour de taille et du tour des hanches
➢ Vérifier le pouls (battements par minute)
➢ Spirométrie pré-bronchodilatateur
➢ Administrer 200 mcg de bronchodilatateur (le protocole recommande l'usage de deux bouffées de salbutamol (200 mcg) seulement, plutôt que la dose de quatre bouffées recommandée habituellement pour tester l'hyperréactivité)
➢ Attendre 15 minutes et administrer le questionnaire Core (questionnaire principal de BOLD) et les autres questionnaires
➢ Spirométrie post-bronchodilatateur
➢ Feedback aux participants, signifie l'explication des résultats au patient.

Critères d'inclusion et d'exclusion

Critères d'inclusion

- Les participants sont âgés de 40 ans et plus, non institutionnalisés,
- Ils sont des deux sexes,
- Ce sont des personnes n'ayant pas fait de chirurgie pendant les 3 derniers mois (afin de pouvoir mesurer la fonction respiratoire) (voir questionnaire de spirométrie, questions de sécurité) (Annexe 6),
- Fréquence cardiaque au repos normale,
- Confidentialité des données du participant.

Critères d'exclusion

- Tout individu âgé de moins de 40 ans,
- Fréquence cardiaque au repos supérieure à 120 battements par minute,
- Attaque cardiaque pendant les 3 derniers mois,
- Grande chirurgie pendant les 3 derniers mois,
- Décollement de rétine dans les 2 derniers mois,
- Grossesse au dernier trimestre,
- Hospitalisation le dernier mois,
- Fonctionnaliste très inquiet,
- Infection respiratoire active.

III. DÉFINITIONS DES VARIABLES

III.1. Définition de la BPCO

La définition de travail de la BPCO, selon GOLD, est que la BPCO est «une maladie évitable et traitable avec certains effets significatifs extrapulmonaires qui contribuent à la sévérité chez des patients individuels. Sa composante pulmonaire est caractérisée par une limitation du flux d'air, qui n'est pas entièrement réversible. La limitation du flux d'air est généralement progressive et associée à une réponse anormale inflammatoire des poumons à des particules nocives ou de gaz » (GOLD 2007).

47

La définition de la BPCO, évaluée par le protocole de BOLD, présente les stades de la BPCO selon les directives de GOLD (GOLD 2007) comme suit :

- quand le rapport de Tiffeneau $VEMS_1/CVF$ est inférieur à 0,70 : il s'agit de la BPCO stade 1,
- et quand $VEMS_1/CVF$ est inférieur à 0,70 et $VEMS_1 < 80\%$ des valeurs prédites : c'est la BPCO stade 2.

III.2. Principales variables de l'étude

Les principaux paramètres ventilatoires de la spirométrie sont définis comme suit :

* **$VEMS_1$** (Volume Expiratoire Maximum en une Seconde), correspond au volume maximum d'air expiré au cours de la première seconde d'une expiration forcée à partir d'une inspiration maximale, exprimée en litres aux conditions BTPS. $VEMS_1$ est un indice de référence de l'obstruction bronchique.

Ses valeurs théoriques sont comme suit :

Homme = (4,301 x H) − (0,029 x A) − 2,492

Femme = (3,953 x H) − (0,025 x A) − 2,604

Avec : H = taille en mètres

A = Age en années.

* **CVF** (Capacité Vitale Forcée), correspond au volume maximum d'air expiré au cours d'un effort maximum effectué à partir d'une inspiration maximale. Elle est exprimée en litres à la température corporelle et à pression ambiante saturée en vapeur d'eau (conditions BTPS).

* Le rapport de Tiffeneau **$VEMS_1/CVF$**, si celui-ci est inférieur à 70% (et $VEMS_1 < 80\%$) après bronchodilatateur, on confirme la présence d'une limitation des débits aériens non complètement réversible, d'où la présence de la BPCO.

IV. PROCEDURES DE COLLECTE DES DONNEES

IV.1. Questionnaires

Les différents questionnaires sont décrits comme suit :

IV.1.1. Le questionnaire de spirométrie

Il comporte des questions de sécurité (posées avant la pratique de la spirométrie), puis les différentes mesures anthropométriques (pouls, poids, taille, tour de taille, tour de hanches) ainsi que les résultats de la spirométrie (Annexe 6).

IV.1.2. Le questionnaire principal de BOLD

Ce questionnaire permet d'obtenir des informations sur le niveau d'études, le niveau socio-économique, le mode de vie, les symptômes respiratoires (toux, expectorations, sifflements, dyspnée), l'exposition aux facteurs de risque potentiels, la profession, les diagnostics retenus (asthme, emphysème, BPCO, bronchite chronique,...) les co-morbidités, les besoins (consommation) en santé, la consommation en médicaments, la limitation de l'activité physique et l'état de santé. Il inclut également le SF-12 pour évaluer l'état de santé global (Annexe 7).

La question 16 demande les noms des médicaments respiratoires et la dose que le sujet a pris. Il faut écrire le nom du médicamentet et son code à partir de la liste des codes des médicaments.

IV.1.3. Le questionnaire de biomasse

Il couvre l'exposition aux carburants de biomasse utilisés pour faire cuire ou chauffer. Il est en effet composé de questions portées sur le mode de cuisson (charbon, bois, gaz, pétrole,...) ainsi que le mode de chauffage (Annexe 8).

IV.1.4. Le questionnaire de travail

Il est basé sur les différentes activités professionnelles en rapport avec la poussière ainsi que le travail actuel et la durée (Annexe 9).

Il faut se reporter à la section ISCO Code du Manuel de Procédures où les professions sont organisées en groupes par des codes à 4 chiffres.

IV.1.5. Le questionnaire de tabagisme

Il concerne principalement les fumeurs actuels, où il comporte différentes questions concernant le nombre de cigarettes, la marque, les lieux autorisés pour fumer,... (Annexe 10).

On dispose d'une liste des marques de cigarettes les plus fumées où on attribue un code à chaque marque.

IV.1.6. Le questionnaire de suivi du patient

Il résume les réponses des participants (oui ou non) (Annexe 11).

IV.1.7. Le questionnaire de refus

Il concerne les personnes ayant refusé de participer à l'étude (Annexe 5).

IV.2. Contrôle de qualité

Le projet BOLD emploie plusieurs mesures visant à assurer un niveau élevé de contrôle de la qualité dans tous les aspects de l'étude. Des procédures écrites existent pour tous les aspects de l'étude, de la sélection de l'échantillon de l'étude au questionnaire, tests de la fonction pulmonaire et l'utilisation du système de gestion des données. Avant d'entreprendre le protocole, le personnel doit être formé et certifié dans les procédures de l'étude. Un ou deux membres de chaque site participera à une session de formation centrale pour être formés comme «maîtres formateurs» et être certifié pour former du personnel supplémentaire à leurs sites. La formation des moniteurs par le centre des opérations (OC operations center) assume la responsabilité de s'assurer que tous les techniciens qui participent à l'étude sont correctement certifiés. Chaque technicien requiert un nom d'utilisateur et un mot de passe pour se connecter au site de BOLD (Figure 12).

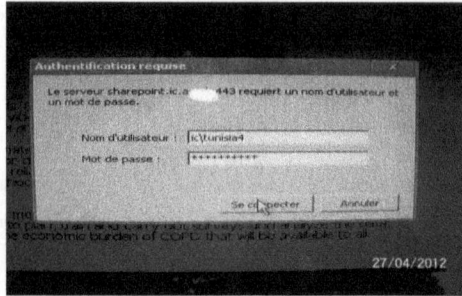

Figure 12 : Méthode adaptée pour la connexion au site de BOLD

Le spiromètre NDD EasyOne™ qui est approuvé pour l'utilisation dans cette étude répond aux plus hautes normes de contrôle de la qualité, tout en restant abordable et convenable pour l'utilisation sur le terrain. Le personnel de la formation de formateurs dans les tests de la fonction pulmonaire de chaque site est appelé à superviser la surveillance continue de contrôle de la qualité des techniciens de la fonction pulmonaire.

Le centre des opérations a élaboré des directives détaillées pour l'administration et le codage de chaque questionnaire de l'étude afin d'assurer une comparabilité maximale dans la façon dont le questionnaire est administré et les réponses sont notées. Les sites participants doivent effectuer une translation des questionnaires suivant un protocole standardisé, et le centre des opérations soutiendra la traduction du questionnaire comme un contrôle de qualité supplémentaire. Le centre maintient aussi les versions originales et retraduit toutes les traductions qui sont faites du questionnaire.

Le système de saisie de données pour l'étude utilise en temps réel l'édition de vérification, avec la double saisie des champs sélectionnés, pour s'assurer que les erreurs de saisie de données sont réduites au minimum et le jeu de données final est aussi propre que possible.

Enfin, les sites potentiels doivent avoir leur population cible et la stratégie d'échantillonnage approuvée par le centre des opérations, qui a un contrat avec un expert en échantillonnage pour aider à cette évaluation. Les centres cliniques devraient également avoir accès local aux personnes ayant une expertise en matière d'échantillonnage.

IV.3. Les techniciens et leur formation

L'équipe travaillant dans cette étude est de nombre 8 :

4 enquêteurs pour les questionnaires et 4 techniciens (dont un médecin et un infirmier) pour la pratique de la spirométrie.

La certification des fonctionnalistes pour la spirométrie est passée par les étapes suivantes :

- Lire le protocole,
- Lire le manuel des procédures,
- Formation sur la spirométrie,
- Travailler avec un bon fonctionnaliste,
- Faire un examen,
- Evaluation centrale des 10 premiers tests,
- Certification bonne valable pour une année,
- Une mauvaise qualité ferait perdre la certification.

IV.4. La spirométrie

La spirométrie avant et après administration d'un broncho-dilatateur inhalé de courte durée d'action est l'examen le plus important en tant qu'élément du protocole BOLD.

Cet examen est réalisé pour déterminer si le participant présente une BPCO.

Bien que les méthodes standardisées de la spirométrie soient disponibles et utilisées couramment, aucune norme n'est universellement appliquée. La formation appropriée et le contrôle de qualité continu sont essentiels afin d'obtenir uniformément des mesures de qualité. Les méthodes retenues pour le protocole BOLD rejoignent ou dépassent les normes ATS pour l'équipement et la technique, et ont été développées avec la prétention que l'essai sera réalisé sur le terrain, et pas dans un laboratoire d'exploration fonctionnelle respiratoire.

Pour optimiser le contrôle de qualité, il est recommandé d'utiliser les spiromètres NDD Easyone. Ce spiromètre est approuvé par le centre de lecture de la fonction pulmonaire (PFRC) parce qu'il répond aux critères prédéterminés de performance concernant la fiabilité des mesures, la possibilité d'utilisation sur le terrain et la facilité d'accès aux données.

En effet, ce spiromètre possède des caractéristiques désirables tels que :

- Précis
- Récepteurs d'ultrasons
- Piles
- Imprimante externe
- Messages de Qualité du test
- Grades de qualité
- Mesure le $VEMS_6$ (appelé aussi le rapport de Tiffeneau VEMS/CVF))
- Courbes débit volume et volume temps.

Les grades de qualité sont comme suit :

- Degré de qualité **A** : signifie 3 essais acceptables, 2 essais avec une variation de 5%
- Degré de qualité **B** : signifie 2 essais acceptables, 2 essais avec une variation de 5%
- Degré de qualité **C** : signifie 2 essais acceptables, 2 essais avec une variation de 10%
- Degré de qualité **D** : où il y a uniquement un essai acceptable
- Degré de qualité **F** : où il n'y a aucun essai acceptable.

L'évaluation de qualité indique le degré de confiance qu'on peut donner aux résultats.

Les grades sont imprimés dans le rapport de spirométrie.

IV.4.1. Mesure des paramètres anthropométriques

Avant d'accéder à la mesure de la fonction respiratoire, le participant est invité à mesurer les paramètres anthropométriques selon une méthodologie standardisée (Figure 13):

➢ **L'âge** : il est mentionné sur le questionnaire ainsi que sur le spiromètre. Il est exprimé en nombre d'années,

➢ La vérification du **pouls** (battements par minute (bpm)) ainsi que la mesure de la **tension artérielle** par l'intermédiaire d'un tensiomètre électronique (Omron M3 intellisense, Réf HEM-7051_E),

➢ **La taille**: elle est mesurée en position debout par une toise étalonnée (Height 200 cm, N°226SM) fixée au mur, pour obtenir le contrôle de qualité maximum. Les sujets sont déchaussés, le dos bien droit, les talents joints, la tête droite et le regard à l'horizontale. La taille est exprimée en centimètres (cm),

➢ **Le poids corporel** : il est mesuré par le biais d'un pèse-personne électronique (TEFAL Sensitive computer, Réf PP5046HO/26A-2105) et il est exprimé en kilogrammes (kg),

➢ **L'indice de la masse corporelle (IMC)** a été calculé selon la formule standard :

$$IMC = Poids\ corporel\ (en\ kg)\ /\ (Taille\ (en\ m))^2$$

➢ **Le tour de taille** et **le tour des hanches** : qui ont été mesurés à l'aide d'un mètre ruban (avec deux mesures pour chacun) et ils sont exprimés en centimètres (cm).

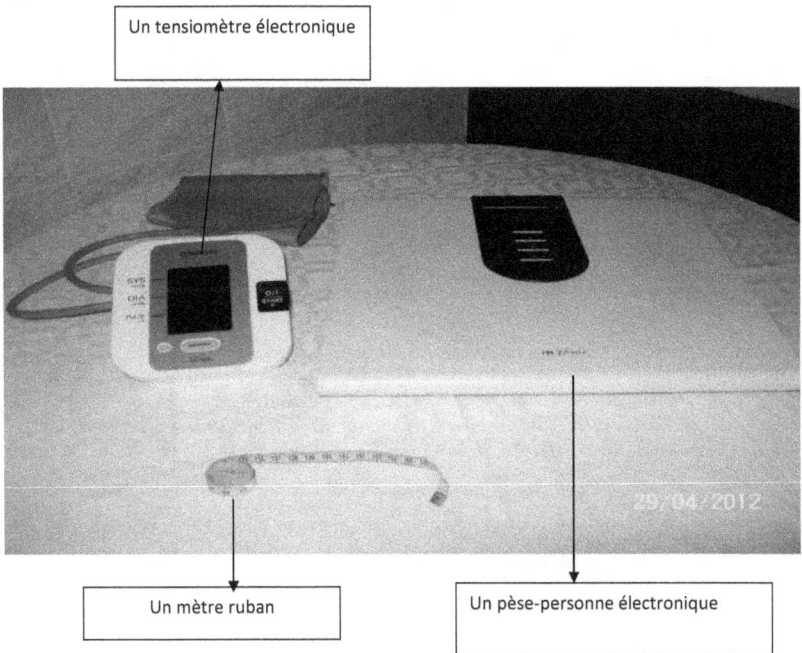

Figure 13: Matériel pour la mesure des paramètres anthropométriques

IV.4.2. Mesure de la spirométrie

Une fois les questions de sécurité (trouvées dans le questionnaire de spirométrie) sont posées et répondues par non et les différentes mesures anthropométriques sont prises, on accède à la spirométrie.

Au début, on commence par faire entrer les données du patient dans le spiromètre.

IV.4.2.1. Données du patient

Ces données sont comme suit :

- Identifiant du participant (ID) : chaque patient est désigné par un identifiant (pour des raisons de confidentialité),
- Date de naissance du participant, présentée comme suit : « Né le : jour. mois.année »
- Taille (en cm),
- Poids (en kg),
- Sexe : féminin ou masculin,
- Fumeur : oui, non ou ex,
- Asthme : oui, non ou possible
- Identifiant du technicien (ID Tech) : chaque technicien a un identifiant spécifique.

Une fois les données du patient entrées, on procède au test.

IV.4.2.2. Matériel nécessaire

En faite, on dispose du matériel suivant (Figure 14):

- un spiromètre NDD Easyone (EasyOne^{TM} diagnostic spirometer, ndd Medizintechnik AG, 8005 Zurich, Switzerland ; Model : 2001) (avec des piles en réserve),
- le support du spiromètre (EasyOne^{TM} Cradle, ndd Medizintechnik AG, 8005 Zurich, Switzerland ; Model : 2010) : pour l'analyse des résultats dans l'ordinateur,
- des spirettes (ndd Spirette^{TM}, ndd Medizintechnik AG, 8005 Zurich, Switzerland, order number 2050-5 (200 pcs)),
- un pince-nez,
- une chambre d'inhalation (Universal Aerosol Chamber ABLE^{TM}SPACER,Smiths Medical for CLEMENT CLARKE INTERNATIONAL LIMITED, England, Réf :3607000),

- un broncho-dilatateur (Ventoline[R]SALBUTAMOL,Glaxo Wellcome Operations Barnard Castle, Durham Royaume-Uni, Réf:*3506473*),
- un chronomètre,
- du coton,
- de l'alcool,
- du papier,
- un sac-poubelle.

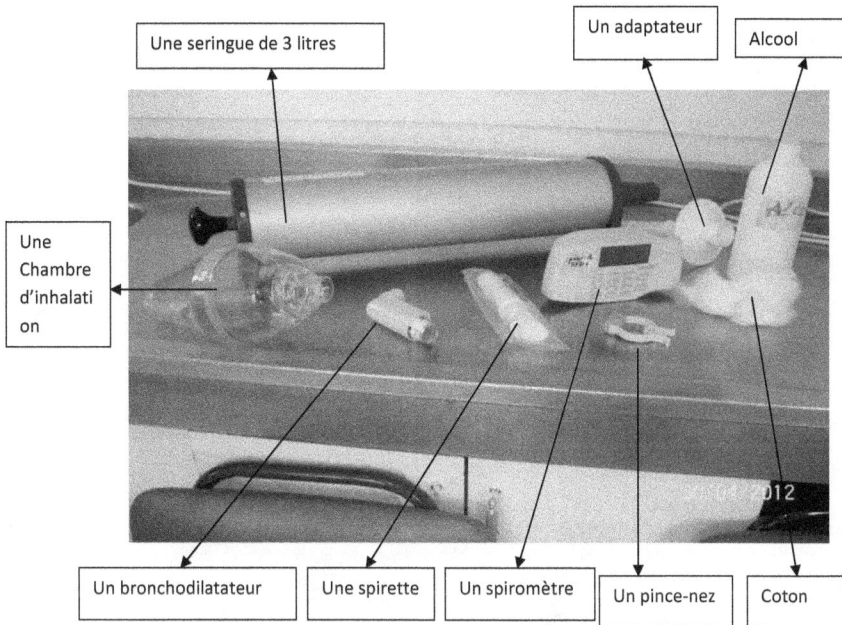

Figure 14: Matériel nécessaire pour la spirométrie

IV.4.2.3. Mesure de la fonction respiratoire

Le spiromètre doit être étalonné quotidiennement à l'aide d'une seringue de 3 litres (VIASYS HealthCare Calibration Pump 3L±0,4% ; Art.N° : 36-SM2125, Germany) et un adaptateur (Figure 14).

Le patient doit être en position assise, afin d'obtenir un résultat optimal (Figure 15).

En faite, il faut disposer d'une bonne salle pour réaliser la spirométrie avec les conditions suivantes :

1. Respecter la confidentialité
2. Température confortable
3. Un bon éclairage
4. Le silence (pas de perturbation)
5. Lavabo à proximité pour se laver les mains
6. Chaise sans roues.

En effet, les 3 principales phases de la manœuvre sont :

- D'abord, faire une inspiration profonde,
- Puis souffler avec force,
- Et enfin, maintenir une expiration profonde supérieure à 6 secondes.

Afin de réussir l'épreuve, le technicien doit faire une démonstration au patient.

Une fois le test commence, le technicien de spirométrie doit surveiller le déroulement de cette phase (pour arrêter la manœuvre au besoin),

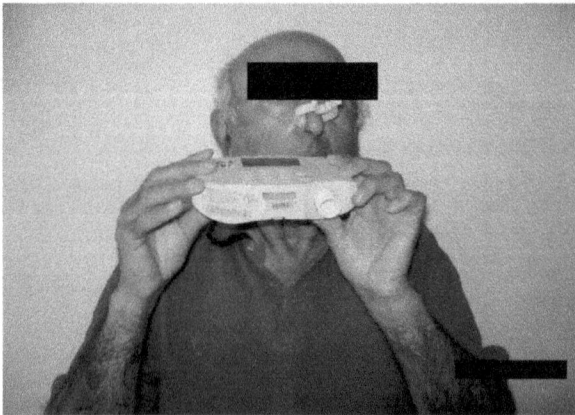

Figure 15: Déroulement de la spirométrie

Pour détailler l'épreuve, on cite ces étapes:

- La manœuvre commence par une inspiration maximale au point 0.

- Le souffle envoie une augmentation brutale du débit pour atteindre un pic.
- Puis le débit chute à un angle de 45° jusqu'à s'annuler. A droite, la CVF atteint 5 litres.
- La manœuvre d'inspiration forcée est représentée par une courbe descendante fermant la boucle.
- Plus que les ¾ du volume est expirée (ascension rapide) durant la première seconde.
- Un faible volume additionnel est expiré jusqu'à atteindre un plateau en 6 secondes.

Si on obtient à la fin de l'épreuve le degré de qualité **A** ou **B**, le test pré-bronchodilatateur est considéré acceptable et on passe ainsi à la 2ème étape qui est l'administration du broncho-dilatateur à l'aide de la chambre d'inhalation (le protocole recommande l'usage de deux bouffées de salbutamol (200 mcg) seulement, plutôt que la dose de quatre bouffées recommandée habituellement pour tester l'hyperréactivité).

Après l'administration de ce broncho-dilatateur, le patient doit attendre au minimum 15 minutes pour refaire la spirométrie.

Après 15 minutes, on procède à la deuxième mesure de spirométrie et ceci afin d'obtenir un test post-bronchodilatateur acceptable de degré de qualité A ou B.

Le spiromètre nous donne différentes variables dont les principales sont : le VEMS, la CVF et le rapport de TiffeneauVEMS/CVF (ou $VEMS_6$).

Les autres variables sont décrites comme suit :

- **DEM 25-75** : appelé Débit Expiratoire Maximal entre 25 et 75 % de la CVF et aussi connu sous le nom de débit expiratoire maximal médian (DEMM). Cet indice doit être dérivé de la manœuvre expiratoire associée à la somme VEMS + CVF la plus élevée. Le DEM 25-75 doit être mesuré avec une exactitude de lecture d'au moins ± 5 %, ou ± 0,200 $L.s^{-1}$ si cette valeur est plus élevée, sur une gamme allant jusqu'à 7 $L.s^{-1}$. Il convient de noter que cette valeur dépend fortement de la validité de la mesure de la CVF et du niveau de l'effort expiratoire.
- **DEM 25** : appelé Débit Expiratoire Maximal à 25% de la CVF, exprimé en (L/s).
- **DEM 50**: appelé Débit Expiratoire Maximal à 50% de la CVF, exprimé en (L/s).
- **DEM 75** : appelé Débit Expiratoire Maximal à 75% de la CVF, exprimé en (L/s).
- **DEP** : appelé Débit Expiratoire de Pointe est généralement dérivé de la courbe débit-volume. Il correspond au débit expiratoire maximum obtenu à partir d'une expiration

58

forcée maximale, démarrée sans hésitation à partir du point de remplissage maximal des poumons, exprimé en L.s-1.

- **FET** (Forced Expiratory Time): appelé temps expiratoire forcé, exprimé en (s), sera plus élevé: comme le volume reste égale et puisque le débit est plus bas ça prend plus de temps pour le patient pour vider ses poumons.

En effet, l'analyse de la forme d'une courbe débit-volume maximale (CDVM) incluant une inspiration forcée peut être utile pour le contrôle qualité et pour détecter la présence d'une obstruction des voies aériennes supérieures. Aucun des indices numériques dérivés d'une CDVM n'a une utilité clinique supérieure à celle du VEMS, de la CVF, du DEM 25-75 et du DEP.

Les figures 16 (a) et 16 (b) présentent un exemple de rapport Easyone imprimé:

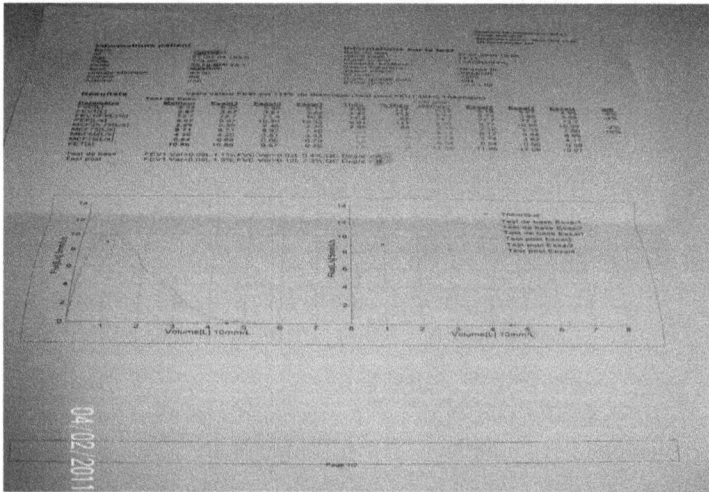

Figure 16 (a): Exemple de rapport Easyone imprimé (page 1/2)

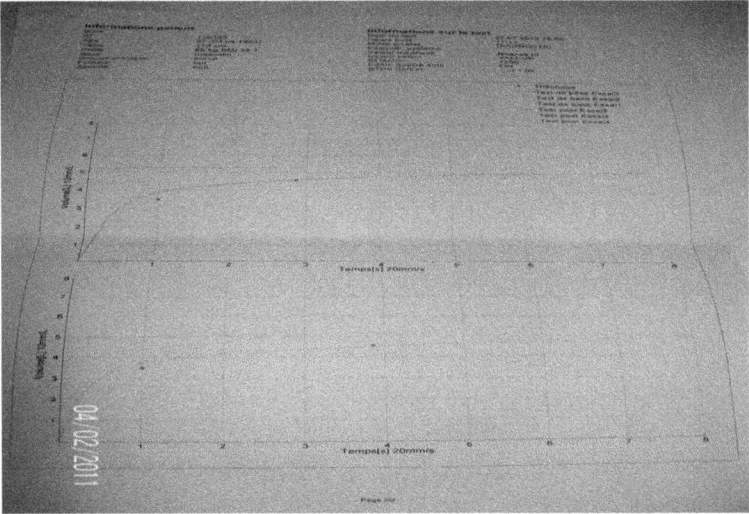

Figure 16 (b): Exemple de rapport Easyone imprimé (page 2/2)

V. ANALYSE STATISTIQUE DES DONNEES

Chaque dossier de chaque participant comporte les différents questionnaires ainsi que le résultat de la mesure de la spirométrie. Ces dossiers (recrutés par les identifiants des participants) ont été tapés dans un fichier de type Microsoft Office Excel puis stockés dans une base de données.

Concernant la première étude, nous avons utilisé le logiciel statistique Stata (version 7.0; Stata Corporation, College Station, TX) afin de déterminer la prévalence de la BPCO de la population estimée, qui a été calculée pour la population globale de Sousse, en utilisant le poids de la population. La prévalence de la BPCO a été stratifiée selon le sexe, l'âge et le nombre des paquets par années de tabagisme.

La signification des différences entre les proportions a été déterminée par le test chi2. Les calculs des Odds Ratio et les Intervalles de Confiance à 95% des valeurs de la BPCO par rapport aux facteurs de risque potentiels en relation avec le tabagisme, ont été réalisés avec le modèle de régression logistique multivariée. Les variables de sexe, groupes d'âge, indice de masse corporelle (IMC), le tabagisme, le nombre des paquets par années de tabagisme,

60

l'exposition professionnelle aux poussières / gaz / fumées, les maladies respiratoires dans la famille, les problèmes pulmonaires pendant l'enfance et l'éducation ont été testées par le modèle de régression logistique multivariée.

Concernant la deuxième et la troisième étude, nous avons utilisé le logiciel statistique SPSS version 18.

Les comparaisons bidimensionnelles ont été menées à l'aide du test t- de Student pour les variables continues et le test du chi2 pour les variables qualitatives.

Dans la deuxième partie, nous avons utilisé une analyse de régression logistique, à partir de laquelle les odds ratios (OR) avec IC à 95% ont été calculés, pour examiner l'association entre l'exposition professionnelle auto-déclarée et le risque de maladies respiratoires (en particulier la BPCO), les facteurs de confusion potentiels considérés étaient la probabilité d'exposition professionnelle (faible, moyenne, élevée) ainsi que le statut du fumeur (jamais, ancien, courant).

Pour la troisième partie, afin de déterminer les facteurs de risque de la BPCO, nous avons utilisé le test chi2 ainsi que le test t- de Student. Les facteurs de risque étudiés étaient le sexe, l'âge, l'IMC, le niveau socio-économique, le tabagisme passif, les infections respiratoires au cours de l'enfance, l'utilisation des carburants pour la cuisson et le chauffage ainsi que l'asthme.

Nous avons effectué aussi une analyse univariée de régression logistique, à partir de laquelle les odds ratios (OR) avec IC à 95% ont été calculés, pour examiner l'association entre l'exposition aux combustibles de la biomasse et le risque de la BPCO.

CONTRIBUTION
PERSONNELLE

ETUDE 1 :

BRONCHOPNEUMOPATHIE CHRONIQUE OBSTRUCTIVE ET TABAGISME: PREVALENCE EN TUNISIE

I. ETAT DE LA QUESTION ET OBJECTIFS

La bronchopneumopathie chronique obstructive représente un problème de santé publique majeur dans les pays en développement et surtout en Afrique du Nord. Il s'agit d'une maladie évitable et traitable, caractérisée par une altération de la fonction pulmonaire avec obstruction des voies respiratoires. On estime qu'elle sera la 3ème cause de mortalité dans le monde en 2020 (GOLD 2006).

Il s'agit d'une maladie liée au tabac, qui persiste à son arrêt et qui s'accompagne d'un essoufflement d'autant plus redoutable qu'il devient progressivement très handicapant et retentit fortement sur la qualité de vie. A terme, la BPCO expose à l'insuffisance respiratoire, nécessitant une oxygénothérapie à domicile.

Le tabagisme est la première cause de l'apparition de la BPCO et toutes ses formes sont considérées comme un facteur de risque évitable très fréquemment impliqué dans l'apparition d'une BPCO. La fréquence, l'évolution et la mortalité liées à cette maladie sont étroitement liées à l'intoxication tabagique (SPLF 2003).

Par conséquent, dans le monde, la fumée du tabac reste la plus importante cause de la BPCO, et ceci malgré la décroissance lente de sa prévalence dans les pays développés, et son augmentation par contre dans les pays en développement, particulièrement en Asie et en Afrique (Chan-Yeung et al. 2004). Ainsi, la BPCO est liée au tabagisme dans 80 à 90 % des cas avec 600 millions de personnes atteintes dans le monde entier. Elle touche en Europe 10% de la population (DGS/GTNDO 2003; El Fekih et al. 2011 ; Murray[a] et Lopez 1996). L'OMS estime que, dans les pays à revenu élevé, 73% de la mortalité de la BPCO est liée au tabagisme, avec 40% liés au tabagisme dans les pays à faible et moyen revenu (Lopez et al. 2006). Des études récentes ont montré qu'une proportion beaucoup plus élevée de fumeurs, plus que 50%, est à risque de développer une BPCO (Rennard et Vestbo 2006 ; Lundback[a] et al. 2003).

En Tunisie, des études menées depuis une vingtaine d'années ont montré que l'épidémie tabagique est bien installée et que la prévalence tabagique est élevée, en particulier chez l'homme (Ben Khelifa 1979 ; El Gharbi 1984). Ces deux études se sont intéressées à l'analyse de la tendance de la consommation tabagique et ont permis de conclure que 40% des adultes âgés de 20 - 60 ans (2/3 des hommes contre 11 à 13 % des femmes) sont des fumeurs.

Dans une étude réalisée par Maalej et al. en 1986, la prévalence de la bronchite chronique dans l'ensemble de la population a été estimée à 10%. Ce dernier auteur a effectué une enquête épidémiologique transversale qui a porté sur 5005 sujets (3662 hommes et 1343 femmes) appartenant à différentes catégories socioprofessionnelles. La prévalence de la bronchite chronique trouvée dans cette population a augmenté avec l'âge et avec l'habitude tabagique. De plus, elle était supérieure en milieu rural qu'en milieu urbain. La gravité de la maladie a été évaluée par la survenue d'une dyspnée à l'effort (21%) et la présence d'un syndrôme obstructif à la spirométrie (20%). L'absentéisme professionnel était plus élevé chez les bronchiteux chroniques (21%) que dans l'ensemble de la population (8%) (Maalej et al. 1986).

En 1996, d'après l'Enquête Nationale sur la prévalence des Broncho- Pneumopathies Chroniques (ENBPC) (Institut National de la Santé Publique 1999), l'habitude tabagique a été observée chez 30,5% des sujets enquêtés. D'après cette étude, la prévalence tabagique des hommes a été de 55,8%, 10 fois plus importante que celle des femmes (5,6%) (p<0,001). La fréquence de l'habitude tabagique diminue avec l'âge chez l'homme, passant de 61,2% entre 25 et 34 ans à 54,2% pour les sujets âgés de plus de 55 ans (p<0,001); cette diminution est expliquée par une augmentation du taux d'abandon. Ce dernier passe de 4,3% pour ceux âgés de 25-34 ans à 12,3% après 55 ans. Ces résultats correspondent à ceux trouvés dans une enquête régionale sur la prévalence des facteurs de risque des maladies cardio-vasculaires, menée par l'Institut National de Santé Publique, en 1996, dans la région de l'Ariana (Ben Romdhane 2001) auprès de 5771 adultes âgés de 35-64 ans. Une autre étude régionale conduite dans une communauté semi urbaine du Sahel tunisien, a rapporté des chiffres de prévalence tabagique différents de ceux trouvés à l'échelle nationale (66% chez l'homme et 0,6% chez la femme) (Ghannem et al. 1992). Il s'agit, cependant, d'une population présentant des caractéristiques différentes de la population générale (Institut National de la Statistique 1995).

Selon l'étude de Fakhfakh et al., (Fakhfakh et al. 2001), les conséquences du tabagisme sur la santé, en terme de mortalité, ont été estimées à partir des données de prévalence tabagique, des statistiques de mortalité et des résultats d'enquêtes ayant suivi des fumeurs et des non fumeurs. Pour l'estimation de la mortalité attribuable au tabac et en l'absence d'un système de notification des causes de décès en Tunisie, cet auteur s'est basé sur la répartition des causes de décès estimée par l'Organisation Mondiale de la Santé pour l'année 1998 (OMS 1999) pour tous les pays membres, donnant un profil de mortalité intermédiaire entre les pays développés et les pays en développement. Le taux de décès par la BPCO secondaire au tabac a été évalué à 84% chez l'homme et 35% chez la femme (Fakhfakh et al. 2001). De plus, selon l'étude de l'Institut de la Santé Publique, la consommation du tabac a été retrouvée dans 30,4% de la population étudiée et le tabagisme était 10 fois plus fréquent chez les hommes que chez les femmes (Fakhfakh et al. 2002 ; Tessier et al. 1999).

Dans les pays occidentaux, la BPCO touche l'adulte jeune ou âgé et la relation de cause-effet du tabac est clairement prouvée dans plusieurs études épidémiologiques réalisées en Europe. Selon l'étude de Huchon et al. (Huchon et al. 2001), un échantillon représentatif de 14 076 individus âgés de 25 ans et plus ont rempli un questionnaire sur les symptômes, les comorbidités, les antécédents de tabagisme, les données sociodémographiques, et le diagnostic par les médecins. La prévalence de la bronchite chronique a été de 4,1% et la prévalence de la toux chronique et / ou des expectorations était de 11,7%. Le tabagisme a été associé à une fréquence accrue de bronchite chronique. Huchon et al. 2001 concluent à un Odds Ratio (OR) de 3,41 versus 1,02 pour les non-fumeurs par paquet année consommé. Donc, la prévalence de la bronchite chronique chez les adultes Français est élevée et est similaire à celle des autres pays industrialisés.

L'étude européenne de l'ECRHS avait pour objectif d'évaluer la variation internationale de la prévalence de la bronchite chronique et son principal facteur de risque qui est le tabagisme, chez les jeunes adultes issus de 35 centres de 16 pays différents. Les symptômes respiratoires et la fonction pulmonaire ont été évalués chez 17 966 sujets (20-44 ans) choisis au hasard dans la population générale. La prévalence moyenne de la bronchite chronique était de 2,6%, avec de fortes variations entre les pays (p <0,001; 0,7 à 9,7%). La prévalence des fumeurs variait de 20,1 à 56,9%, (p <0,001). Le tabagisme actuel était le principal facteur de risque de bronchite chronique, en particulier chez les hommes. Son effet a augmenté selon le nombre de paquets/année: l'OR était de 3,5 chez les hommes fumeurs modérés (1–14 paquets-années) versus 17,3 chez les hommes fortement tabagiques (45 paquets-années et plus) et respectivement 3,06 et 10,6 pour les femmes (Cerveri et al. 2001).

Néanmoins, les données épidémiologiques sur la BPCO sont très limitées en Afrique du Nord et surtout en Tunisie. La comparaison de quelques prévalences de la BPCO en Tunisie avec les données de la littérature internationale a montré que la prévalence Tunisienne estimée de la BPCO est plus faible par rapport à l'Amérique et l'Europe, et la maladie est certainement sous-diagnostiquée (Ben Abdallah Chermiti et al. 2011). Cela a été démontré dans une étude épidémiologique réalisée en Tunisie où la prévalence de la BPCO a été estimée à 3,8% (1,1% chez les femmes et 6,6% chez les hommes) (Maalej et al. 1986 ; Laroussi et al. 1984). En fait, les estimations nationales de prévalence de la BPCO sont généralement basées sur des données de simples questionnaires sans avoir recours à des mesures objectives de la fonction pulmonaire par spirométrie.

Par conséquent, cette mesure de la fonction pulmonaire par spirométrie est nécessaire pour déterminer la prévalence réelle de la BPCO en Tunisie.

Le projet BOLD a été conçu afin d'estimer la prévalence de la BPCO ainsi que les facteurs de risque et le poids du fardeau économique de la BPCO, dans différents pays à travers le monde y compris la Tunisie.

L'objectif de la présente étude étant d'estimer la prévalence de la BPCO, en relation avec le tabagisme chez les sujets âgés de 40 ans et plus, en utilisant le protocole BOLD.

II. METHODOLOGIE

Les détails des méthodes et des procédures de mesure ont été décrits dans le chapitre « Méthodologie générale ».

III. RESULTATS

III.1. Données démographiques

La population à l'étude était composée de 807 sujets. Le taux de réponse était de 90%. Le nombre des non répondeurs et des participants inéligibles étaient 77 et 13, respectivement.

Parmi les 807 personnes, 717 ont été interrogées : 56 ont échoué dans la réalisation de la spirométrie et 661 ont par contre réussi à avoir une spirométrie acceptable et reproductible et ont été, par conséquent, incluses dans cette étude. La figure 17 illustre la distribution de la population et l'échantillon étudié.

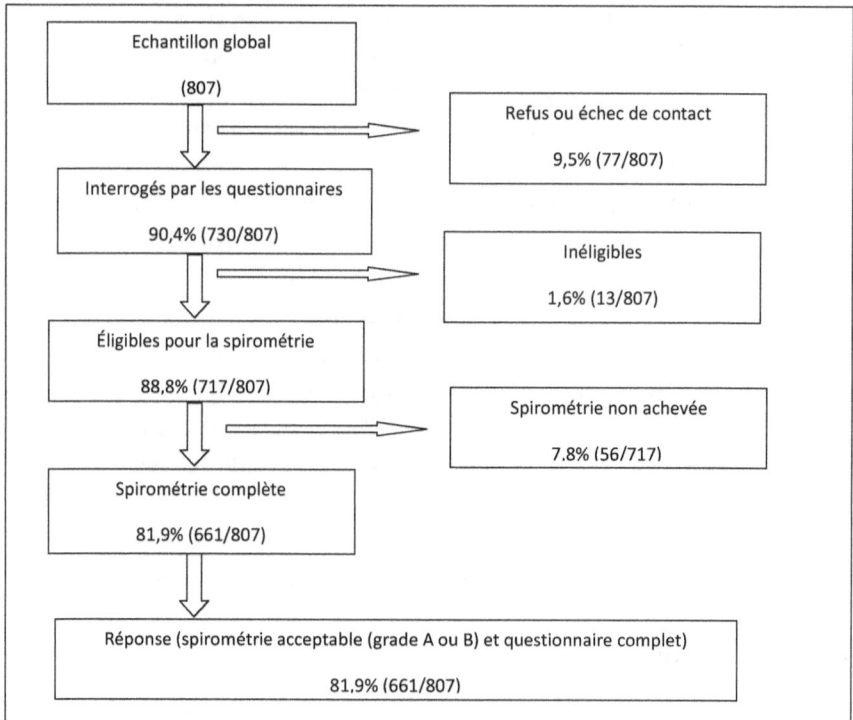

Figure 17 : Répartition de la population étudiée

Aucune différence significative n'a été retrouvée au niveau de l'âge, du sexe et du statut tabagique entre les répondeurs et les non répondeurs, ce qui montre que les participants à l'étude sont très représentatifs de la population générale (Tableau 2).

Tableau 2: Comparaison entre les répondeurs et les non répondeurs

	Répondeurs N (%)	Non répondeurs N (%)	Valeur de P*
Genre			0,752
Masculin	331 (46,16)	37 (48,05)	
Féminin	386 (53,83)	40 (51,94)	
Tranches d'âge, ans			0,805
40-49	263 (36,68)	25 (32,47)	
50-59	290 (40,44)	33 (42,86)	
60-69	118 (16,45)	15 (19,48)	
70+	46 (6,41)	4(5,19)	
Statut tabagique			0,597
Actuel	184 (25,66)	10 (12,98)	
Ancien	95 (13,25)	4 (5,19)	
Non fumeur	438 (61,09)	30 (38,96)	
Total	717 (90,99%)	77 (9,01%)	

* Valeur de p basée sur le test Chi2 de Pearson.
Les répondeurs sont des sujets qui ont répondu au questionnaire de base et ont effectué la spirométrie après l'administration du bronchodilatateur.

L'échantillon étudié (661 sujets) est constitué de 309 hommes et 352 femmes. La moyenne d'âge ne diffère pas significativement entre les deux sexes.

Le niveau d'étude diffère cependant de manière significative entre les hommes et les femmes (2,8 ± 1,23 et 1,9 ± 1,41; respectivement; P<0,01).

Le pourcentage des fumeurs (actuels et anciens) était plus grand chez les hommes que chez les femmes (47,4% par rapport à 7,0% et 74,3% par rapport à 8,5%, respectivement).

Le tableau 3 illustre les pourcentages de VEMS$_1$ et CVF par rapport aux valeurs de références. Il n'existe pas de différence significative entre les sexes, alors que le rapport VEMS$_1$/CVF était significativement plus élevé chez les femmes. En valeur absolue, nous constatons que les hommes ont des valeurs significativement plus élevées que les femmes.

Tableau 3: Mesure de la fonction pulmonaire *, selon le sexe

	Hommes	Femmes	p**
VEMS$_1$ (L)	3,1 (0,77)	2,3 (0,60)	<0,001
VEMS$_1$ (%,prédit)	90,5 (17,34)	92,3 (17,10)	0,1913
CVF (L)	4,0 (0,79)	2,8 (0,66)	<0,001
CVF (%,prédit)	89,3 (13,66)	88,7 (14,63)	0,5801
VEMS$_1$/ CVF (%)	77,8 (8,66)	81,9 (5,73)	<0,001

* Les mesures de la fonction pulmonaire sont prises après l'administration du bronchodilatateur
** les valeurs de P sont basées sur le Test T-Student pour la comparaison des moyennes.
Abréviations: VEMS$_1$ – Volume d'expiration maximale en une seconde ; CVF – Capacité vitale forcée

Les prévalences estimées du tabagisme en Tunisie selon l'âge et le sexe sont présentées dans le tableau 4. Les fumeurs (les anciens fumeurs et les fumeurs actuels) ont représenté 41,9% de la population, tandis que la prévalence des fumeurs actuels est estimée à 28,6%.

Tableau 4: Distribution du tabagisme selon l'âge et le sexe *

	40-49 ans	50-59 ans	60-69 ans	70+ ans	Total
Hommes					
Non fumeur	24,3 (6,7)	23,5 (3,5)	34,4 (5,4)	25,0 (7,2)	25,8 (4,1)
Ancien fumeur	16,0 (3,6)	26,9 (4,0)	42,0 (6,2)	37,6 (7,7)	24,8 (3,0)
Fumeur actuel	59,6 (5,8)	49,6 (4,8)	23,6 (3,8)	37,5 (7,8)	49,4 (4,2)
Femmes					
Non fumeur	89,4 (3,2)	90,7 (3,0)	96,2 (2,8)	95,2 (4,7)	91,3 (2,1)
Ancien fumeur	1,5 (1,0)	2,8 (1,6)	0	0	1,5 (0,7)
Fumeur actuel	9,2 (2,8)	6,5 (2,1)	3,8 (7,8)	4,8 (4,7)	7,3 (1,9)
Total					
Non fumeur	57,1 (4,6)	54,9 (3,1)	64,6 (3,5)	64,2 (5,6)	58,1 (2,8)
Ancien fumeur	8,7 (2,0)	15,6 (2,1)	21,5 (3,5)	16,6 (3,7)	13,3 (1,4)
Fumeur actuel	34,2 (4,1)	29,5 (3,2)	13,9 (2,5)	19,2 (4,8)	28,6 (2,9)

*Toutes les valeurs sont exprimées en pourcentage (Erreur Standard).

Le tableau 5 montre la prévalence du tabagisme en fonction du sexe. Le pourcentage des sujets ayant fumé plus de 20 paquets/année était de 28,1% et 52% étaient des hommes contre seulement 3% de femmes.

Tableau 5: Les estimations de la distribution du tabagisme selon le nombre de paquets par année*

	Non fumeur	Paquets/année 0-10	10-20	20+
Masculin	25,8 (4,1)	6,8 (1,3)	14,9 (2,9)	52,5 (3,0)
Féminin	91,3 (2,1)	3,4 (1,0)	2,1 (0,8)	3,2 (1,1)
Total	58,1 (2,8)	5,2 (0,7)	8,6 (1,6)	28,1 (1,8)

* Toutes les valeurs sont exprimées en pourcentage (Erreur Standard).

III.2. Prévalence de la BPCO selon les stades de sévérité de GOLD

Selon les critères de GOLD, la prévalence globale de la BPCO stade I ou plus était de 7,8% (±1,2) (la prévalence de la BPCO stade I selon la limite inférieure de la normale était de 5,3% (±1,4)). La prévalence de la BPCO était significativement plus élevée chez les hommes que chez les femmes (13,5% (±2,9) versus 1,9% (±0,7) respectivement ; p <0,01) (Figure 18). La prévalence de la BPCO stade I augmente avec l'âge chez les deux sexes, et pour chaque catégorie d'âge, elle était plus élevée chez les hommes que chez les femmes (P <0,01) (Figure 18).

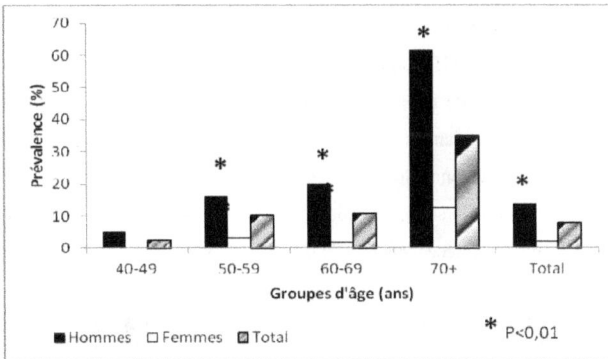

Figure 18: Prévalence de la BPCO (Stade I ou plus) selon le sexe et les groupes d'âge. (* Valeur de p basée sur le test Chi2 de Pearson).

La figure 19 illustre la prévalence de la BPCO stade II qui était de 4,2% (±0,9) (la prévalence de la BPCO stade II selon la limite inférieure de la normale était de 3,8% (±1,3)) et était également plus élevée chez les hommes par rapport aux femmes (7% (±1,9) versus 1,2% (±0,7) respectivement ; p <0,01).

Comme la BPCO stade I, la prévalence de la BPCO stade II augmente aussi avec l'âge chez les deux sexes, et elle était plus élevée chez les hommes comparés aux femmes (P <0,01) (Figure 19).

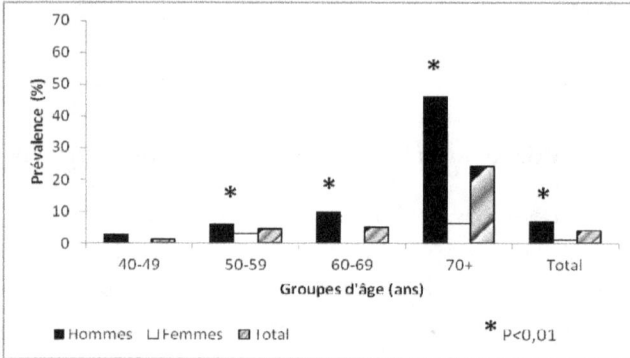

Figure 19 : Prévalence de la BPCO (Stade II) selon le sexe et les groupes d'âge. (* Valeur de p basée sur le test Chi2 de Pearson).

Il est en revanche important de noter qu'aucun des sujets de l'étude n'a répondu aux critères de GOLD stade III ou IV de la BPCO.

La prévalence de la BPCO (stades I et II) augmente également avec le nombre de paquets/année de tabagisme chez les hommes et les femmes (Figures 20 et 21).

Aussi, la prévalence de l'obstruction des voies respiratoires chez les sujets atteints de BPCO stade I ou plus a augmenté de 3,9% chez les sujets qui n'avaient jamais fumé à 16,1% chez ceux ayant des antécédents de tabagisme ≥ 20 paquets/année (Figure 20).

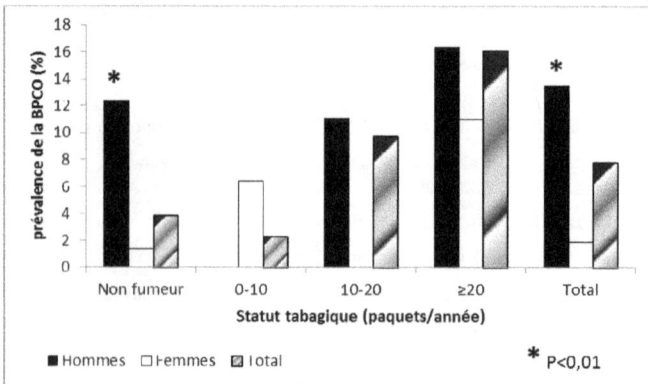

Figure 20: Prévalence de la BPCO stade I ou plus selon le nombre des paquets/année et le sexe. (* Valeur de p basée sur le test Chi2 de Pearson).

De même, la prévalence de la BPCO stade II a augmenté de 2,6% chez les sujets non fumeurs à 8,2% chez ceux qui ont un nombre plus élevé de paquets/année de tabagisme (Figure 21).

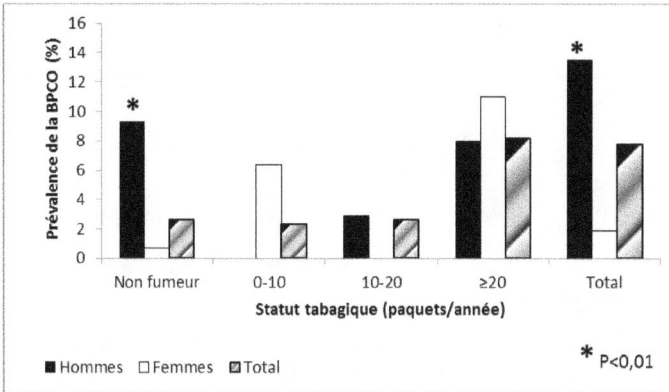

Figure 21: Prévalence de la BPCO stade II selon le nombre des paquets/année et le sexe. (* Valeur de p basée sur le test Chi2 de Pearson).

Une forte prévalence de la BPCO stade I et II a été trouvée chez les non-fumeurs et surtout chez les hommes (12,4% (6,7) et 9,3% (5,4), respectivement ; p <0,01) (Figures 20 et 21).

III.3. Les facteurs de risque de la BPCO

Nous avons effectué des régressions logistiques univariées et multivariées pour évaluer l'éventuelle association entre la BPCO et le sexe, l'âge, l'éducation, les antécédents de tabagisme, l'IMC, les antécédents familiaux des maladies respiratoires, les antécédents de maladies respiratoires au cours de l'enfance et l'exposition professionnelle aux substances nocives telles que la poussière et les vapeurs toxiques. Après ajustement mutuel de tous ces facteurs potentiels dans le modèle, nous avons constaté que dans notre population, la BPCO était plus fréquente chez les hommes, chez les sujets âgés de 70 ans et plus (OR = 17,7, p = 0,007) et chez ceux ayant un IMC <20 kg/m^2 (OR = 6,6, p = 0,02) par rapport aux sujets ayant un IMC entre 20 et 25 kg/m^2.

Etre fumeur de 10 paquets/année, a été indépendamment associé à un risque accru de BPCO (OR = 1,25, p = 0,003), mais cette association a diminué et n'a pas atteint des niveaux conventionnels de signification statistique (OR = 1,18, p = 0,1) après l'ajustement de tous les autres facteurs de risque potentiels dans le modèle (Tableau 6).

Tableau 6: Les facteurs de risque de la BPCO*

	OR Non ajusté (95% IC)	p	OR Ajusté (95% IC)**	p
Sexe				
Masculin	1		1	
Féminin	0,198 (0, 062-0,635)	0,010	0,201 (0,015, 2,733)	0,210
Age, ans				
40–49	1		1	
50–59	2,090 (0,769-5,677)	0,137	2,105 (0,755, 5,863)	0,142
60–69	2,472 (0,778-7,853)	0,116	3,519 (0,942, 13,152)	0,060
≥70	10,403 (2,072-52,222)	0,007	17,670 (2,488, 125,472)	0,007
Education, ans				
0	1		1	
1-5	0,375 (0,076-1,840)	0,208	0,480 (0,062, 3,698)	0,455
6-8	0,774 (0,211-2,844)	0,681	1,471 (0,245, 8,827)	0,653
9-11	0,798 (0,329-1,934)	0,595	0,932 (0,112, 7,761)	0,944
≥12	0,602 (0,142-2,545)	0,464	0,881 (0,273, 2,839)	0,820
Statut tabagique				
Non fumeur	1			
Ancien fumeur	2,164 (0,667, 7,022)	0,182	0,426 (0,041, 4,429)	0,449
Fumeur actuel	3,301 (1,127, 8,150)	0,030	0,641 (0,084, 4,885)	0,648
Nombre des parquets/année				
10 ans et plus	1,252 (1,093-1,435)	0,003	1,176 (0,941, 1,470)	0,141
Indice de Masse Corporelle				
<20	4,673 (1,032, 21,159)	0,046	6,610 (1,439, 30,354)	0,019
20-25	1		1	
25-30	0,536 (0,145, 1,977)	0,324	0,821 (0,267, 2,527)	0,714
30-35	0,743 (0,282, 1,960)	0,524	1,299 (0,401, 4,208)	0,642
>35	0,271 (0,069, 1,063)	0,060	0,660 (0,177, 2,466)	0,512
Exposition professionnelle aux poussières				
10 ans et plus	1,288 (0,978, 1,697)	0,069	0,996 (0,689, 1,441)	0,983
Problèmes respiratoires infantiles				
Non	1		1	
Oui	0,956 (0,099, 9,242)	0,967	1,666 (0,195, 14,235)	0,620
Antécédents familiaux de maladie pulmonaire				
Non	1		1	
Oui	0,190 (0,024, 1,508)	0,108	0,194 (0,018, 2,114)	0,164

* Post-bronchodilatateur $VEMS_1$/CVF<Limite inférieure de la normale (LIN) définit la

BPCO
** L'ajustement mutuel pour tous les facteurs de risque figurant dans le tableau
Définition des abréviations: IC = Intervalle de Confiance; BPCO = Bronchopneumopathie
Chronique Obstructive; OR = Odds Ratio

III.4. Diagnostic et symptômes respiratoires de la BPCO

Le tableau 7 montre que la prévalence de la bronchite chronique, de l'emphysème ou la BPCO diagnostiqués par un médecin était de 3,5% (±0,7). Cette valeur correspond à la moitié de la prévalence réelle de la BPCO stade I ou plus telle qu'elle a été évaluée par la présente étude (7,8%) (Tableau 7).

La prévalence de la BPCO diagnostiquée par un médecin était plus élevée chez les femmes par rapport aux hommes (4,8% (±0,9) versus 2,3% (±0,8), respectivement). Cette prévalence augmente aussi avec l'âge, particulièrement chez les hommes comme on le voit dans le tableau 7, mais aucune tendance claire n'a été observée avec l'augmentation du nombre des paquets/année.

Tableau 7: Prévalence de la BPCO selon le Diagnostic par sexe, âge et paquets/année*

	Diagnostic de BPCO		
	Masculin	**Féminin**	**Total**
Age, ans (%)			
40-49	1,1 (0,7)	4,6 (1,5)	2,8 (0,9)
50-59	2,4 (1,4)	7,0 (1,9)	4,6 (1,4)
60-69	3,2 (2,5)	3,8 (2,8)	3,5 (2,4)
70+	9,4 (6,8)	0	4,1 (3,0)
All	2,3 (0,8)	4,8 (0,9)	3,5 (0,7)
Paquets/année (%)			
Non fumeur	3,3 (1,5)	4,2 (0,9)	4,0 (0,8)
0-10	0	6,2 (5,7)	2,0 (2,0)
10-20	3,3 (2,5)	19,8 (17,2)	5,3 (3,4)

| 20+ | 1,8 (0,9) | 9,2 (7,2) | 2,3 (0,8) |
| Total | 2,3 (0,8) | 4,8 (0,9) | 3,5 (0,7) |

* Toutes les valeurs sont exprimées en pourcentage (Erreur Standard).

Les prévalences des symptômes respiratoires chez les patients atteints de BPCO stade I et II sont présentées dans le tableau 8. La fréquence de ces symptômes respiratoires augmente avec la gravité de la BPCO. Seulement 2,7% des sujets atteints avaient déjà été explorés par spirométrie.

Tableau 8: Fréquences des symptômes respiratoires chez les patients atteints de la BPCO

	BPCO définie comme:			
	LLN Stade I+	**LLN Stade II**	**GOLD Stade I+**	**GOLD Stade II**
	(n=33)	(n=30)	(n=51)	(n=39)
Toux	13 (39,39)	13 (43,33)	19 (37,25)	17 (43,59)
Expectorations	18 (54,55)	17 (56,67)	25 (49,02)	22 (56,41)
Sifflement	20 (60,61)	20 (60,67)	25 (49,02)	22 (56,41)
Dyspnée	12 (36,36)	12 (40,00)	16 (31,37)	16 (41,03)
Toux chronique avec expectoration‡	7 (21,21)	7 (23,33)	10 (19,61)	9 (23,08)

Les valeurs sont présentées sous forme de: nombre (%)

Définition des abréviations: BPCO = Bronchopneumopathie Chronique Obstructive; GOLD = Global Initiative for Chronic Obstructive Lung Disease; LLN = Lower Limit of Normal (limite inférieure de la normale).

‡ Toux avec **expectoration** pendant au moins 3 mois par an dans les 2 années précédentes.

IV. DISCUSSION

L'objectif de cette étude était de déterminer la prévalence de la BPCO ainsi que ses facteurs de risque, chez des sujets non institutionnalisés, des deux sexes et âgés de 40 ans et plus, en utilisant le protocole BOLD.

L'échantillon est représentatif de la population Tunisienne âgée de 40 ans et plus, puisqu'il a inclu un nombre relativement important de sujets (n = 807) issus de la zone urbaine de Sousse. La taille de l'échantillon permet d'avoir une normalité dans la distribution et de garantir la validité des modèles de régressions statistiques utilisés.

Comparaison de la Prévalence de la BPCO en Tunisie et à travers le monde

Cette enquête nous a amené à conclure que 7,8% des habitants de la ville de Sousse étaient atteints de BPCO de stade I. La maladie était plus fréquente chez les hommes comparés aux femmes.

Les résultats de la présente étude indiquent que la BPCO est devenue, en Tunisie, un problème de santé publique plus grave que prévu dans les études menées précedemment par Maalej et al. en 1986 et par Laroussi et al. en 1984.

Nos résultats illustrent également l'ampleur du fardeau que constitue la BPCO dans un proche avenir, car la proportion de la population vivant avec une maladie chronique ne cesse d'augmenter. En effet, l'analyse des données de l'étude réalisée par Maalej et al. en 1986 a révélé l'existence de multiples corrélations positives entre la bronchite chronique et d'autres paramètres, tels que l'âge et l'habitude tabagique.

Par ailleurs, la plupart des enquêtes épidémiologiques ont montré que la BPCO était plus fréquente chez l'homme que chez la femme (Ameille et Rochemaure 1978). La différence aurait été vérifiée à tabagisme égal chez des jeunes fumeurs, aussi bien pour la prévalence des symptômes que pour les épreuves fonctionnelles respiratoires. Des anomalies y ont été relevées de façon plus précoce chez les garçons que chez les filles (Maalej et al. 1986). Cette enquête a révélé aussi la haute prévalence de la bronchite chronique chez la femme vivant surtout en milieu rural. En effet, cet espace regroupe un certain nombre de nuisances respiratoires qui intéressent aussi bien l'homme que la femme. Or, ces nuisances restent dominées par l'usage de la poudre de tabac (la neffa) aussi bien dans le nez que dans la bouche. En fait, d'après cette étude (Maalej et al. 1986), la prévalence élevée de la bronchite chronique aussi bien chez les priseurs (37,5%) que chez les chiqueurs (35%), est un argument en faveur de l'existence d'une pathologie pulmonaire propre à la neffa déjà décrite précédemment en Tunisie (Cornea et al. 1976).

Comparativement aux études utilisant les critères GOLD dans les mêmes groupes d'âge (adultes ≥ 40 ans), la prévalence de la BPCO dans notre population était similaire à celle de la ville de Mexico (7,8%) (Menezes et al. 2005), de la Chine (8,2%) (Zhong et al. 2007) et de la Grèce (8,4%) (Lundback[a] et al. 2003), mais est plus faible que celles de Salsburg en Autriche (26,1%) (Schirnhofer et al. 2007), de Pologne du sud (22,1%) (Nizankowska-Mogilnicka et al. 2007), de l'Afrique du Sud (23,2%) (Jithoo et al. 2006), de la Turquie (19,1%) (Kocabas et al. 2006) et des quatre villes d'Amérique latine (12,1 à 19,7%) (Menezes et al. 2005). Cependant, ces dernières données ont été déterminées dans des pays dont les caractéristiques ethniques, socio-économiques et démographiques sont de loin différentes de celles de la Tunisie.

Importance de l'âge en tant que facteur de risque de la BPCO

La présente étude montre que la prévalence de la BPCO était plus élevée chez les hommes et chez les personnes âgées de plus de 70 ans (OR = 17,67; P = 0,007). Ces résultats sont cohérents avec ceux d'autres études (Pena et al. 2000 ; Menezes et al. 2005) qui ont montré que l'âge est associé à la BPCO. Cependant, la relation de cause-effet entre le sexe et la BPCO reste à élucider et des études plus rigoureuses sont nécessaires. D'autre part, nos résultats ont été influencés par deux facteurs: d'une part, la charge totale de la fumée du tabac était significativement plus élevée chez les hommes fumeurs que chez les femmes dans tous les groupes d'âge et il pourrait en résulter une plus grande prévalence de la BPCO chez les hommes. D'autre part, le nombre absolu de femmes fumeuses atteintes de BPCO dans notre échantillon était faible, ce qui rend l'analyse de ce groupe difficile.

Donc, la prévalence de la BPCO dans notre étude reflète sans doute le vieillissement de la population que nous avons étudié. Ceci est similaire aux résultats trouvés dans de nombreux autres pays utilisant la même méthodologie BOLD (Enright et al. 2005) et dans beaucoup d'autres études épidémiologiques antérieures (Lundback[a] et al. 2003 ; Tzanakis et al. 2004). En effet, l'augmentation prévue de la prévalence de la BPCO dans le monde entier est davantage motivée par le vieillissement prévu de la population mondiale que par les changements prévus dans la prévalence du tabagisme (Feenstra et al. 2001).

Par conséquent, l'âge, dans notre population, est un facteur de risque de la BPCO plus fort que le tabagisme. Cela s'explique probablement par la faible prévalence du tabagisme dans la population étudiée et l'augmentation du vieillissement.

En outre, le fait que d'autres facteurs de risque potentiels que nous avons exploré dans notre modèle n'étaient pas associés à la BPCO (tels que l'exposition à la poussière au travail) suggère qu'il faudrait considérer d'autres facteurs. Il y a beaucoup de débats dans la littérature actuelle concernant l'exposition à la fumée de la biomasse au cours de la cuisson qui peut être un facteur de risque de la BPCO, en particulier dans les milieux à faible revenu, mais les preuves sont contradictoires (Cheng et al. 1998).

Rôle du tabagisme dans le développement de la BPCO

La constatation que la prévalence de la BPCO augmente avec l'âge ne minimise pas le fait que le tabagisme est un facteur de risque important de la BPCO (Mannino et al. 2000 ; Pauwels et al. 2001). Cependant, cette dernière relation a été clairement démontrée dans notre étude uniquement chez les hommes.

En 2000, Mannino a effectué une examination des données provenant de l'enquête NHANES III afin de déterminer les estimations nationales de la maladie pulmonaire chronique obstructive et la faible fonction pulmonaire dans une population de sujets adultes aux États-Unis. Un total de 20 050 adultes américains ont participé à cette enquête de 1988 à 1994. Les principaux critères de l'évaluation étaient une faible fonction pulmonaire, un diagnostic de médecin et des symptômes respiratoires. Cette étude a montré que 6,8% ($\pm$0,3) de la population avaient une fonction pulmonaire basse, et que 8,5% ($\pm$0,3) de la population avaient une maladie pulmonaire chronique obstructive. Cette maladie est indiquée chez 12,5% ($\pm$0,7) des fumeurs, 9,4% ($\pm$0,6) des anciens fumeurs, 3,1% ($\pm$1,1) des fumeurs de cigare ou de pipe, et 5,8% ($\pm$0,4) des non fumeurs (Mannino et al. 2000).

Dans la présente étude, fumer 10 paquets et plus par année, a été indépendamment associé à un risque accru de BPCO (OR = 1,25 ; P = 0,003), mais cette association a diminué et n'a pas atteint des niveaux conventionnels de signification statistique (OR = 1,18 ; P = 0,1) après ajustement des autres facteurs de risque potentiels dans le modèle.

En fait, la cigarette est responsable de 80 à 90% des cas de BPCO et un fumeur est 10 fois plus susceptible de mourir d'une BPCO qu'un non-fumeur (Buist et al. 2008).

Nos résultats ont confirmé que le tabagisme est un facteur de risque bien documenté qui contribue substantiellement à la bronchopneumopathie chronique obstructive (Cheng et al. 1998 ; Xu et al. 2005 ; Spraggins 2005; Ezzati et Lopez 2003).

Cheng (1998) a mené une enquête sur 102 230 personnes en milieu rural au printemps de 1992. Les taux de prévalence de la BPCO chez les fumeurs, les sujets ayant les antécédents de l'inflammation chronique des voies respiratoires et les deux ensembles étaient de 24,6%, 34,7% et 40,4%, respectivement. 71,6% des BPCO ont été liés au tabagisme.

Xu et al. en 2005 ont étudié aussi la relation entre le nombre total des cigarettes fumées et la BPCO chez les adultes urbains et ruraux à Nanjing, en Chine. Ils ont mené une étude transversale (entre Octobre 2000 et Mars 2001) sur une population de 29 319 résidents âgés de 35 ans et plus. La prévalence de la BPCO était significativement plus élevée chez les fumeurs que les non fumeurs. Après ajustement de plusieurs facteurs tels que l'âge, le sexe, le lieu de résidence, les combustibles, le chauffage en hiver, la ventilation dans la cuisine, le tabagisme passif, l'éducation, la profession, les revenus moyens de la famille, la consommation d'alcool, la cuisson avec de l'huile, l'indice de masse corporelle et l'activité physique, une relation dose-réponse entre la BPCO et le nombre total des cigarettes fumées était évidente dans cette population (Xu et al. 2005).

Les auteurs Ezzati et Lopez (2003), ont utilisé la mortalité par le cancer du poumon comme un marqueur indirect du risque de tabagisme accumulé. La mortalité par cancer du poumon chez les non fumeurs a été estimée sur la base de l'utilisation du charbon dans les ménages ayant une mauvaise ventilation. Les auteurs ont estimé qu'en 2000, 4,83 (3,94 à 5,93) millions de décès prématurés dans le monde sont attribuables au tabagisme; 2,41 (1,80 à 3,15) millions dans les pays en développement et 2,43 (2,13 à 2,78) millions dans les pays industrialisés. 3,84 millions de ces décès étaient des hommes. Les principales causes de décès dus au tabagisme étaient les maladies cardiovasculaires (1,69 million de décès), la BPCO (0,97 million de décès) et le cancer du poumon (0,85 million de décès). Ces auteurs ont conclu que le tabagisme était une cause importante de mortalité dans le monde en 2000 (Ezzati et Lopez 2000).

D'après nos connaissances, les composants de la fumée du tabac irritent les bronches, favorisant les infections en diminuant les défenses locales et l'élasticité des poumons notamment.

Mais tous les fumeurs ne développeront pas une BPCO. Seuls 15 à 30 % des fumeurs (20 cigarettes par jour) devront faire face à la maladie. C'est la conjonction d'une exposition tabagique et de facteurs intrinsèques (prédisposition génétique, nombre d'infections respiratoires durant l'enfance), qui en est responsable.

Le sevrage tabagique est l'intervention la plus efficace pour réduire le risque de développement d'une BPCO et pour ralentir la perte fonctionnelle des poumons. Il entraîne une amélioration des symptômes chez les patients BPCO et il est associé à un allongement de la survie (Steurer-Stey et al. 2013). D'après cet auteur, au moins 70% des fumeurs consultent chaque année le médecin et les conseils donnés par ce dernier sont un facteur de motivation important pour arrêter de fumer. Aussi d'après Stead (Stead et al. 2008), des interventions brèves de 3 à 5 minutes sont efficaces et devraient être menées de manière systématique chez chaque fumeur. Ainsi, chez les fumeurs dont le niveau de motivation est supérieur à 6 sur une échelle de 0 à 10, l'activité de conseil devrait être plus intense et associée à une pharmacothérapie, entraînant des taux d'abstinence plus élevés (Eisenberg et al. 2008).

En Tunisie, la prévalence de la BPCO chez les femmes est plus faible que celle observée chez les hommes. Cette situation est probablement due au fait que les femmes Tunisiennes n'ont pas été aussi nombreuses à fumer que les hommes. Cette situation est différente dans certains pays développés, où la prévalence du tabagisme chez les femmes est souvent plus élevée que celle chez les hommes (Lundback[a] et al. 2003). En effet, il y a eu une époque où la BPCO se rencontrait plus fréquemment chez les hommes mais, à cause de l'augmentation du tabagisme chez les femmes dans les pays à revenu élevé et du risque plus élevé d'exposition à la pollution de l'air dans les habitations, du fait des combustibles solides utilisés pour la cuisine et le chauffage dans les pays à faible revenu, cette maladie touche désormais presque à égalité hommes et femmes (OMS 2012). Comme certaines études ont suggéré que les femmes sont plus sensibles aux effets de la fumée du tabac, cela pourrait sans doute apparaître également pour les autres facteurs de risque (Xu et al. 1994 ; Silverman et al. 2000).

La BPCO chez les non fumeurs

Fait intéressant à noter dans la présente étude est que la moitié des patients atteints de la BPCO (50%) n'avaient jamais fumé. La prévalence de la BPCO chez les non fumeurs (3,9%) était beaucoup plus élevée par rapport à d'autres pays participant à l'étude BOLD (Enright et al. 2005), ce qui suggère qu'il y existerait des facteurs autres que l'exposition au tabagisme pouvant être impliqués dans la BPCO.

À l'échelle mondiale, la majorité des maladies chroniques obstructives non réversibles survient chez les fumeurs actuels ou anciens. Cependant, il existe des preuves que les sujets qui n'ont jamais fumé peuvent également développer une limitation chronique du débit et peuvent ainsi présenter une importante proportion de ce trouble (Behrendt 2005).

Notre compréhension des facteurs de risque génétiques et environnementaux, à l'origine du développement des maladies chroniques obstructives, est encore incomplète et cela est particulièrement vrai pour les personnes n'ayant jamais fumé. Bien que ce trouble semble être assez répandu chez les non fumeurs, seul un nombre limité d'études a décrit cette population de façon plus détaillée (Behrendt 2005; Miravitlles et al. 2005).

Comme indiqué dans l'étude de Lamprecht et coll. (2011), nous avons trouvé une association cohérente de l'obstruction bronchique chez les non fumeurs souffrant d'asthme et plus âgés (Lamprecht et al. 2011). Des résultats similaires ont été trouvés dans deux autres études transversales qui ont montré que la BPCO chez les non fumeurs était plus commune chez les sujets âgés ayant un diagnostic médical de l'asthme et un niveau d'éducation faible (Lamprecht et al. 2011 ; Zhou et al. 2009). D'autres études (Silva et al. 2004 ; Hagstad et al. 2012) ont été conformes à notre enquête et ont constaté que les personnes qui pourraient avoir ou ayant eu un asthme peuvent développer une obstruction chronique.

En fait, BOLD souligne la prévalence estimée de la BPCO étonnamment élevée chez les non fumeurs. Il est probable que certaines de ces personnes souffrent d'asthme de longue durée avec le remodelage des petites voies aériennes, mais nous avons défini la BPCO en tant que le rapport post-bronchodilatateur $VEMS_1/CVF$ inférieur à 70%. D'où la BPCO chez les non fumeurs reste un phénomène mal compris. Une exploration plus approfondie de notre ensemble de données aidera à trouver des réponses à ce trouble déroutant (Buist et al. 2008).

BPCO et IMC

Nous avons constaté qu'un faible IMC est associé à la BPCO, cela devrait être le cas si d'autres facteurs (tels que la nutrition) pourraient expliquer ce résultat. L'enquête devra être ainsi plus approfondie.

D'après des études antérieures, la diminution de l'IMC est associée fortement à la dénutrition : la situation nutritionnelle est inadéquate chez 25 à 50% des malades atteints de BPCO. 20% sont en situation de réelle dénutrition (IMC < 20 kg/m^2) (Budweiser et al. 2006). Celle-ci est liée, pour une part, au tabagisme sachant que l'alimentation du fumeur est, en moyenne différente de celle du non fumeur. Elle se traduit par une perte de la masse maigre mais aussi par une perte de la densité minérale osseuse (Bolton et al. 2004). Elle conduit à une dégradation fonctionnelle des muscles squelettiques et respiratoires, sans doute multifactorielle (déséquilibre énergétique, hypoxie tissulaire, corticothérapie) que l'on a aussi rapporté à une apoptose musculaire (Agusti et al. 2002) ou à une inflammation systémique chronique (Eid et al. 2001).

En effet, d'après Roche et Similowski (2007), la dénutrition retrouvée chez les patients atteints de BPCO a un impact sur la mortalité, la tolérance à l'effort et la qualité de vie. Plusieurs études ont en effet clairement montré qu'une diminution de l'indice de masse corporelle était corrélée à une plus grande mortalité. Au cours des décompensations aigües de BPCO, un IMC bas est également associé à un recours plus fréquent à la ventilation invasive et à une diminution du taux de survie à 6 mois (Roche et Similowski 2007).

D'après l'étude récente de Burney et al. en 2013, la prévalence élevée de la restriction associée à la pauvreté pourrait expliquer l'augmentation de la mortalité due à la BPCO dans les pays pauvres. En effet, ces auteurs ont examiné la relation entre les taux nationaux de mortalité par la BPCO avec la prévalence de l'obstruction des voies respiratoires et la restriction de spirométrie dans 22 sites d'étude (relatifs à BOLD), par l'intermédiaire des régressions, et avec les prévalences du tabagisme (moyenne des paquets/année fumés) et de la pauvreté (revenu national brut par habitant). Les auteurs ont trouvé que les taux nationaux de mortalité par la BPCO ont été plus fortement associés à la restriction de spirométrie qu'à l'obstruction. L'obstruction a augmenté avec la moyenne des paquets/année fumés, mais la mortalité par la BPCO a diminué avec l'augmentation de la consommation de cigarettes et a augmenté rapidement quand le revenu national brut par habitant était tombé en dessous de 15 000 dollars. Par contre, la prévalence de la restriction n'a pas été associée au tabagisme, mais elle a aussi augmenté rapidement quand le revenu national brut par habitant était tombé en dessous de 15 000 dollars. Donc, le tabagisme demeure la cause la plus importante de l'obstruction, mais une prévalence élevée de restriction associée à la pauvreté pourrait expliquer l'augmentation de la mortalité due à la BPCO dans les pays pauvres (Burney et al. 2013).

Diagnostic et BPCO

Une conclusion importante de cette étude est qu'il y avait un énorme écart entre le diagnostic de la BPCO par des médecins et la présence d'obstruction des voies respiratoires définie par la spirométrie. Seulement 3,5% des hommes et des femmes ont déclaré avoir la BPCO diagnostiquée par un médecin. Par ailleurs, plus de 87,9% des sujets atteints de la maladie n'avaient jamais été diagnostiqués avant l'enquête. Ceci suggère que le diagnostic de la BPCO repose sur des symptômes qui ne sont pas encore suffisants. D'après plusieurs études, il y a encore beaucoup trop de personnes souffrant de BPCO qui ne sont pas diagnostiquées ou qui ne sont diagnostiquées que quand la maladie se trouve déjà à un stade très avancé. Les données récentes ne justifient pas un diagnostic précoce de la BPCO chez les personnes asymptomatiques. Mais tester de manière ciblée les personnes symptomatiques et exposées aux facteurs de risque afin de détecter le développement d'une BPCO, suivi d'une prise en charge et de recommandations en faveur d'un arrêt tabagique, peut ralentir la progression de la maladie (Steurer-Stey et al. 2013 ; Rabe et al. 2007 ; Bellamy et al. 2006).

Par ailleurs, bien que les critères de GOLD de diagnostic de la BPCO sont largement acceptés, ils peuvent donner des résultats faussement négatifs chez les jeunes adultes et des résultats faussement positifs chez les personnes âgées (Wilson et al. 2005 ; Lundback[a] et al. 2003), ce qui rend nécessaire de faire des études de cohorte chez les patients asymptomatiques.

Nous en concluons que la sensibilisation des professionnels de la santé doit augmenter. Ceci nécessitera plus l'utilisation des mesures objectives de la fonction pulmonaire pour confirmer le diagnostic et ceci souligne l'importance de la spirométrie qui est une technique non invasive et facile à réaliser.

Importance des méthodes standardisées développées par BOLD

Les estimations de prévalence dépendent des critères de diagnostic et des méthodes utilisées (Xu et al. 2005). Afin d'obtenir des estimations précises de la prévalence de la BPCO, nous avons utilisé des méthodes standardisées développées par l'initiative BOLD (ATS [b] 1995) qui intègrent de nombreuses mesures de contrôle de qualité : une population représentée par un taux de réponse élevé, un équipement de spirométrie standard, une formation centrale, une certification d'aptitude à la réalisation des tests spirométriques et aux techniques d'administration des questionnaires, un protocole standardisé de traduction des questionnaires et des méthodes standards d'analyse des résultats.

En outre, afin de rendre nos résultats facilement comparables à des enquêtes similaires dans d'autres pays ou encore qui seront effectuées à l'avenir, nous avons utilisé les critères GOLD, qui ont été initialement publiées en 2001 et révisées en 2003 (GOLD 2005) puisqu'ils sont devenus le standard pour la stadification de la BPCO.

En effet, GOLD recommande l'utilisation d'un ratio fixe de $VEMS_1/CVF$ (post-BD) pour définir une obstruction irréversible, puis classe la sévérité de la BPCO à l'aide du pourcentage de $VEMS_1$ prédit (GOLD 2007). Cette recommandation a été contestée parce que le rapport fixe favoriserait le diagnostic de l'obstruction surtout chez les personnes âgées (Hardie et al. 2002 ; Hnizdo et al. 2006).

Dans notre étude, la fréquence estimée de la BPCO au stade I ou plus est très élevée chez les sujets âgés de 70 ans ou plus (environ 61,5% chez les hommes et plus de 12,5% chez les femmes). L'utilisation d'un rapport fixe post-bronchodilatateur $VEMS_1/CVF$ inférieur à 0,7 comme seuil pour le diagnostic de la BPCO dans ce groupe d'âge serait sans doute à l'origine d'une surestimation de la prévalence de la maladie chez cette catégorie d'âge.

Les directives actuelles de GOLD (GOLD 2005) approuvent l'utilisation du ratio fixe, tout en reconnaissant qu'il existe un potentiel d'erreur de classification. Une étude basée sur des personnes âgées de plus de 70 ans, a montré un rapport $VEMS_1/CVF$ inférieur à 0,7 dans environ 35% des sujets asymptomatiques non-fumeurs (Pena et al. 2000).

D'autres chercheurs recommandent l'utilisation de la limite inférieure de la normale du rapport $VEMS_1/CVF$ plutôt que le rapport fixe (Hnizdo et al. 2006 ; Pellegrino et al. 2005). Par définition, la LIN, basée sur la distribution normale, classe 5% de la population en bonne santé comme anormale. Lorsque nous utilisons le critère LIN dans l'évaluation du rapport

VEMS$_1$/CVF, il pourrait être l'une des solutions pour minimiser l'erreur de classification potentielle (Celli et al. 2003 ; Hardie et al. 2002). En réponse à cette constatation, Mannino et ses collègues ont analysé les données d'une vaste étude de cohorte de personnes âgées et ont signalé que les personnes qui avaient un taux fixe anormal avaient un risque accru de mortalité lors de 11 ans de suivi (Mannino[b] et al. 2007).

Plusieurs études antérieures ont montré que l'utilisation du critère de LIN à la place du ratio fixe minimise les biais d'âge connus et reflète mieux cliniquement une obstruction bronchique irréversible significative (Spraggins 2005; Buist et al. 2008). Toutefois, une étude récente a démontré que les personnes ayant un rapport VEMS$_1$/CVF au dessous de 0,7 et au-dessus du 5ème percentile ont en effet une augmentation du risque de la BPCO liée au décès ou à l'hospitalisation (Stanojevic et al. 2010). Ceci explique l'importance du rapport de Tiffeneau et explique par conséquent son utilisation surtout dans les études épidémiologiques (tels que l'étude BOLD).

Prévalences de la BPCO GOLD Stade I et II

Le stade GOLD II et plus de la BPCO est souvent désigné comme «cliniquement significatif» puisqu'il confirme bien l'existence de la maladie. Par conséquent, les individus concernés ont généralement des symptômes de la maladie et ont donc besoin d'une attention médicale et représenteront une charge élevée de la BPCO dans les années à venir. Le développement de ce stade est très rapide et nécessite plus d'intérêt afin de déterminer les symptômes et de les définir.

Nos données montrent que la prévalence de la BPCO en Tunisie est plus faible par rapport à celle des cinq villes latino-américaines (Menezes et al. 2005), de l'Afrique du Sud (Jithoo et al. 2006) et de Turquie (Kocabas et al. 2006). En effet, la BPCO GOLD stade II représentait environ la moitié des sujets atteints de BPCO (4,2% dans l'ensemble, 7,0% chez les hommes et 1,2% chez les femmes).

La prévalence élevée du Stade GOLD II de la BPCO dans notre population pourrait probablement être attribuée au fait que toutes les valeurs mesurées de VEMS$_1$ et CVF ont été exprimées par rapport aux valeurs de références américaines NHANES III, cependant, les valeurs de référence spirométriques tunisiennes sont inférieures de 10% par rapport aux Caucasiennes et celles-ci peuvent entraîner un sur-diagnostic du Stade GOLD II de la BPCO (Tabka et al. 1995).

Ce résultat pourrait être attribuable aussi au fait qu'en raison de la baisse du niveau des soins de santé standards et le manque des connaissances médicales générales chez les personnes, la plupart des patients atteints de BPCO en Tunisie n'ont pas consulté un médecin avant l'apparition des symptômes et des exacerbations significatives. Par conséquent, la plupart des maladies se sont développées à un stade plus avancé et sévère au moment où le diagnostic est posé. Ceci confirme la gravité de la maladie et les risques accrus sur la santé de l'être humain.

V. CONCLUSION

La présente étude nous a permis d'obtenir des résultats qui confirment que la prévalence de la BPCO en Tunisie est plus élevée que celle rapportée avant ainsi que celle diagnostiquée par les médecins.

Cette étude a montré aussi qu'en plus du tabagisme, qui est le principal facteur de risque de la BPCO, l'âge semble être un prédicteur plus puissant de la dégradation de la fonction pulmonaire.

Les résultats trouvés nous ont poussés à réaliser une autre étude plus spécifique qui s'intéresse à un autre facteur de risque qui est l'exposition professionnelle aux poussières, gaz et fumées, et ceci afin d'analyser la composante professionnelle dans l'étiologie des maladies respiratoires (en particulier de la BPCO) et d'identifier les méfaits du travail poussiéreux et son rôle dans l'apparition de la BPCO (Etude 2 de la présente thèse).

ETUDE 2 :

ASSOCIATION ENTRE LA PROFESSION ET LES MALADIES RESPIRATOIRES (EN PARTICULIER LA BPCO)

I. ETAT DE LA QUESTION ET OBJECTIFS

L'identification des expositions dangereuses en milieu de travail et l'estimation des risques ont fait l'objet de l'épidémiologie professionnelle (Marsh 1998). En effet, l'exposition à une variété de poussières minérales, organiques, aux gaz et aux vapeurs peut entraîner une obstruction des voies respiratoires chroniques ainsi que la toux chronique et les expectorations (bronchite chronique) et ce, indépendamment de la cigarette.

La plupart des manuels sur la santé au travail ont accordé peu d'attention aux facteurs de style de vie en particulier le tabagisme (McDonald 1995 ; Waldron et Edling 1997) et plusieurs articles publiés sur la santé au travail n'ont pas analysé l'importance du tabagisme en milieu du travail et la nécessité d'une action, par conséquent, des services de sevrage tabagique (Christiani 1984; Herbert et Landrigan 2000).

Les maladies respiratoires professionnelles sont fréquentes. Environ 15% des trois "grandes" maladies respiratoires chroniques (asthme, BPCO et cancer bronchique) et la quasi-totalité d'affections plus rares mais non exceptionnelles (pneumoconiose, pneumopathie d'hypersensibilité, mésothéliome, bérylliose) sont d'origine professionnelle. En outre, plus d'un tiers des tableaux des maladies professionnelles, tant dans le Régime général que dans le Régime agricole de la Sécurité sociale, concerne les maladies respiratoires. Ainsi, le pneumologue et le médecin du travail sont quotidiennement confrontés à la prise en charge médicale et médico-légale de ces affections professionnelles (Dalphin 2009).

Les principales maladies respiratoires d'origine professionnelle sont les allergies respiratoires, en particulier les rhinites, les asthmes et les pneumopathies d'hypersensibilité. Elles sont dues à l'exposition à des agents sensibilisants. Des particules peuvent également s'accumuler dans le poumon et créer des pneumoconioses. Enfin, les bronchopneumopathies chroniques obstructives peuvent être dues à de nombreuses expositions professionnelles. L'inhalation est le mode d'entrée principal des poussières, vapeurs et gaz en milieu professionnel (INRS 2011).

Cockroft et al. en 1987 et en 2005 ont rapporté que la sévérité de la réaction précoce au cours de l'asthme à des pneumallergènes courants pouvant être prédite par la réaction cutanée à ces allergènes et au test de réactivité bronchique à l'histamine. Mais il existe peu d'études pour les allergènes professionnels, en particulier pour les allergènes de haut poids moléculaire (Cockroft et al. 1987 ; Cockroft et al. 2005 ; Quirce et al. 2006).

En effet, l'allergie respiratoire des travailleurs dans le secteur de la santé est connue de longue date avec notamment le rôle des gants en latex. Cependant, ce n'est pas le seul agent incriminé (Delclos et al. 2007). L'observatoire national des asthmes professionnels (Ameille[b] et al. 2006) a rapporté que les produits utilisés par les personnels de santé (latex et formaldéhyde ou glutaraldéhyde) sont au 3ème et 4ème rang des substances les plus souvent incriminées dans l'apparition d'un asthme professionnel.

Concernant la BPCO, c'est une maladie respiratoire chronique caractérisée par un trouble lentement progressif d'obstruction des voies respiratoires, peu ou pas réversible, souvent liée à l'abus du tabac, ce qui peut conduire à une insuffisance respiratoire chronique. Si le principal facteur étiologique est représenté essentiellement par le tabagisme actif, il faut maintenant examiner la survenue de la BPCO comme la conséquence clinique d'une interaction entre, d'une part, l'effet des facteurs environnementaux et la prédisposition génétique qui reste incertaine d'autre part (Raherison 2011).

En fait, la BPCO est une maladie courante et l'une des principales causes de mortalité et de morbidité (Mayer et Newman 2001; Hnizdo et al. 2004) aux États-Unis et dans le monde (Mannino[a] et al. 2002). La BPCO est, par conséquent, la cause sous-jacente d'environ 1 sur 20 décès aux Etats-Unis en 2006 et était la quatrième cause de mortalité dans le monde en 2008 (Mannino[a] et al. 2002; Heron et al. 2009).

Bien que la principale cause de BPCO est le tabagisme, plusieurs preuves impliquent les expositions professionnelles et environnementales en particulier à la poussière et aux fumées. Ces dernières sont des facteurs de risque étiologiques, supplémentaires et potentiellement importants pour la BPCO (Balmes et al. 2003; Trupin et al. 2003 ; Blanc et

Torén 2007). En effet, les expositions professionnelles peuvent influencer le parcours de la BPCO de plusieurs façons: premièrement, en causant la BPCO ; deuxièmement, en modifiant l'effet de la fumée du tabac dans l'apparition de la BPCO tels qu'amplifier son impact négatif; troisièmement, en créant une plus grande invalidité en ajoutant la dépréciation liée à l'exposition à celle due au tabagisme ; et quatrièmement, en accélérant le taux du déclin de la fonction respiratoire chez les personnes déjà atteintes de BPCO (Harber et al. 2007).

Plusieurs études relatives à l'exposition professionnelle et au risque d'une maladie pulmonaire chronique obstructive au niveau individuel ont abordé la relation entre la profession et la maladie. Ces recherches ont trouvé un risque accru de BPCO ajusté en fonction du tabagisme et qui est associé aux expositions professionnelles (par exemple, vapeurs, gaz, poussières ou fumées) (Balmes et al. 2003; Blanc et Torén 2007).

La responsabilité des facteurs professionnels dans la genèse ou l'aggravation de la BPCO a longtemps été sous-estimée et masquée, en particulier, par la prépondérance du tabagisme (Ameille 2011 ; Ameille[a] et al. 2006).

En Tunisie, aucune étude, dont la méthodologie ayant répondu aux exigences des critères épidémiologiques (tels que celles de l'étude BOLD), ne s'est intéressée à montrer s'il y avait une association entre les expositions professionnelles et les maladies respiratoires (en particulier la BPCO).

Un risque respiratoire professionnel peut être identifié à la suite d'un cas, comme dans l'asthme professionnel, ou par des méthodes épidémiologiques. Celles-ci permettent la reconnaissance des schémas de morbidité attribuables à une exposition en comparant la survenue de la maladie entre les individus exposés et non exposés et en évaluant l'importance des facteurs de confusion potentiels comme le tabagisme (Garshick et al. 1996).

Depuis 1989, un certain nombre d'articles de revues ont synthétisé l'association entre la profession et le risque de la BPCO et ont déterminé qu'il s'agit d'un facteur de risque important (Becklake 1989; Driscoll et al. 2005). De nombreuses études ont tenté de déterminer le pourcentage de risque de la BPCO, dans une population, attribuable aux facteurs spécifiquement liés au travail. Les estimations de ce pourcentage pour la population générale varient de 0 à 37%, avec une valeur médiane de 15% (Blanc et Torén 2007).

En 2003, à partir d'une analyse de la littérature scientifique, des experts chargés par l'American Thoracic Society estiment que la contribution des facteurs professionnels dans la genèse de la BPCO pourrait raisonnablement être estimée à environ 15% (ATS 2003). Depuis lors, plusieurs études en population générale ont confirmé l'importante contribution des facteurs professionnels dans la BPCO et la plausibilité de la fraction de risque attribuable d'environ 15% (Blanc et Torén 2007; Eisner et al. 2010). Des pourcentages plus élevés ont été signalés pour les non-fumeurs (12-53%) (Zock et al. 2001; Jaén et al. 2006).

Dans une analyse récente, une réduction de 8,8% de l'exposition professionnelle à la poussière, aux gaz et aux fumées se traduirait par une réduction d'environ 20% de la prévalence de la BPCO dans le monde entier (Blanc [a] et al. 2009). Toutes ces revues ont souligné l'importance d'étudier les facteurs de risque professionnels de la BPCO.

En Tunisie, la contribution de la profession à l'étiologie des maladies respiratoires, telles que la BPCO, n'a pas encore été mise dans une perspective globale, si bien que nous avons essayé d'analyser les associations entre les taux de prévalence des expositions professionnelles et le tabagisme avec les maladies respiratoires d'une part et avec la BPCO d'autre part. Nous avons aussi vérifié si la nature des conditions de travail défavorables modifie la prévalence de la BPCO au niveau de la population, en utilisant le protocole BOLD et en tenant compte des données sur le tabagisme au niveau du groupe, offrant ainsi un cadre global pour les interventions dans le domaine de la santé publique.

II. MÉTHODOLOGIE

Les détails des méthodes et des procédures de mesure ont été décrits dans la partie « Méthodologie générale ».

Quelques définitions propres à cette étude sont citées comme suit :

➤ Mode de communication avec les participants

Tous les sujets ont été interrogés au moyen de questionnaires. Il s'agit notamment d'évaluer les caractéristiques sociodémographiques, le tabagisme et les antécédents professionnels.

Le tabagisme a été quantifié à l'aide des questions formulées par le centre de coordination BOLD et a été défini par trois formes trouvées chez le participant :

◆ Le fumeur actuel : toute personne qui fume au moment de l'enquête, tous les jours ou moins souvent.

◆ L'ex-fumeur (ou ancien fumeur): une personne qui auparavant fumait tous les jours mais qui maintenant ne fume plus du tout.

◆ Le non-fumeur : une personne qui n'a jamais fumé.

Puis, dans une analyse secondaire, le nombre de paquets par année (moins ou 20 paquets/année ou plus).

➤ Les maladies respiratoires

Elles ont été distinguées selon la présence des symptômes, le diagnostic auto déclaré du médecin ou encore la spirométrie.

Si le sujet avait de la toux et des expectorations pendant 3 mois durant deux années consécutives, il s'agit de la bronchite chronique. Elle peut être aussi auto déclarée auparavant par un médecin.

On considère la présence de l'emphysème ou l'allergie s'ils ont été diagnostiqués auparavant par un médecin.

La BPCO a été confirmée par la spirométrie. Selon GOLD 2006, la BPCO est une maladie qui peut être prévenue et traitée. Elle comporte des manifestations extrapulmonaires qui peuvent contribuer à sa sévérité chez certains patients. La composante pulmonaire est caractérisée par une limitation des débits aériens laquelle n'est pas réversible. La limitation des débits aériens est habituellement progressive et elle est associée à une réponse inflammatoire anormale des poumons à des agents nocifs particuliers ou gazeux (GOLD 2006). La présence de cette obstruction bronchique est définie par le rapport de Tiffeneau qui est inférieur à 70%.

L'asthme a été diagnostiqué par deux méthodes : soit auto déclaré auparavant par un médecin soit confirmé par la spirométrie, c'est-à-dire lors de la présence d'un trouble ventilatoire obstructif (quand le rapport de Tiffeneau pré-bronchodilatateur est inférieur à la LIN) en plus d'une amélioration du VEMS après l'administration du bronchodilatateur supérieure ou égale à 200 ml et supérieure de 12% par rapport à la valeur de référence (appelée obstruction bronchique réversible).

➤ Définition de l'exposition professionnelle

L'exposition professionnelle a été basée sur l'auto-évaluation de "l'exposition à la poussière "pendant au moins 1 an (Buist et al. 2007; Menezes et al. 2005).

En plus, nous avons classé les participants selon leur exposition aux vapeurs, gaz, poussières et fumées dans le même poste professionnel occupé depuis longtemps.

Une autre mesure de l'exposition professionnelle a été également analysée, c'est la durée du travail dans le même poste professionnel.

➤ Matrice d'exposition professionnelle

En plus de l'exposition auto-déclarée, nous avons également évalué, dans un premier temps, les risques professionnels à l'aide d'une matrice d'exposition professionnelle. Cette matrice a été initialement développée dans le cadre de l'analyse du handicap respiratoire et modifiée par la suite pour être utilisée dans l'asthme et dans la BPCO (Trupin et al. 2003; Blanc et al. 1999; Blanc et al. 2005). La matrice d'exposition professionnelle catégorise les professions spécifiques comme ayant une faible, intermédiaire ou une forte probabilité d'exposition à des matériaux associés à la maladie chronique des voies respiratoires.

Dans un deuxième temps, nous avons classé les activités professionnelles de longue durée en deux groupes :

- Travail à risque élevé (agriculture / textile / nettoyage / construction / usine de traitement ou transformation primaire : telle que la transformation du coton)

- Travail à faible risque (gestion / administration / secrétariat, professionnel / service technique, ventes / service clients, services de protection, autre).

On a identifié aussi les différents domaines du travail par des codes afin de déterminer les intensités des domaines les plus fréquents.

➤ Etude statistique

Elle a été décrite dans la partie « Méthodologie générale ».

III. RESULTATS

III.1. Caractéristiques générales de la population globale d'étude

Notre échantillon est composé de 661 sujets, dont 309 hommes et 352 femmes. La moyenne d'âge était de 53,00±9,05 et elle ne diffère pas significativement entre les deux sexes. Notre population était dominée par le niveau socio-économique moyen (93,2%), aussi bien chez les hommes que chez les femmes sans différence entre les deux sexes. Le niveau d'éducation primaire était dominant (36%) et a différé significativement entre les deux sexes (29,4% pour les hommes et 41,8% pour les femmes, p<0,0001). Les hommes avaient plus d'activités professionnelles à exposition potentielle aux poussières et aux autres particules que les femmes (39,5% et 34,1% ; respectivement). La faible exposition aux poussières et aux autres particules pendant le travail était plus remarquable chez les femmes (58,5%) que chez les hommes (27,5%). Le type d'activité professionnelle était différent significativement entre les deux sexes (p<0,0001).

III.2. Répartition des sujets en fonction de leur exposition aux facteurs de risque professionnels

Les tableaux 9 et 10 décrivent les caractéristiques des participants, selon leur exposition aux poussières, aux gaz et aux fumées pendant le travail, durant au moins un an.

Les hommes sont plus exposés aux poussières professionnelles que les non exposés (58,4% et 35,3%, respectivement) mais la différence n'était pas significative (p>0,05). La moyenne d'âge n'a pas présenté de différence significative entre les deux types de participants. Par contre, les hommes exposés étaient plus instruits (p <0,0001) et avaient des professions à risque élevé (p <0,0001). La moyenne des années du travail n'était pas différente significativement entre les hommes exposés aux poussières professionnelles et les non exposés. En plus, les sujets exposés ont été plus concernés par le tabagisme actif et le tabagisme passif que les sujets non exposés. Ils ont été également plus exposés à une mauvaise ventilation dans la cuisine (p <0,0001), avec une moindre exposition à la biomasse pour le chauffage que les hommes non exposés (p <0,05) (Tableau 9).

Tableau 9 : Caractéristiques des hommes selon l'auto-évaluation de l'exposition aux poussières, aux gaz et aux fumées pendant le travail.

	Pas d'exposition	Exposition aux poussières, gaz ou fumées	Valeur de p
N (%)	118 (35,3)	191 (58,4)	0,473
Age (ans); moyenne (ET)	52,81 (9,309)	53,64 (9,745)	0,460
Niveau d'études; n (%)			<0,0001**
Analphabète	2 (1,7)	18 (9,4)	
Primaire	21 (17,8)	70 (36,6)	
Collège	12 (10,2)	20 (10,5)	
Secondaire	56 (47,5)	58 (30,4)	
Professionnel	6 (5,1)	4 (2,1)	
Maîtrise	21 (17,8)	21 (11,0)	
Le travail de longue durée; n (%)			<0,0001**
Haut risque	14 (11,9)	114 (59,7)	
Faible risque	104 (88,1)	77 (40,3)	
Années du travail dans le même poste professionnel ; moyenne (ET)	25,33 (9,142)	25,61 (10,801)	0,813
Les antécédents de tabagisme et exposition ; n (%)			0,299
Jamais	26 (22,0)	52 (27,2)	
Toujours, 0-10 paquets-années	11 (9,3)	11 (5,8)	
Toujours, 10-20 paquets-années	26 (22,0)	31 (16,2)	
Toujours, >20 paquets-années	55 (46,6)	97 (50,8)	
L'exposition au tabagisme passif ; n (%)			0,195
Non	37 (31,4)	47 (24,6)	
Oui	81 (68,6)	144 (75,4)	
Ventilation dans la cuisine ; n (%)			<0,0001**
Mauvaise	67 (56,8)	148 (77,5)	
Bonne	51 (43,2)	43 (22,5)	
L'exposition intérieure à la biomasse pour le chauffage			0,010*
Non	8 (6,8)	10 (5,2)	
Oui	69 (58,5)	81 (42,4)	
Ne jamais chauffer	41 (34,7)	100 (52,4)	

*Différence significative entre les hommes non exposés et ceux exposés aux poussières, aux gaz et aux fumées ($p<0,05$).
**Différence significative entre les hommes non exposés et ceux exposés aux poussières, aux gaz et aux fumées ($p<0,01$).

Le nombre de femmes non exposées aux poussières professionnelles était plus grand que les femmes exposées (64,7% et 41,6%). La moyenne d'âge était différente significativement entre les femmes exposées et les non exposées aux poussières professionnelles ($p<0,05$). Le niveau d'éducation des femmes exposées était plus accentué ($p<0,05$) et elles avaient beaucoup plus de professions à risque élevé que les femmes non exposées ($p<0,0001$). La moyenne des années du travail était différente significativement entre les deux types de sujets (4,40±8,63 chez les femmes non exposées et 16,86±10,63 chez les femmes exposées, p<0,0001). En outre, elles étaient plus exposées au tabagisme actif et au tabagisme passif (p<0,05). Mais, elles ont été moins exposées à la mauvaise ventilation dans la cuisine que les femmes non exposées. Concernant leur exposition intérieure à la biomasse pour le chauffage, elles étaient moins exposées que les autres femmes (p<0,05) (Tableau 10).

Tableau 10: Caractéristiques des femmes selon l'auto-évaluation de l'exposition aux poussières, aux gaz et aux fumées pendant le travail.

	Pas d'exposition	Exposition aux poussières, gaz ou fumées	Valeur de p
N (%)	216 (64,7)	136 (41,6)	0,475
Age (ans); moyenne (ET)	53,57 (9,235)	51,38 (7,266)	0,019*
Niveau d'études; n (%)			0,016*
Analphabète	59 (27,3)	23 (16,9)	
Primaire	84 (38,9)	63 (46,3)	
Collège	10 (4,6)	16 (11,8)	
Secondaire	52 (24,1)	26 (19,1)	
Professionnel	2 (0,9)	4 (2,9)	
Maîtrise	9 (4,2)	4 (2,9)	
Le travail de longue durée; n (%)			<0,0001**
Haut risque	15 (6,9)	108 (79,4)	
Faible risque	201 (93,1)	28 (20,6)	
Années du travail dans le même poste professionnel; moyenne (ET)	4,40 (8,638)	16,86 (10,633)	<0,0001**
Les antécédents de tabagisme et exposition ; n (%)			0,049*
Jamais	203 (94,0)	117 (86,0)	
Toujours, 0-10 paquets-années	4 (1,9)	9 (6,6)	
Toujours, 10-20 paquets-années	3 (1,4)	5 (3,7)	
Toujours, >20 paquets-années	6 (2,8)	5 (3,7)	
L'exposition au tabagisme passif ; n (%)			0,001**
Non	123 (56,9)	53 (39,0)	
Oui	93 (43,1)	83 (61,0)	
Ventilation dans la cuisine ; n (%)			0,968
Mauvaise	164 (75,9)	103 (75,7)	
Bonne	52 (24,1)	33 (24,3)	
L'exposition intérieure à la biomasse pour le chauffage			0,039*
Non	12 (5,6)	8 (5,9)	
Oui	120 (55,6)	57 (41,9)	
Ne jamais chauffer	84 (38,9)	71 (52,2)	

* Différence significative entre les femmes non exposées et celles exposées aux poussières, aux gaz et aux fumées (p<0,05).
** Différence significative entre les femmes non exposées et celles exposées aux poussières, aux gaz et aux fumées (p<0,01).

III.3. Répartition des domaines de professions

Les différents domaines professionnels ont été répartis dans le tableau 11. Ils ont concerné la population d'étude, ainsi que les sujets atteints de la BPCO et les personnes ayant des maladies respiratoires.

Tableau 11 : Répartition des domaines professionnels

	Population globale d'étude (%)	Sujets atteints de la BPCO (%)	Sujets atteints des maladies respiratoires (%)
Domaines professionnels			
Le transport, le commerce/le tourisme/ l'enseignement	18	17,6	12,8
Le textile	11,8	9,8	12,8
La soudure/la plomberie/l'électricité/la menuiserie/ la mécanique	10,4	13,7	10,2
Le nettoyage	8,8	5,8	10,2
La boulangerie/la boucherie/...	5,3	7,8	9,4
La construction	4,7	9,8	7,6
L'agriculture	1,1	1,9	1,7
autres domaines	17,1	25,4	17,09
jamais travaillé	22,8	7,8	17,9

III.4. Associations entre maladies respiratoires, caractéristiques démographiques et expositions professionnelles

III.4.1. Relation entre les maladies respiratoires et les caractéristiques de la population

Nous avons effectué des régressions logistiques univariées et multivariées pour évaluer l'association des maladies respiratoires avec le sexe, l'âge, l'éducation, le statut tabagique, le travail de longue durée, les années du travail, la ventilation dans la cuisine et l'exposition intérieure à la biomasse pour le chauffage. Le sexe n'était pas associé au risque de maladie respiratoire. Par contre, l'âge était indépendamment associé au risque de cette maladie ($p<0,01$). Le niveau intellectuel n'était pas lié aux maladies respiratoires ($p>0,05$), en revanche, le statut tabagique était associé au risque de cette maladie. Le même poste professionnel occupé depuis longtemps et le nombre des années du travail n'ont pas influé sur les maladies respiratoires. La mauvaise ventilation dans la cuisine était indépendamment associée au risque de ces maladies (p<0,05). Alors que l'exposition intérieure à la biomasse pour le chauffage n'a pas d'effet sur les maladies respiratoires.

Après l'ajustement mutuel de tous ces facteurs potentiels dans le modèle, nous avons constaté que dans notre population étudiée, les maladies respiratoires étaient plus fréquentes chez les sujets âgés de 70 ans et plus (OR = 5,73; IC 95% [2,39-13,73], p < 0,01) par rapport aux sujets âgés de 40-49 ans. Elles l'étaient aussi chez les fumeurs actuels (OR = 2,12; IC 95% [1,15-3,92], p < 0,05) par rapport aux non fumeurs. La mauvaise ventilation dans la cuisine a été associée à un risque accru de maladie respiratoire (OR = 1,72; IC 95% [1,01-2,94], p < 0,05). Par contre, le travail de longue durée et le nombre des années du travail n'étaient pas associés au risque de maladie respiratoire (Tableau 12).

Tableau 12 : Facteurs de risque des maladies respiratoires chez 117 sujets âgés de 40 ans et plus

	OR non ajusté (95% IC)	Valeur de p	OR ajusté (95% IC)	Valeur de p
Sexe				
Masculin	1			
Féminin	0,679 (0,454-1,014)	0,058	1,108 (0,582-2,109)	0,756
Age, ans		0,0001**		0,001**
40-49	1		1	
50-59	1,844 (1,130-3,010)	0,014*	1,965 (1,180-3,270)	0,009**
60-69	1,785 (0,958-3,326)	0,068	1,945 (0,989-3,824)	0,054
≥ 70	5,419 (2,515-11,673)	0,0001**	5,736 (2,395-13,737)	0,0001**
Education, ans		0,699		0,906
0	1		1	
1-5	0,687 (0,317-1,490)	0,342	0,788 (0,345-1,799)	0,571
6-8	0,656 (0,358-1,204)	0,174	0,936 (0,468-1,873)	0,852
9-11	0,662 (0,326-1,345)	0,254	0,895 (0,394-2,033)	0,790
≥12	0,749 (0,416-1,349)	0,336	1,126 (0,535-2,371)	0,754
Statut tabagique		0,012*		0,054
Non fumeur	1		1	
Ancien fumeur	1,823 (1,027-3,236)	0,040*	1,776 (0,846-3,728)	0,129
Fumeur actuel	1,855 (1,183-2,907)	0,007**	2,124 (1,150-3,921)	0,016*
Travail de longue durée				
Faible risque	1		1	
Haut risque	1,447 (0,966-2,167)	0,073	1,406 (0,855-2,312)	0,180
Années du travail, ans		0,186		0,997
0	1		1	
≤10 ans	1,057 (0,509-2,194)	0,882	1,024 (0,429-2,444)	0,958
>10 ans	1,529 (0,909-2,573)	0,110	1,029 (0,484-2,186)	0,941
Ventilation dans la cuisine				
Bonne	1		1	
Mauvaise	1,752 (1,063-2,887)	0,028*	1,727 (1,012-2,947)	0,045*
Exposition intérieure à la biomasse pour le chauffage		0,665		0,604
Ne jamais chauffer	1		1	
Non	1,167 (0,486-2,803)	0,730	1,331 (0,531-3,334)	0,542
Oui	1,209 (0,798-1,830)	0,370	1,226 (0,796-1,888)	0,355

* Différence significative (p<0,05)
** Différence significative (p<0,01)

III.4.2. Relation entre les maladies respiratoires et les expositions professionnelles

Le non ajustement des facteurs professionnels (tels que l'exposition aux vapeurs, gaz, poussières et fumées pendant le travail et la probabilité de la matrice d'exposition professionnelle) a montré qu'ils n'étaient pas liés au risque de maladie respiratoire. Par contre le tabagisme était indépendamment associé à ce risque (p<0,05).

Après l'ajustement des facteurs professionnels par le tabagisme, nous avons trouvé que l'exposition aux vapeurs, gaz, poussières et fumées pendant le travail n'était pas associée au risque de maladie respiratoire (OR=1,01 ; IC 95% [0,30-3,41]) (p=0,98) (Tableau 13).

Les risques associés à une forte probabilité d'exposition par la matrice d'exposition professionnelle n'étaient pas aussi liés au risque de maladie respiratoire (OR=1,36 ; IC 95% [0,40-4,65]) (p=0,61).

Alors que le tabagisme était fortement associé au risque de ces maladies (p<0,05) (Tableau 13).

Tableau 13 : Risque de maladie respiratoire par rapport à la cigarette et les expositions professionnelles

	OR non ajusté (95% IC)	Valeur de p	OR ajusté (95% IC)	Valeur de p
Exposition aux vapeurs, gaz, poussières et fumées pendant le travail*	1,399 (0,925-2,117)	0,112	1,011 (0,300-3,414)	0,986
Probabilité de la matrice d'exposition professionnelle*		0,250		0,565
Basse (référent)	1		1	
Intermédiaire	1,462 (0,935-2,286)	0,096	1,016 (0,298-3,463)	0,980
Elevée	1,230 (0,707-2,139)	0,464	1,366 (0,401-4,656)	0,618
Statut tabagique		0,012**		0,019**
Non fumeur (référent)	1		1	
Ancien fumeur	1,823 (1,027-3,236)	0,040**	1,851 (1,024-3,346)	0,041**
Fumeur actuel	1,855 (1,183-2,907)	0,007**	1,820 (1,145-2,894)	0,011**

* les résultats non ajustés sont des modèles de régression logistique avec uniquement cet ensemble de variables, les résultats ajustés sont de deux modèles distincts pour l'exposition, l'un avec l'exposition aux vapeurs, gaz, poussières et fumées et l'autre avec la matrice d'exposition professionnelle, contrôlés par le tabagisme. Les estimations du risque de tabagisme ajusté sont obtenues à partir du modèle « exposition aux vapeurs, gaz, poussières et fumées »; les résultats pour le tabagisme n'étaient pas fondamentalement différents pour le modèle de matrice d'exposition professionnelle.
** Différence significative (p<0,05)

III.5. Expositions professionnelles et risque de la BPCO

Ajustée pour le tabagisme, l'exposition aux vapeurs, gaz, poussières et fumées pendant le travail n'était pas associée à la BPCO que ce soit pour la cohorte entière (OR=2,11 ; IC 95% [0,40-11,12]) (p=0,37) ou pour la BPCO GOLD Stade II (OR=4,64 ; IC 95% [0,63-34,08]) (p=0,13) (Tableau 14).

Les risques associés à une forte probabilité d'exposition par la matrice d'exposition professionnelle ont été similaires à l'exposition aux vapeurs, gaz, poussières et fumées pendant le travail (OR=2,14 ; IC 95% [0,38-11,90]) et n'étaient pas, par conséquent, combinés avec le risque de la BPCO (p=0,38).

Le tabagisme était, par contre, fortement associé au risque de la BPCO que ce soit pour la cohorte entière que pour la BPCO GOLD Stade II (p<0,0001) (Tableau 14).

Tableau 14 : Risque de Broncho-Pneumopathie Chronique Obstructive (BPCO) par rapport à la cigarette et les expositions professionnelles

	OR non ajusté (95% IC)	Valeur de p	OR ajusté (95% IC)	Valeur de p
Cohorte entière de BPCO				
Exposition aux vapeurs, gaz, poussières et fumées pendant le travail*	1,39 (0,76-2,52)	0,28	2,11 (0,40-11,12)	0,37
Probabilité de la matrice d'exposition professionnelle*		0,35		0,68
Basse (référent)	1,00		1,00	
Intermédiaire	1,36 (0,70-2,64)	0,35	2,00 (0,38-10,55)	0,41
Elevée	1,71 (0,81-3,61)	0,15	2,14 (0,38-11,90)	0,38
Statut tabagique		<0,0001**		<0,0001**
Non fumeur (référent)	1,00		1	
Ancien fumeur	3,84 (1,62-9,08)	0,002**	4,04 (1,67-9,74)	<0,0001**
Fumeur actuel	5,60 (2,82-11,11)	<0,0001**	5,66 (2,80-11,47)	0,002**
GOLD Stade II				
Exposition aux vapeurs, gaz, poussières et fumées pendant le travail*	1,64 (0,81-3,32)	0,16	4,64 (0,63-34,08)	0,13
Probabilité de la matrice d'exposition professionnelle*				
Basse (référent)	1		1	
Intermédiaire	0,55 (0,25-1,22)	0,14	5,95 (0,81-43,53)	0,07
Elevée	1,32 (0,59-2,95)	0,48	6,29 (0,76-51,85)	0,08
Statut tabagique				
Non fumeur (référent)	1		1	
Ancien fumeur	4,97 (2,27-10,86)	<0,0001**	4,62 (2,06-10,35)	<0,0001**
Fumeur actuel	3,92 1,50-10,26)	0,005**	4,02 (1,50-10,74)	0,006**

*les résultats non ajustés sont des modèles de régression logistique avec uniquement cet ensemble de variables, les résultats ajustés sont de deux modèles distincts pour l'exposition, l'un avec l'exposition aux vapeurs, gaz, poussières et fumées et l'autre avec la matrice d'exposition professionnelle, contrôlés pour le tabagisme. Les estimations du risque de tabagisme ajusté sont obtenues à partir du modèle « exposition aux vapeurs, gaz, poussières et fumées »; les résultats pour le tabagisme n'étaient pas fondamentalement différents pour le modèle de matrice d'exposition professionnelle. Les résultats sont présentés séparément pour l'ensemble de la cohorte atteinte de BPCO et le sous-ensemble de sujets ayant la BPCO stade II de GOLD.
** Différence significative (p<0,01)

IV. DISCUSSION

Dans cette étude, nous avons émis l'hypothèse que l'exposition professionnelle pourrait induire des maladies respiratoires et en particulier la bronchopneumopathie chronique obstructive chez des sujets Tunisiens âgés de 40 ans et plus.

Nous n'avons pas trouvé de corrélation significative entre la prévalence de la BPCO et le risque d'exposition professionnelle. Ce résultat ne semble pas corroborer avec les études réalisées en Europe. En effet, l'échantillon étudié n'a pas été selectionné par rapport à la profession puisqu'il s'agit d'un échantillon qui représente la population générale. En plus, l'exposition professionnelle en Tunisie est plus importante dans les régions miniaires ou industrielles alors que la région de Sousse ne comporte pas de site industriel important.

Nos résultats ont été en partie concordants avec ceux d'autres pays de point de vue protocole. En effet, l'American Thoracic Society a mené une revue systématique épidémiologique et a conclu qu'environ 15% des BPCO peuvent être attribuées à des expositions professionnelles (Balmes et al. 2003). Une étude plus récente pour examen de suivi fournit des estimations similaires (Blanc et Torén 2007).

Notre protocole était cohérent également avec une étude récente qui a identifié les cas de la BPCO à l'aide des données administratives et a utilisé une méthode d'évaluation de l'exposition qui était un hybride entre la matrice d'exposition professionnelle et les paramètres d'exposition auto-déclarés que nous avons utilisé (Weinmann et al. 2008).

Notre population est composée d'un nombre important d'individus (661 sujets) des deux sexes, ce qui reflète l'importance de notre étude et sa cohérence avec les autres études relatives au projet BOLD. L'âge moyen était concordant avec les autres études utilisant le protocole BOLD (Buist et al. 2008). Selon les autorités administratives locales, la majorité des personnes de notre population appartiennent à la classe socio-économique moyenne. Notre population était dominée par le niveau d'éducation primaire, ce qui était concordant avec d'autres études (Schirnhofer et al. 2007; Zhong et al. 2007) et n'était pas conforme à des mineures études telles que celle réalisée au sud-est du Kentucky où le niveau d'éducation supérieur à 12 ans était dominant (Methvin et al. 2009).

Les activités professionnelles à exposition potentielle aux poussières et aux autres particules étaient plus fréquentes chez les hommes que chez les femmes. Ceci montre que dans notre population, les hommes ayant des professions poussiéreuses sont majoritaires à cause de l'existence de divers domaines professionnels où les femmes n'étaient pas concernées. Par définition, le risque professionnel est l'éventualité d'une rencontre entre l'homme et un danger auquel il peut être exposé (Dumaine 1985); il naît mathématiquement de la multiplication d'un danger par la probabilité de survenue de ce dernier. L'évaluation des risques professionnels nécessite la mesure du risque pour la santé et la sécurité des travailleurs par l'existence des conditions de réalisation du danger sur le lieu de travail, dans tous les aspects liés au travail (organisation, rythme et durée du travail compris).

Exposition aux poussières professionnelles

Les résultats de cette étude indiquent que l'exposition professionnelle est beaucoup plus importante chez les hommes que chez les femmes. Ce résultat peut être expliqué par le fait que les hommes travaillent beaucoup plus dans le secteur industriel que les femmes. Dans la littérature, les résultats sont contradictoires ; en Chine, l'impact de l'exposition professionnelle à la poussière, aux gaz et aux fumées a été analysé par rapport à la non exposition et les femmes ont été plus exposées que les hommes (Lam et al. 2012). Par contre, d'après une enquête hollandaise, bien que les femmes soient supposées être plus vulnérables à l'exposition professionnelle aux facteurs de risque, les résultats de cette enquête ont montré que dans de nombreux cas, les hommes étaient plus vulnérables (Hooftman et al. 2009).

Nous avons trouvé que la moyenne d'âge n'était pas différente significativement entre les hommes exposés et les non exposés aux poussières professionnelles. Ce résultat est en accord avec une étude réalisée en Chine (Lam et al. 2012). Cependant, la moyenne d'âge a présenté une différence significative chez les femmes. Concernant le niveau intellectuel, il était différent significativement que ce soit pour les hommes que pour les femmes (le niveau primaire était plus répandu chez les hommes et les femmes exposés et le niveau secondaire pour les hommes et les femmes non exposés). Ces résultats étaient concordants avec l'étude de Lam en 2012 (Lam et al. 2012).

En accord avec les données de la littérature, nous avons trouvé aussi que l'exposition est plus importante chez les personnes travaillant dans des activités à haut risque (pour les deux sexes). En effet, d'après l'étude des auteurs Ahmed et Rowland en 2009, les hommes travaillant sur les équipements à haute tension rapportent occasionnellement une diminution de charge. Il s'agit d'un couplage capacitif entre le travailleur et les sources de haute tension, entraînant une décharge et donc un micro choc (Ahmed et Rowland 2009).

D'après l'étude de Lam en 2012, les sujets exposés aux poussières professionnelles travaillaient dans des professions à haut risque. Ce résultat était concordant avec notre résultat (Lam et al. 2012)

La moyenne des années du travail dans le même poste professionnel n'a pas différé entre les sujets exposés et les non exposés aux poussières professionnelles. Ce résultat était similaire à l'étude de Lam (Lam et al. 2012). Dans notre population, l'absence de différence significative entre les sujets exposés et les non exposés aux poussières professionnelles a concerné seulement les hommes, alors que nous avons trouvé que les femmes exposées avaient une moyenne d'années d'emploi plus élevée que les femmes non exposées. Ceci peut être expliqué peut être par le fait que les femmes commencent à travailler à un âge précoce (par rapport aux hommes) dans des professions ayant des taux élevés d'exposition aux poussières et autres particules telles que le nettoyage, le textile,...

Nos résultats ont montré que l'exposition professionnelle est plus fréquente chez les hommes fumeurs ainsi que les femmes fumeuses. Ces résultats étaient concordants avec l'étude de Lam qui a montré que les sujets fumeurs étaient les plus exposés aux poussières professionnelles (Lam et al. 2012).

Avec l'aide des services de documentation de la CRAMAM (Caisse Régionale d'Assurance Maladie d'Alsace-Moselle) et CIRDD (Centre d'Information et de Ressources sur la Drogue et les Dépendances), des études ont été intéressées aux bases de données de l'INRS (Institut National de Recherche et de Sécurité) et de Pub Med avec les mots-clés suivants: conditions de travail, organisation du travail, alcool, tabac. Douze enquêtes ont été retenues, ces études ont tenté d'attribuer, aux liaisons statistiquement significatives retrouvées, un niveau de preuve, à l'instar des pratiques de la médecine fondée sur les faits. Le niveau de preuve est noté de 4 à 1 selon le crédit plus ou moins grand accordé à une étude. Les auteurs ont trouvé que la consommation du tabac était plus forte chez les salariés qui effectuent un nombre important d'heures de travail (Imbernon et al. 1998 ; Suwazono et al. 2003) ainsi que chez les personnes travaillant de nuit plus de 8 heures (Trinkoff et Storr 1998).

D'après nos résultats, les hommes et les femmes exposés professionnellement étaient plus concernés par le tabagisme passif. En effet, d'après plusieurs études, parmi les différents composés de la fumée du tabac, tels que la poussière totale, le CO (monoxyde de carbone) ou le goudron, la nicotine semble être le candidat idéal pour évaluer l'exposition. Pour corréler avec le nombre d'équivalent de cigarettes fumées, seules les teneurs officielles de goudron et de nicotine affichées sur les paquets de cigarettes établies de manière officielle peuvent être utilisées. Alors que la nicotine se révèle comme un bon traceur de la fumée de cigarette, elle ne peut à elle seule représenter l'exposition du fumeur et encore moins du non-fumeur puisque le cocktail des polluants – environ 4000 composés chimiques inhalés – est totalement différent (Huynh et al. 2008). Des études antérieures (Repace et al. 2006) ont démontré que l'indicateur cotinine salivaire était l'un des candidats possibles pour la surveillance biologique ; pourtant il est très sensible à d'autres facteurs tels que la manière de prélever la salive, le métabolisme, la susceptibilité individuelle ou la couleur de peau. La concentration cotinine salivaire seule ne peut indiquer l'exposition à la fumée passive car on trouve parfois de très faibles valeurs de nicotine chez de gros fumeurs (Jaakkola et al. 2003).

Par définition, la fumée de la cigarette ambiante est une association de la fumée exhalée par les fumeurs et de la fumée émise par une cigarette en train de se consumer. Bien que la fumée de cigarette ambiante ne soit pas en elle-même une source d'exposition professionnelle, elle est évoquée en raison de ses effets défavorables potentiels sur la santé, surtout chez les enfants, et elle constitue ainsi un bon exemple d'autres expositions par aérosols. D'un autre côté, l'exposition d'un non-fumeur à la fumée du tabac ambiante est souvent appelée tabagisme passif ou involontaire (Stellman 2000).

Un fait remarquable dans notre étude est que les hommes ont été exposés à une mauvaise ventilation dans la cuisine. En effet, les nuisances (dont les plus communes sont l'exposition à la poussière, à des fumées, à des vibrations, à de mauvaises odeurs,...) évoquent une part physiologique objective, mais peu mesurable. Il est possible et plausible que le système sensoriel humain soit plus ou moins (selon l'individu et l'éducation) apte à détecter des dangers réels dans l'environnement. On a montré que certaines odeurs ressenties comme désagréables (exemple: lisiers) affectaient des fonctions physiologiques, dont l'activité cardiaque et cérébrale, de manière visible sur l'électrocardiogramme et l'électro-encéphalogramme et ceci, chez l'homme comme chez l'animal (Orig et al.1991 ; Manley 1993). Nos résultats n'étaient pas concordants avec l'étude réalisée en Chine où l'exposition à la pollution intérieure était plus remarquable chez les sujets non exposés professionnellement (Lam et al. 2012).

L'exposition intérieure à la biomasse pour le chauffage était plus remarquable chez les sujets non exposés, que ce soit pour les hommes que pour les femmes. En effet, la notion de pollution intérieure désigne les formes de pollution touchant les milieux clos tels que les habitations ou les lieux de travail. De nombreuses sources de polluants plus ou moins toxiques contribuent à former un environnement dangereux pour l'homme sur le long terme. La pollution de l'air intérieur est le problème le plus étudié. D'après plusieurs études, il n'y a pas encore de consensus sur des indices de qualité de l'air intérieur (Marchand et al. 2007). L'OMS travaille à des valeurs guides pour l'Europe (OMS 2006 ; WHO[a] 2007). Dans plusieurs pays, des agences et des conseillers et/ou des Observatoires de la qualité de l'air intérieur ont été mis en place sur le thème de l'air intérieur (en France, 1/3 des logements étaient mal ou insuffisamment aérés).

Dans notre population, nous pouvons expliquer que le faible risque de soumission des personnes exposées aux poussières professionnelles aux combustibles de la biomasse pour le chauffage peut être dû à notre exposition, dans la vie quotidienne, au monoxyde de carbone qui est un gaz inodore, invisible, non irritant, toxique et mortel. Celui-ci résulte d'une combustion incomplète due au manque d'oxygène au sein d'un appareil utilisant une énergie combustible (bois, charbon, gaz, essence, fuel ou éthanol). Il agit comme un gaz asphyxiant et prend la place de l'oxygène dans le sang. L'émission du monoxyde de carbone peut être provoquée par le mauvais entretien des appareils de chauffage et de production d'eau chaude, une mauvaise ventilation ou aération du logement, surtout dans la pièce où est installé l'appareil à combustion, une mauvaise évacuation des produits de la combustion via les conduits ou encore une mauvaise utilisation de certains appareils (chauffages d'appoint mobiles utilisés sur de longues durées, braseros utilisés comme mode de chauffage, groupes électrogènes placés à l'intérieur...).

Domaines professionnels

Dans notre population, les domaines professionnels étaient variés. Ceci montre l'importance de notre étude et vérifie notre sélection des sujets qui a été faite au hasard.

D'après l'étude de Dares réalisée en 2013 (Dares analyses[a] 2013), si l'on considère la proportion cumulée des 10 métiers où les femmes (respectivement les hommes) prédominent dans l'emploi, la nature des professions est plus remarquable chez les femmes que chez les hommes (Okba 2004). Près de la moitié des femmes se concentrent dans une dizaine de métiers (parmi un total de 86). Elles sont par exemple très nombreuses (20% des femmes y occupent un emploi) parmi les métiers d'aides à domicile et d'assistantes maternelles, d'agents d'entretien ou d'enseignants. La répartition des hommes est plus dispersée : les 10 professions qui concentrent le plus d'hommes n'emploient que 31% d'entre eux. La concentration dans les métiers reste plus forte pour les femmes malgré une baisse observée depuis trente ans : 10 métiers concentraient 53% de l'emploi des femmes en 1983 contre 47% en 2011, alors que la proportion d'hommes dans les 10 métiers rassemblant le plus d'hommes est passée de 35% en 1983 à 31% en 2011 (Okba 2004).

Pour les sujets atteints de la BPCO ainsi que ceux ayant des maladies respiratoires, les professions étaient plus ou moins similaires selon le degré du risque de l'exposition professionnelle aux poussières, gaz, vapeurs et fumées. D'après une étude (Sunyer et al. 2005) réalisée chez une cohorte ECRHS-I constituée entre 1991 et 1993 et comportant 13255 sujets randomisés issus de la population générale, les auteurs ont sélectionné 4079 hommes et 4461 femmes ayant bénéficié d'épreuves fonctionnelles respiratoires. Un sous groupe a bénéficié en outre d'IgE spécifiques, d'un examen clinique pneumologique ainsi que d'un interrogatoire professionnel entre 1998 et 2002. L'évaluation des expositions a été réalisée à partir d'une matrice emploi-exposition après recueil et le codage des emplois et des secteurs d'activité de chaque sujet. Les auteurs ont ensuite regroupé les emplois en 15 catégories d'exposition selon le type de nuisances rencontrées (poussières biologiques ou minérales, gaz, fumées...). Cette étude a montré que l'IMC a augmenté et le VEMS a diminué avec l'augmentation de l'âge des sujets. Le pourcentage des sujets ayant une obstruction bronchique (VEMS/CVF<70%) a sensiblement augmenté ; dans le même temps, le pourcentage des sujets ayant une bronchite chronique est resté stable, alors que le pourcentage des sujets présentant des signes cliniques d'asthme a augmenté. Au cours de la période de suivi, 52% des hommes et 37% des femmes ont été exposés à des poussières biologiques, à des poussières minérales, à des fumées ou à des gaz. Les forts niveaux d'exposition étaient systématiquement plus fréquents chez les hommes que chez les femmes. Les principaux secteurs d'activité étaient représentés chez les hommes par l'industrie des métaux (8,40%) et le secteur du transport (7,29%) ; et chez les femmes par les professions de santé (19,18%) et du nettoyage (7,26%) (Sunyer et al. 2005).

D'après nos résultats, nous avons remarqué que les personnes travaillant dans le domaine de boulangerie étaient fréquentes (7,8% chez les sujets atteints de la BPCO et 9,4% chez ceux ayant des maladies respiratoires). D'après une étude de Quirce en 2006 (Quirce et al. 2006), les auteurs ont mené une étude sur 24 boulangers ou pâtissiers ayant un asthme professionnel probable d'après les données cliniques colligées entre 1998 et 2005 à Madrid. Les sujets étudiés utilisaient de façon habituelle de la farine de céréales (blé, seigle), de graines de soja ou des additifs contenant des enzymes fongiques, des œufs. Les auteurs ont réalisé des prick-tests, un dosage des IgE totales et spécifiques, un test de bronchoréactivité non spécifique à la métacholine et un test de bronchoréactivité spécifique. A la fin de ces tests, des mesures du VEMS ont été effectuées. Les patients travaillaient depuis 16 ans en moyenne en boulangerie (2,5-45 ans) et présentaient des symptômes respiratoires depuis 6-7 ans avec en moyenne un VEMS/CVF à 74,8±10,8%. Une allergie à au moins deux allergènes professionnels était constatée chez 83% des sujets. Il existait une corrélation positive entre les résultats des prick-tests et le résultat du test d'hyperréactivité bronchique aux allergènes de boulangerie mais pas avec le résultat du test de la méthacholine. En revanche, les taux d'IgE n'étaient pas corrélés aux résultats des tests d'hyperréactivité bronchique spécifiques ou non. Les auteurs ont trouvé une forte corrélation entre le taux de chute du VEMS prédit à partir de la réaction cutanée et le résultat du test de provocation bronchique spécifique aux allergènes de boulangerie (Quirce et al. 2006). Ces résultats suggèrent donc qu'il existe une relation entre la réponse cutanée aux allergènes spécifiques et la sévérité de l'asthme rencontré en boulangerie, dont la farine constitue la première cause en France (Ameille et al. 2003).

Maladies respiratoires et caractéristiques démographiques

D'après nos résultats, le sexe n'était pas associé au risque de maladie respiratoire. Ce résultat n'était pas concordant avec d'autres études telles que celle de Ben Abdelaziz en 2007 qui a constaté qu'il est généralement vrai que dans la plupart des sociétés, les femmes vivent plus longtemps que les hommes, mais c'est aussi un fait que les femmes sont plus nombreuses à souffrir de maladies chroniques qui modifient beaucoup leur qualité de vie (Ben Abdelaziz 2007).

L'âge était, par contre, lié au risque de maladie respiratoire (p<0,01). En effet, d'après une étude réalisée en Limousin (Observatoire Régional de la Santé du Limousin 2003), la mortalité liée aux maladies de l'appareil respiratoire augmente avec l'âge de façon exponentielle. Chez les hommes, le taux de mortalité est de 2 décès pour 100 000 hommes entre 25 et 34 ans et atteint environ 2 350 décès pour 100 000 hommes âgés de 85 ans ou plus. Chez les femmes, le taux de mortalité dans la classe d'âge 25-34 ans est de 2 décès pour 100 000 femmes et augmente jusqu'à atteindre 1 375 décès pour 100 000 femmes âgées de 85 ans ou plus. Les taux bruts de mortalité sont supérieurs chez les hommes à tous les âges (Observatoire Régional de la Santé du Limousin 2003). Nos résultats ont montré aussi que les maladies respiratoires étaient plus fréquentes chez les sujets âgés de 70 ans et plus par rapport aux sujets âgés de 40-49 ans. Ces résultats étaient concordants avec d'autres études. En effet, le retentissement du vieillissement sur les appareils respiratoire et cardio-vasculaire, mais également ostéoarticulaire et neurologique concourt au développement d'affections respiratoires et d'épisodes de dyspnée aiguë (Chabot 2007). Les conséquences du vieillissement ont été l'objet de nombreuses publications (Ninane 2004). La capacité vitale, et le volume maximal expiré en une seconde (VEMS) diminuent avec l'âge (Griffith et al. 2001). L'interprétation des anomalies n'est pas toujours aisée, car les valeurs de référence ont été validées habituellement chez des sujets de moins de 70 ans. La dispersion des valeurs normales croît avec l'âge (Intergroupe PneumoGériatrie SPLF-SFGG 2006).

En fait, une première spécificité de la présentation clinique de l'asthme et de la BPCO chez le sujet âgé est la modification des symptômes ou de leur expression (Jeannin 2004): l'avancée en âge s'accompagne, d'une part, d'une moindre perception des symptômes dans leur ensemble, d'autre part, d'une plus grande négligence vis-à-vis de ceux qui sont anciens et, enfin, d'une réduction d'activité et de l'apparition de causes non respiratoires d'handicap (arthrose par exemple). De ce fait, la limitation respiratoire des capacités d'exercice est moins perçue : en d'autres termes, l'essoufflement est moins rapporté ou ne l'est qu'à des stades très évolués de l'obstruction bronchique (Jeannin 2004). Chez un sujet âgé auparavant non suivi sur le plan respiratoire et qui présente des manifestations bronchiques ou répétées, se pose aussi la question du diagnostic différentiel entre asthme et BPCO. Ces deux affections se différentient tout d'abord par l'âge de survenue des premiers symptômes. Si des asthmes tardifs authentiques existent réellement, ils sont relativement rares ; un interrogatoire attentif trouve souvent des symptômes anciens, volontiers méconnus (85 % des asthmatiques au moins présentent leurs premiers symptômes avant l'âge de 40 ans) (Jeannin 2004). À l'opposé, la BPCO est une maladie dont la fréquence augmente avec l'âge. Ainsi, sa prévalence chez les fumeurs avoisine les 15 %, toutes tranches d'âge confondues, alors qu'elle atteint 50 % chez les sujets qui, à 65 ans, fument toujours (Lundback[a] et al. 2003).

Nous avons trouvé que le niveau intellectuel chez les sujets étudiés n'était pas associé au risque de maladie respiratoire. Ceci confirme que l'éducation n'a aucun effet dans le développement de la maladie respiratoire.

Le tabagisme était, par contre, associé au risque de cette maladie ($p<0,05$). D'après les auteurs Bonte et collaborateurs en 2007 (Bonte et al. 2007), des milliards de cigarettes sont fumées chaque année, la plupart du temps dans des locaux clos. La fumée du tabac est la principale source de la pollution de l'air que l'on respire. Elle est inhalée par les fumeurs et leur entourage, elle est tout aussi dangereuse que toutes les autres pollutions de l'air. En effet, il existe plusieurs pathologies provoquées par le tabac pour le fumeur et grâce à des études scientifiques, la fumée est responsable de différentes pathologies chez les adultes et chez les enfants : cancer du poumon, cancer oto-rhino-laryngologiques, asthme de l'adulte, asthme de l'enfant, infections ... (Bonte et al. 2007). En France, plus d'un tiers des 26-75 ans (32,2 %) se déclare actuellement fumeurs. La proportion de fumeurs actuels décroît régulièrement pour les deux sexes lorsque l'âge augmente. 86,5 % des fumeurs actuels sont des fumeurs quotidiens, soit 27,7 % des 26-75 ans interrogés. En moyenne, les fumeurs réguliers consomment 15,2 cigarettes par jour. Pour 38,5 % d'entre eux, cette consommation quotidienne atteint ou dépasse le paquet (20 cigarettes). On observe depuis le milieu des années 1970 une tendance à la baisse de la prévalence tabagique chez les hommes, mais, simultanément, la part des femmes dans la population de fumeurs croît. En 1950, plus de 66 % des hommes fumaient, contre moins de 20 % des femmes. Après, 36,6 % des hommes sont fumeurs et la France compte 28 % de fumeuses (Oddoux et al. 2001).

Nos résultats ont montré que le travail de longue durée et le nombre des années du travail n'ont pas influé sur les maladies respiratoires. Ces résultats étaient similaires à ceux de l'enquête SUMER réalisée en 2010 (Dares Analyses[b] 2013) par 2400 médecins de travail, de point de vue relation entre travailleurs et santé, où 54 % des salariés estiment que leur travail n'a pas d'impact sur leur santé, 19 % qu'il a un impact positif et 27 % ayant un effet négatif. En présence des Comités d'Hygiène, de Sécurité et des Conditions de Travail (CHSCT), 29 % des salariés attribuent à leur travail un impact négatif sur leur santé. La différence semble faible mais est significative: en contrôlant par les caractéristiques de l'établissement, du salarié et du poste de travail (expositions), le rapport de chances que le salarié juge son travail mauvais pour sa santé plutôt que le contraire, est accru de 10 % en présence d'un CHSCT. Il s'agit d'un effet indirect qui peut être interprété de deux façons (Coutrot 2009). D'une part, les CHSCT sont plus présents quand les salariés sont exposés. D'autre part, la prévention peut avoir pour effet que les salariés deviennent davantage conscients des expositions et des risques pour la santé (Dares Analyses[b] 2013).

Une enquête a été développée afin d'analyser et quantifier différents facteurs qui pourraient avoir une influence directe sur la fréquence et l'intensité des décharges. Les travailleurs sur les lignes de transport (n=102) d'Angleterre et du Pays de Galles ont participé à l'enquête et ont fourni des détails sur leurs caractéristiques corporelles personnelles et sur leur expérience de micro chocs. Les résultats de l'enquête suggèrent une corrélation entre l'indice de masse corporelle et certaines activités professionnelles et la probabilité de subir des micro chocs, ainsi que leur sévérité (Ahmed et Rowland 2009).

Une autre étude a montré qu'il n'y avait pas d'association entre l'exposition aux champs magnétiques (CM) professionnels et le risque de mortalité par maladie cardiovasculaire (MCV). Les risques de mortalité par MCV majeure par exposition aux CM potentiellement en relation avec la profession ont été analysés dans un échantillon de travailleurs américains de « l'étude longitudinale nationale de la mortalité » (« the National Longitudinal Mortality Study ») en utilisant des modèles multivariés de régression à effet proportionnel. Après ajustement des facteurs démographiques, il n'y avait pas d'augmentation significative des risques entre les personnes moyennement, fortement, très fortement exposées en comparaison aux personnes exposées à des niveaux de base en ce qui concerne la mortalité par MCV (Cooper et al. 2009).

Nous avons trouvé que la mauvaise ventilation dans la cuisine a été associée à un risque accru de maladie respiratoire (p<0,05). En effet, les problèmes de qualité de l'air intérieur sont des facteurs de risque importants pour la santé humaine dans les pays développés et en développement. La fraction substantielle de temps que les populations passent dans les bâtiments souligne l'importance de l'air intérieur. Dans les environnements intérieurs spéciaux, tels que les centres de soins de jour et les foyers pour personnes âgées et dans les résidences à un moindre degré, la pollution de l'air intérieur affecte les groupes de population qui sont particulièrement vulnérables en raison de leur état de santé ou leur âge.

En fait, la pollution microbienne est l'un des principaux constituants de la pollution de l'air intérieur. Elle est composée de plusieurs centaines d'espèces de bactéries et de champignons, et en particulier des champignons filamenteux (moules) retrouvés de plus en plus à l'intérieur lorsque l'humidité est suffisante. Les problèmes de santé associés à l'humidité et les agents biologiques comprennent l'augmentation de la prévalence de symptômes respiratoires, les allergies et l'asthme ainsi que la perturbation du système immunitaire (WHO[a] 2007).

Nos résultats ont montré que l'exposition intérieure à la biomasse pour le chauffage n'a pas d'effet sur les maladies respiratoires. En effet, La qualité de la ventilation est l'un des principaux déterminants du risque d'exposition dans une salle d'isolement (Fennelly et Nardell 1998). Il existe trois types de ventilation : la ventilation mécanique qui utilise des ventilateurs pour faire circuler l'air à travers un bâtiment. Ce type de ventilation peut être combiné au conditionnement de l'air et aux systèmes de filtration présents habituellement dans certains bâtiments ; la ventilation naturelle qui a recours à des forces naturelles pour faire circuler l'air à travers un bâtiment. Ces forces naturelles sont celles du vent et celles dues aux pressions générées par les différences de densité de l'air entre l'intérieur et l'extérieur, le fameux « effet de cheminée » et un système de ventilation mixte qui utilise les deux modes de ventilation, mécanique et naturelle, et permet de choisir le plus approprié en fonction des circonstances (Principles of Hybrid Ventilation 2002). La ventilation est donc une composante stratégique majeure de la lutte contre les maladies transmissibles par noyaux de gouttelettes et concerne non seulement les salles d'isolement, mais aussi plusieurs autres zones de l'établissement (Wenzel 2003).

Maladies respiratoires et expositions professionnelles

D'après nos résultats, nous avons trouvé que l'exposition aux vapeurs, gaz, poussières et fumées pendant le travail et les risques associés à une forte probabilité d'exposition par la matrice d'exposition professionnelle n'étaient pas associés au risque de maladie respiratoire. Ces résultats n'étaient pas concordants avec une étude descriptive menée auprès de 600 apprentis d'un centre de formation professionnelle en habillement de la région de Monastir (Chaari et al. 2009). L'enquête a comporté un questionnaire explorant les facteurs de risque et les manifestations pathologiques apparues au cours de l'apprentissage sur les lieux de travail. Les sujets ayant présenté des symptômes d'allergie respiratoire survenus sur les lieux de travail ont bénéficié d'un examen clinique, d'une rhinomanométrie et d'une exploration allergologique et fonctionnelle respiratoire. Cette étude a montré que 20% ont présenté des manifestations allergiques respiratoires apparues au cours de l'apprentissage suite à l'exposition aux poussières textiles. Les conjonctivites (14,3%) et les rhinites (8,5%) ont été les manifestations les plus fréquentes. 4,6% ont présenté des symptômes équivalents d'asthme. D'où les manifestations allergiques apparues au cours de l'apprentissage étaient significativement plus fréquentes chez les atopiques et variaient en fonction de l'intensité d'exposition aux poussières textiles (Chaari et al. 2009). De récentes publications ont évalué la prévalence de la rhinite professionnelle dans diverses populations de travailleurs exposés à des allergènes spécifiques. Des larges distributions sont observées avec des prévalences variant entre 2 et 60% et témoignent de conditions d'exposition variables (Phipatanakul 2005 ; Gautrin et al. 2006 ; Malo et al. 1997).

Une autre étude a montré que les expositions professionnelles en milieu agricole ont été associées au développement de maladies respiratoires. En effet, concernant les pathologies professionnelles pulmonaires en milieu agricole (PAPPA), elles sont des maladies complexes et intriquées, dont le diagnostic, la prise en charge et le traitement sont difficiles et dont les conséquences sociales et financières peuvent être douloureuses (Laplante et al. 2007). Ces PAPPA regroupent les pneumopathies d'hypersensibilité, dont la plus fréquente et la plus connue est la maladie du poumon de fermier, la bronchite chronique agricole, les asthmes allergiques ou non allergiques, et la rhinite, les bronchopneumopathies toxiques, qui regroupent plusieurs syndromes ou maladies, de fréquence et de gravité variables : le syndrome toxique des poussières organiques (ou la fièvre des poussières), la maladie des silos (ATS 1998). Les agriculteurs sont généralement exposés à des quantités élevées de poussières et de moisissures, qui expliquent la fréquence de ces PAPPA: dans le département du Doubs, environ 10 % des actifs agricoles régulièrement exposés en sont atteints (ATS 1998).

D'après l'étude de Sunyer en 2005, l'exposition aux poussières minérales, gaz et fumées a un effet sur l'incidence de la bronchite chronique chez les hommes, sans mise en évidence d'une obstruction bronchique. En revanche, un effet de l'exposition professionnelle (notamment aux poussières minérales) a été observé sur le VEMS chez les femmes ex-fumeuses (Sunyer et al. 2005).

Dans notre population, l'absence d'association entre les expositions professionnelles aux poussières, gaz, vapeurs et fumées et les maladies respiratoires peut être expliquée, d'une part, par le fait que la sélection des sujets étudiés a été faite au hasard, ce qui signifie que les domaines professionnels étaient très variés. D'autre part, les zones de la population étudiée qui ont été sélectionnées au hasard, peuvent être parmi les zones mineures où les types de professions n'étaient pas très concernés par la partie industrielle, le domaine de nettoyage, l'agriculture,...

Nos résultats ont montré aussi que le tabagisme était fortement associé au risque de maladies respiratoires, ce qui était concordant avec l'étude des auteurs Martinet et Bohadana en 1997 (Martinet et Bohadana 1997), qui a montré que 80 % des décès par bronchite chronique et emphysème sont liés au tabac. Le tabagisme est la première cause des atteintes de l'appareil respiratoire telles que la bronchite chronique et l'emphysème, et aggrave l'asthme et la toux. La fumée de cigarette altère directement et constamment la structure et les fonctions des voies respiratoires (Martinet et Bohadana 1997). En France, 65 000 décès annuels sont liés à la consommation de tabac. La lutte contre le tabagisme constitue une des préoccupations les plus importantes en santé publique et est un des principaux objectifs du plan de lutte contre le cancer mis en place par le gouvernement. Cette mortalité peut être considérablement réduite grâce à des actions de prévention et d'aide au sevrage (Martinet et Bohadana 2004).

D'après l'auteur Choudat en 2003 (Choudat[a] 2003), à partir d'exemples d'utilisation dans différents pays, la méthode de la probabilité de causalité est appliquée au cancer bronchique secondaire à des expositions à l'amiante, compte tenu du tabagisme associé. En cas d'expositions multiples, la probabilité est pondérée par chacun des risques. En effet, la probabilité de causalité est la seule méthode scientifique pour déterminer des critères d'imputabilité entre un facteur et une maladie. Elle exige au préalable l'établissement d'une relation causale sur des arguments expérimentaux et épidémiologiques. Elle comporte d'importantes limitations théoriques et pratiques car les critères d'imputabilité d'une pathologie à un facteur sont incertains et probabilistes (Choudat[b] 2003 ; Choudat 2000). L'utilisation de la probabilité pondérée permet d'analyser les rôles respectifs des différentes expositions en fonction des relations dose effet et des interactions entre nuisances. Le rôle du tabagisme est majeur. Aussi les risques induits par le tabagisme ne peuvent pas être négligés ni servir d'argument pour une exclusion systématique de l'origine professionnelle (Choudat[a] 2003).

Caractéristiques professionnelles et Risque de la BPCO

D'après nos résultats, l'exposition professionnelle ainsi que la probabilité de la matrice d'exposition professionnelle n'étaient pas associées au risque de BPCO. En effet, la classification erronée de l'exposition a été atténuée par notre double approche en utilisant des mesures d'exposition indépendantes (l'exposition aux vapeurs, gaz, poussières et fumées, ainsi que la probabilité de la matrice d'exposition professionnelle). Le premier facteur pourrait être affecté par une mauvaise classification qui peut être, soit non différentielle et qui aurait tendance d'être nulle, ou bien différentielle si les patients atteints de BPCO étaient plus susceptibles de se souvenir et signaler l'exposition aux vapeurs, gaz, poussières et fumées que ceux n'ayant pas la BPCO (Whitney 2008).

Ce résultat a été trouvé aussi dans la population des sujets porteurs de la BPCO stade II de GOLD. Nos résultats n'étaient pas concordants avec d'autres études, tels que par exemple, en Chine ainsi que d'autres populations occidentales, il y avait une association entre l'exposition aux poussières, aux gaz et aux fumées et un risque accru de symptômes respiratoires chroniques et de BPCO (Balmes et al. 2003 ; Blanc et Torén 2007). Cette relation est aussi visible dans d'autres pays tels que les Etats Unis d'Amérique (California) (Blanc[b] et al. 2009 ; Trupin et al. 2003).

Ceci peut être dû à plusieurs facteurs tels que : le fait de préconiser des mesures pour réduire ou supprimer l'exposition aux substances à risque du salarié (ou du travailleur) ; ainsi qu'aménager le poste pour adapter les efforts physiques de la personne en fonction de ses capacités respiratoires ; en plus de conseiller l'employeur pour prendre des mesures collectives de réduction des émissions de poussières, vapeurs, fumées ou gaz ; et enfin minimiser ou encore éviter l'incidence élevée de la BPCO grâce à des efforts de prévention.

C'est pourquoi la sensibilisation des publics de travailleurs, potentiellement à risque de BPCO, constitue une démarche de prévention utile à mettre en œuvre.

En effet, d'après plusieurs enquêtes, environ 15% de tous les cas de la BPCO pourraient être attribués à l'exposition professionnelle aux poussières, aux gaz et aux fumées (Balmes et al. 2003 ; Blanc et Torén 2007), ce qui n'était pas le cas en Tunisie. Les raisons pour lesquelles nos résultats n'étaient pas similaires à ceux d'autres pays peuvent être mineures et être ainsi peu explicables. En fait, notre échantillon était représentatif de la ville de Sousse qui a représenté elle-même la population tunisienne, par conséquent, le nombre peut être minoritaire par rapport aux autres pays. Ceci ne diminue pas l'importance de notre étude qui était exceptionnelle à cause de sa corrélation avec le projet international BOLD. Une autre raison pourrait être donnée, c'est que notre échantillon a été prélevé au hasard de sorte qu'il y avait un petit nombre de sujets ayant des activités à haut risque et exposés aux poussières.

En ajustant les variables propres à la profession par rapport à la BPCO, on a trouvé que ces deux variables (l'exposition professionnelle et la matrice d'exposition professionnelle) n'étaient pas associées au risque de la BPCO, ce qui n'est pas conforme à des études réalisées auparavant dans plusieurs pays. En effet, plusieurs études transversales et longitudinales ont montré que l'exposition professionnelle aux poussières affecte le niveau et le taux du déclin de la fonction pulmonaire. Certaines études ont été menées dans une seule industrie ou intéressées à une catégorie d'emploi (comme l'exploitation minière) (Hnizdo1992; Soutar et Hurley 1986), ou qui ont été liées à une seule exposition (par exemple, la poussière de charbon, la silice, le noir du carbone, le carbure du silicium) (Hnizdo1992; Soutar et al. 1986; Romundstad et al. 2002). D'autres études ont été menées sur des cohortes communautaires avec une variété d'expositions professionnelles (Anto et al. 2001; Hnizdo et Vallyathan 2003; Gulsvik 2001 ; Oxman et al. 1993).

L'absence d'association entre l'exposition professionnelle et le risque de développement de BPCO était contradictoire aux résultats d'autres pays tels que l'étude réalisée en Chine sur une population similaire aux populations occidentales (Balmes et al. 2003 ; Blanc et Torén 2007). Une autre étude sur des personnes atteintes de BPCO a montré que l'exposition auparavant aux vapeurs, gaz, poussières ou fumées a été associée à une augmentation des symptômes sur un an de suivi (Blanc et al. 2004).

Dans notre étude, nous n'avons trouvé aucune preuve d'interaction entre le tabagisme et l'exposition à la poussière, aux gaz et aux fumées par rapport à la BPCO, ce qui est en accord avec l'étude des ECRHS (Sunyer et al. 2005). Cependant, un effet synergique du tabagisme sur la BPCO a été suggéré, avec une augmentation de 58 fois du risque de BPCO dans le groupe d'exposition par rapport au groupe non exposé des non-fumeurs en Chine (Hu et al. 2006). Des interactions similaires mais plus petites ont été trouvées dans deux études basées sur des échantillons d'une population aux États-Unis (6 fois (Trupin et al. 2003); et 14 fois, (Blanc[b] et al.2009) respectivement). Une étude chez les travailleurs italiens masculins a identifié une interaction multiplicative (Boggia et al. 2008) où l'incidence et la prévalence de la BPCO étaient plus élevées chez les travailleurs exposés à la fois au tabagisme et aux poussières, aux fumées et aux vapeurs.

Nos résultats ne sont pas conformes à ceux publiés chez une série dans laquelle la BPCO a été basée sur les réponses de l'enquête et non sur la spirométrie (Trupin et al. 2003). Deux autres études ont également constaté des effets d'interaction entre le tabagisme et l'exposition professionnelle par rapport au risque de bronchite chronique ainsi que l'obstruction des voies aériennes (GOLD stade II ou plus) (De Meer et al. 2004; Boggia et al. 2008). Dans cette dernière étude, la combinaison du tabagisme et l'exposition professionnelle a été associée à une augmentation de près de cinq fois du risque de la BPCO (De Meer et al. 2004). Donc, nos résultats ne permettent pas d'établir le risque conjoint du tabagisme et des expositions professionnelles dans une étude définissant la BPCO comme étant basée sur la spirométrie.

V. Conclusion

Cette étude n'a pas montré un effet significatif de l'exposition professionnelle sur le taux du déclin de la fonction pulmonaire chez les sujets atteints des maladies respiratoires ainsi que chez ceux atteints de BPCO. Mais dans tous les cas, en accord avec d'autres études adverses, il y a intérêt à la fois pour les défenseurs de la santé publique qui mettent l'accent sur la prévention primaire des maladies respiratoires et les cliniciens qui traitent les patients à risque de BPCO ou autre maladie respiratoire et la progression de ces maladies aussi.

Les efforts de la santé publique pour la prévention et le traitement des maladies respiratoires, y compris la BPCO, doivent viser à la fois au sevrage tabagique et à la réduction des risques défavorables en milieu du travail. Aborder un facteur sans l'autre n'améliorera pas efficacement le fardeau de la population des différentes maladies respiratoires et en particulier la BPCO.

Donc, puisque le travail n'était pas été associé au risque de la BPCO, ceci nous a poussés à réaliser une autre étude plus spécifique qui s'intéresse aux autres facteurs de risque (Etude 3 de la présente thèse).

ETUDE 3 :

ASSOCIATION ENTRE LES AUTRES FACTEURS DE RISQUE ET LA BPCO

I. ETAT DE LA QUESTION ET OBJECTIFS

La revue de la littérature et l'analyse des articles étudiant les causes de la BPCO chez les adultes mettent souvent en évidence l'importance de facteurs associés à la BPCO tels que le genre, l'âge et le niveau socio-économique (Mannino[a] et Buist 2007 ; Buist et al. 2007 ; Watson et al. 2006 ; Mannino[a] et Davis 2006 ; Prescott et al. 1999 ; SPLF 2003 ; Lawlor et al.2004 ; Burney et al. 2013). Par exemple, Buist et al. (2007) ont montré que les femmes sont plus susceptibles au développement de la BPCO que les hommes. En effet, des facteurs tels que la prévalence des symptômes, l'exposition aux stimuli, la réponse au traitement, la sensibilité au tabagisme, la fréquence des exacerbations, l'altération de la qualité de vie, la malnutrition, l'hyperréactivité des voies respiratoires et la dépression sont plus fréquents chez les femmes souffrant de BPCO. Malgré ces différences, les lignes directrices actuelles pour le diagnostic et le traitement des hommes ou des femmes atteints de BPCO sont les mêmes. Il est important pour les professionnels de santé de reconnaître les différences entre les sexes chez les patients atteints de BPCO afin d'optimiser l'évaluation, le suivi et le traitement de cette maladie (Cote et Chapman 2009).

Mannino et Davis (2006) ont montré que les personnes âgées ayant un niveau élevé de la fonction pulmonaire avaient une espérance de vie plus longue que celles ayant une fonction pulmonaire altérée (Mannino[a] et Davis 2006). En effet, après 40-50 ans, la prévalence de la BPCO augmente considérablement avec l'âge, particulièrement chez les fumeurs, mais la sous estimation du diagnostic est élevée (Tirimanna et al. 1996 ; Lindstrom et al. 2002).

Prescott et al. (1999) ont trouvé que le risque de développer une BPCO est inversement proportionnel au statut socio-économique (Prescott et al. 1999). En effet, le risque de voir apparaître une BPCO est supérieur dans les populations au niveau socio-économique bas. La pauvreté, la promiscuité, le faible statut nutritionnel, les mauvais accès aux soins, les infections respiratoires précoces sont responsables d'une augmentation du nombre des BPCO dans les populations au niveau socio-économique bas (Mannino[a] et Buist 2007 ; SPLF 2003).

Burney et al. (2013) ont montré que la mortalité due à la BPCO est élevée dans les pays pauvres ayant de faibles taux de tabagisme. En effet, les auteurs ont réalisé, par l'intermédiaire du protocole BOLD, des études dans 22 sites concernant l'association de la pauvreté avec le risque de la mortalité due à la BPCO. Ces études ont examiné la relation entre, d'une part, le taux de mortalité due à la BPCO avec les prévalences de l'obstruction bronchique et la restriction pulmonaire et d'autre part, avec les prévalences du tabagisme (moyenne des paquets/année fumés) et de la pauvreté (revenu national brut par habitant). Ils ont trouvé que la restriction prédit mieux le taux de mortalité par rapport à l'obstruction, ce qui suggère que la prévalence de la restriction pourrait expliquer les taux de mortalité attribuables à la BPCO (Burney et al. 2013).

Par ailleurs, la pollution de l'air intérieur due à la combustion de la biomasse, des combustibles traditionnels et du charbon, l'infection tuberculeuse antérieure, la pollution de l'air extérieur et les infections respiratoires de la petite enfance sont autant de facteurs de risque supplémentaires de la BPCO dans les pays en voie de développement (Atsou et al. 2012). En effet, plusieurs études ont montré que la pollution intérieure provenant de la cuisson et du chauffage dans les logements mal ventilés (où les polluants restent concentrés à haute dose dans l'air) est un important facteur de risque de la BPCO (Boman et al. 2006 ; Warwick et Doig 2004 ; GOLD[a] 2013). Le bois, les excréments d'animaux, les résidus de récolte et le charbon, généralement brûlés dans les feux ouverts ou les fourneaux avec combustion incomplète, peuvent conduire à de très hauts niveaux de pollution de l'air intérieur (Boman et al. 2006 ; Warwick et Doig 2004 ; GOLD[a] 2013). Ce risque est particulièrement important dans les pays en voie de développement où l'utilisation de la biomasse comme matière combustible est très fréquente (WHO 2006).

D'autres études ont mis en évidence l'importance de l'indice de la masse corporelle dans le développement de la BPCO et même dans la mortalité (Schols et al. 1998 ; Wilson et al. 1989 ; Vestbo et al. 2006; Schols et al. 2005). Par exemple, Vestbo et al. (2006) ont montré que le poids et l'indice de masse maigre diminuent avec l'augmentation de la gravité de la BPCO chez une population de 19 329 personnes âgées de plus de 20 ans, dont 1898 sujets porteurs d'une BPCO selon les critères de GOLD (Vestbo et al. 2006).

Outre ces facteurs, quelques travaux ont rapporté que l'asthme pourrait constituer un facteur important de la BPCO (GOLD 2009 ; GOLD[a] 2013 ; Soriano et al. 2003 ; Gayan-Ramirez et al. 2012). D'après Soriano et al. (2003), l'augmentation de la réactivité bronchique, une caractéristique de l'asthme, conduit au développement de la BPCO, bien que cette question reste controversée (Soriano et al. 2003). En effet, quelques études ont porté sur le déclin de la fonction pulmonaire chez les adultes souffrant d'asthme, mais les résultats sont contradictoires en ce qui concerne à la fois l'ampleur de l'effet de l'asthme et de l'effet du tabagisme sur la fonction pulmonaire et son déclin (Burrows et al. 1987 ; Ulrik et Lange 1994).

D'un autre côté, malgré les caractéristiques physiopathologiques et cliniques distinctives au moment du diagnostic initial, des études épidémiologiques (Lange et al. 1998 ; Ulrik et Backer 1999) de l'asthme et de la BPCO ont montré que les deux maladies peuvent développer des caractéristiques physiopathologiques assez semblables à travers le temps. Le taux rapide du déclin de la fonction pulmonaire, caractéristique des sujets atteints de BPCO, peut être observé aussi chez les sujets asthmatiques (Lange et al. 1998 ; Ulrik et Lange 1994). L'hyperréactivité bronchique (HRB), soit à la méthacholine ou à l'histamine, et qui est une mesure de confirmation du diagnostic de l'asthme, a été documentée chez les sujets ayant la BPCO (ATS[a] 1995 ; Xu et al. 1997).

En ce qui concerne le tabagisme passif, le taux de cotinine, qui est un alcaloïde trouvé dans le tabac et est également un métabolite de la nicotine (David 1996 ; Dwoskin et al. 1999) retrouvé dans les urines et les cheveux des enfants et des adolescents, est lié à la quantité de tabac fumée par les parents à la maison. La mère reste le contributeur le plus important (Knight et al. 1996 ; Eliopoulos et al. 1996; Klein et Koren 1999 ; Nafstad et al. 1997). L'étude de Sleiman et al. en 2010, montre que la nicotine résiduelle de la fumée du tabac absorbée sur les surfaces d'un lieu où l'on a fumé, comme un domicile ou l'intérieur d'une voiture, réagit avec l'acide nitreux ambiant pour former des nitrosamines cancérigènes spécifiques au tabac (Sleiman et al. 2010). En effet, le tabagisme passif de l'enfant pourrait faire le lit de la BPCO de l'adulte selon 3 processus : action sur la croissance pulmonaire, augmentation du nombre d'infections respiratoires, augmentation du nombre d'épisodes de bronchiolites sibilantes. Mais ces données restent très controversées. Aussi, il y a une relation dose-effet entre le tabagisme parental et la prévalence de l'asthme chez l'enfant d'âge scolaire. Le tabagisme passif de l'enfant pourrait être associé à une augmentation de la prévalence de l'asthme parmi les adultes non fumeurs, particulièrement chez les sujets non atopiques (Larsson et al. 2001). Une relation est documentée entre l'exposition au tabagisme passif, particulièrement durant l'enfance, et la fonction pulmonaire à l'âge adulte.

L'association avec la BPCO est moins claire. Deux études chinoises ont montré un risque augmenté de BPCO (odds ratio 1,30 et 1,55) pour les non-fumeurs exposés au tabagisme passif (Yin et al. 2007 ; Zhou et al. 2009). Dans les pays développés, le tabagisme passif augmente le risque de BPCO pour les fumeurs qui rapportent une exposition supplémentaire au tabagisme passif (Bridevaux et al. 2010). En fait, l'étude d'Escoffery et al. en 2013 fait le point des connaissances sur le tabagisme de troisième main (recirculation dans l'atmosphère de la maison de nanoparticules de fumée incrustées dans les tissus) et plaide à nouveau pour la réalité de ce phénomène, même si on n'en sait encore que bien peu sur ses conséquences sanitaires. Pour beaucoup, ce doute justifie que l'on milite afin que les domiciles accueillant des enfants soient totalement non fumeurs (Escoffery et al. 2013).

Les infections fréquentes des voies respiratoires inférieures au cours de l'enfance sont considérées aussi comme un facteur de risque de la BPCO (OMS 2012). Certaines infections virales peuvent laisser des séquelles fonctionnelles importantes et durables (bronchiolites). Ce sont surtout les infections respiratoires sévères, avant l'âge de 2 ans, pneumonie en particulier, et ayant conduit à une hospitalisation qui laissent des séquelles sous forme de toux jusqu'à l'âge adulte. Mais beaucoup de ces "infections" de l'enfant sont en fait des crises d'asthme (Barker et al. 1991 ; Britten et al. 1987 ; Fricher et al. 1992).

A notre connaissance, il n'y a pas d'études ayant exploré les rôles des facteurs exogènes et endogènes dans la genèse de la BPCO chez des adultes Tunisiens.

Ainsi, nous avons émis l'hypothèse que le statut socio-économique, l'âge, le sexe, l'IMC, les combustibles de la biomasse (utilisés pour la cuisson ou le chauffage) ainsi que l'asthme influenceraient l'apparition de la BPCO chez les adultes Tunisiens.

L'objectif de cette étude était donc d'évaluer l'effet du niveau socio-économique et des autres facteurs de risque sur le développement de la BPCO chez des sujets Tunisiens âgés de 40 ans et plus des deux sexes, et ce via la réalisation du projet International BOLD.

II. METHODOLOGIE

Les détails des méthodes et des procédures de mesure ont été décrits dans la partie « Méthodologie générale ».

Sont seulement rappelées quelques définitions propres à cette étude :

▪ *Le sexe* : homme, femme

▪ *L'âge* : présenté par tranches, tels que :

Tranche 1 : [40-49]

Tranche 2 : [50-59]

Tranche 3 : [60-69]

Tranche 4 : >=70

▪ *Le niveau socio-économique* : basé sur des questions comportant le nombre des personnes vivant à la maison, nombre de pièces dans la maison ainsi que l'équipement intérieur de la maison (comme la télévision, la machine à laver,...). D'où le statut socio-économique est réparti en trois classes : faible, moyen et élevé.

▪ *L'indice de masse corporelle (IMC)* défini par la formule :

$$IMC\ (Kg/m^2) = Poids\ /\ (Taille)^2$$

Cet IMC est réparti comme suit :

Classe 1 : IMC<20

Classe 2 : 20≤IMC<25

Classe 3 : 25≤IMC<30

Classe 4 : 30≤IMC<35

Classe 5 : IMC≥35

▪ *Les combustibles de la biomasse pour la cuisson et le chauffage* : tels que le charbon, le bois et le pétrole.

▪ *L'asthme :* selon la présence ou l'absence de l'asthme.

Toutes ces variables ont été déterminées à partir des questionnaires standardisés et utilisés dans le projet BOLD (Annexes).

▪ Etude statistique

Elle a été décrite dans la partie « Méthodologie générale ».

III. RESULTATS

III.1. Caractéristiques de la population totale en fonction du sexe

Le tableau 15 illustre les caractéristiques de 661 individus, en fonction du sexe, âgés de 40 ans et plus. L'âge n'était pas différent significativement entre les hommes et les femmes (p>0,05). Par contre, l'IMC était plus faible chez les hommes (p<0,0001). Concernant le niveau socio-économique, nous n'avons pas trouvé de différence significative entre les deux sexes et le niveau socio-économique moyen était dominant.

Le tabagisme passif ainsi que les infections respiratoires pendant l'enfance n'étaient pas différents significativement entre les hommes et les femmes (p>0,05). En plus, l'utilisation des combustibles pour la cuisson ainsi que pour le chauffage étaient similaires pour les deux sexes (p>0,05) (Tableau 15).

La présence de l'asthme a présenté une différence significative entre les deux sexes et elle était plus accentuée chez les femmes (p<0,05). Alors que la présence de la BPCO étaient plus remarquable chez les hommes (p<0,0001) (Tableau 15).

Tableau 15 : Caractéristiques des participants en fonction du sexe

Variables	Population (n=661)	Hommes (n=309)	Femmes (n=352)	Valeur de p
Age (ans) *	53,00±9,058	53,33±9,574	52,72±8,585	0,392
IMC (Kg/m^2) *	29,456±7,871	27,398±9,395	31,263±5,662	<0,0001**
Niveau socio-économique				0,448
Faible	15 (2,3)	5 (1,6)	10 (2,8)	
Moyen	616 (93,2)	288 (93,2)	328 (93,2)	
Elevé	30 (4,5)	16 (5,2)	14 (4,0)	
Tabagisme passif pendant l'enfance	405 (61,3)	197 (63,8)	208 (59,1)	0,219
Absence de tabagisme passif pendant l'enfance	256 (38,7)	112 (36,2)	144 (40,9)	
Infections respiratoires au cours de l'enfance	18 (2,7)	9 (2,9)	9 (2,6)	0,095
Absence des infections respiratoires au cours de l'enfance	546 (82,6)	245 (79,3)	301 (85,5)	
Aucune information	97 (14,7)	55 (17,8)	42 (11,9)	
Utilisation des carburants pour la cuisson	276 (41,8)	133 (43,0)	143 (40,6)	0,530
Non utilisation des carburants pour la cuisson	385 (58,2)	176 (57,0)	209 (59,4)	
Utilisation des carburants pour le chauffage	267 (40,4)	131 (42,4)	136 (38,6)	0,326
Non Utilisation des carburants pour le chauffage	394 (59,6)	178 (57,6)	312 (88,6)	
Présence d'asthme	56 (8,5)	16 (5,2)	40 (11,4)	0,004***
Absence d'asthme	605 (91,5)	293 (94,8)	312 (88,6)	
Présence de BPCO	51 (7,7)	44 (14,2)	7 (2,0)	<0,0001**
Absence de BPCO	610 (92,3)	265 (85,8)	345 (98,0)	

IMC : Indice de Masse Corporelle ; BPCO : Bronchopneumopathie Chronique Obstructive
*Les valeurs sont exprimées par leur moyenne±écart-type ; Les autres valeurs sont exprimées en n (%)
** Comparaison entre les hommes et les femmes : p<0,0001
*** Comparaison entre les hommes et les femmes : p<0,05

III.2. Spécificités des participants atteints de BPCO

Les caractéristiques démographiques des individus ayant la BPCO sont présentées dans le tableau 16 et sont comparées à celles des sujets témoins.

Les sujets ayant la BPCO étaient significativement plus âgés que les sujets témoins (p<0,0001) et le sexe masculin était dominant (p<0,0001). L'IMC était plus élevé chez les sujets ayant la BPCO (p<0,0001) (Tableau 16).

Divers facteurs étaient semblables pour les deux types de participants tels que le niveau socio-économique, le tabagisme passif, les infections respiratoires pendant l'enfance et l'utilisation des carburants pendant le chauffage (p>0,05). Par contre, l'utilisation des carburants pour la cuisson était plus fréquente chez les sujets atteints de BPCO (p<0,05).

En plus, la présence de l'asthme était plus remarquable chez les personnes atteintes de la BPCO (p<0,0001) (Tableau 16).

Tableau 16: Caractéristiques des participants ayant la BPCO par rapport aux sujets témoins

Variables	BPCO	Témoins	Valeur de p
Sexe			<0,0001*
Hommes	44 (86,3)	265 (43,4)	
Femmes	7 (13,7)	345 (56,6)	
Age (ans)			<0,0001*
40-49	3 (5,9)	246 (40,3)	
50-59	23 (45,1)	248 (40,7)	
60-69	12 (23,5)	93 (15,2)	
≥ 70	13 (25,5)	23 (3,8)	
IMC (Kg/m^2)			<0,0001*
IMC<20	8 (15,7)	16 (2,6)	
20≤IMC<25	14 (27,5)	115 (18,9)	
25≤IMC<30	15 (29,4)	221 (36,2)	
30≤IMC<35	11 (21,6)	156 (25,6)	
IMC≥35	3 (5,9)	102 (16,7)	
Niveau socio-économique			0,263
Faible	1 (2,0)	14 (2,3)	
Moyen	50 (98,0)	566 (92,8)	
Elevé	0	30 (4,9)	
Tabagisme passif pendant l'enfance	30 (58,8)	375 (61,5)	0,709
Absence de tabagisme passif pendant l'enfance	21 (41,2)	235 (38,5)	
Infections respiratoires au cours de l'enfance	1 (2,0)	17 (2,8)	0,173
Absence des infections respiratoires au cours de l'enfance	38 (74,5)	508 (83,3)	
Aucune information	12 (23,5)	85 (13,9)	
Utilisation des carburants pour la cuisson	29 (56,9)	247 (40,5)	0,023**
Non utilisation des carburants pour la cuisson	22 (43,1)	363 (59,5)	
Utilisation des carburants pour le chauffage	23 (45,1)	244 (40,0)	0,476
Non Utilisation des carburants pour le chauffage	28 (54,9)	366 (60,0)	
Présence d'asthme	11 (21,6)	45 (7,4)	<0,0001*
Absence d'asthme	40 (78,4)	565 (92,6)	

IMC : Indice de Masse Corporelle ; BPCO : Bronchpneumopathie Chronique Obstructive
Les valeurs sont exprimées en n (%)
* Comparaison entre les sujets ayant la BPCO et témoins : p<0,0001
** Comparaison entre les sujets ayant la BPCO et les témoins : p<0,05

III.2.1. Caractéristiques des hommes ayant la BPCO par rapport aux témoins

Le tableau 17 illustre les caractéristiques des porteurs de la BPCO par rapport aux témoins.

Les hommes atteints de la BPCO étaient plus âgés que les sujets témoins (p<0,0001). Par contre, l'IMC, le niveau socio-économique, le tabagisme passif, les infections respiratoires pendant l'enfance ainsi que l'utilisation des combustibles pour le chauffage n'avaient pas présenté de différences significatives entre les deux groupes d'hommes.

L'utilisation des carburants pour la cuisson était plus remarquable chez les hommes ayant la BPCO (p<0,05) ainsi que la présence de l'asthme qui était plus accentuée (p<0,0001) (Tableau 17).

Tableau 17 : Données des hommes ayant la BPCO par rapport aux témoins

Variables	BPCO	Témoins	Valeur de p
Age (ans)			<0,0001*
40-49	3 (6,8)	113 (42,6)	
50-59	19 (43,2)	99 (37,4)	
60-69	11 (25,0)	46 (17,4)	
≥ 70	11 (25,0)	7 (2,6)	
IMC (Kg/m^2)			0,072
IMC<20	7 (15,9)	13 (4,9)	
20≤IMC<25	12 (27,3)	78 (29,4)	
25≤IMC<30	14 (31,8)	113 (42,6)	
30≤IMC<35	9 (20,5)	45 (17,0)	
IMC≥35	2 (4,5)	16 (6,0)	
Niveau socio-économique			0,234
Faible	1 (2,3)	4 (1,5)	
Moyen	43 (97,7)	245 (92,5)	
Elevé		16 (6,0)	
Tabagisme passif pendant l'enfance	27 (61,4)	170 (64,2)	0,722
Absence de tabagisme passif pendant l'enfance	17 (38,6)	95 (35,8)	
Infections respiratoires au cours de l'enfance	1 (2,3)	8 (3,0)	0,397
Absence des infections respiratoires au cours de l'enfance	32 (72,7)	213 (80,4)	
Aucune information	11 (25,0)	44 (16,6)	
Utilisation des carburants pour la cuisson	26 (59,1)	107 (40,4)	0,020**
Non utilisation des carburants pour la cuisson	18 (40,9)	158 (59,6)	
Utilisation des carburants pour le chauffage	21 (47,7)	110 (41,5)	0,440
Non Utilisation des carburants pour le chauffage	23 (52,3)	155 (58,5)	
Présence d'asthme	10 (22,7)	6 (2,3)	<0,0001*
Absence d'asthme	34 (77,3)	259 (97,7)	

IMC : Indice de Masse Corporelle; BPCO : Bronchpneumopathie Chronique Obstructive
Les valeurs sont exprimées en n (%)
* Comparaison entre les hommes ayant la BPCO et les témoins : p<0,0001
** Comparaison entre les hommes ayant la BPCO et les témoins : p<0,05

III.2.2. Caractéristiques des femmes ayant la BPCO par rapport aux témoins

Les caractéristiques des femmes ayant la BPCO et celles des témoins étaient représentées dans le tableau 18.

Les femmes atteintes de la BPCO étaient plus âgées que les femmes témoins (p<0,05). L'IMC a présenté aussi une différence significative (p<0,05).

Par contre, les femmes n'étaient pas différentes en ce qui concerne le niveau socio-économique, le tabagisme passif, les infections respiratoires en bas âge, l'utilisation des carburants pour la cuisson ainsi que pour le chauffage et la présence de l'asthme (p>0,05) (Tableau 18).

Tableau 18: Données des femmes atteintes de la BPCO par rapport aux témoins

Variables	BPCO	Témoins	Valeur de p
Age (ans)			0,014*
40-49		133 (38,6)	
50-59	4 (57,1)	149 (43,2)	
60-69	1 (14,3)	47 (13,6)	
≥ 70	2 (28,6)	16 (4,6)	
IMC (Kg/m^2)			0,008*
IMC<20	1 (14,3)	3 (0,9)	
20≤IMC<25	2 (28,6)	37 (10,7)	
25≤IMC<30	1 (14,3)	108 (31,3)	
30≤IMC<35	2 (28,6)	111 (32,2)	
IMC≥35	1 (14,3)	86 (24,9)	
Niveau socio-économique			0,770
Faible		10 (2,9)	
Moyen	7 (100)	321 (93,0)	
Elevé		14 (4,1)	
Tabagisme passif pendant l'enfance	3 (42,9)	205 (59,4)	0,378
Absence de tabagisme passif pendant l'enfance	4 (57,1)	140 (40,6)	
Infections respiratoires au cours de l'enfance		9 (2,6)	0,898
Absence des infections respiratoires au cours de l'enfance	6 (85,7)	295 (85,5)	
Aucune information	1 (14,3)	41 (11,9)	
Utilisation des carburants pour la cuisson	3 (42,9)	140 (40,6)	0,903
Non utilisation des carburants pour la cuisson	4 (57,1)	205 (59,4)	
Utilisation des carburants pour le chauffage	2 (28,6)	134 (38,8)	0,581
Non Utilisation des carburants pour le chauffage	5 (71,4)	211 (61,2)	
Présence d'asthme	1 (14,3)	39 (11,3)	0,806
Absence d'asthme	6 (85,7)	306 (88,7)	

IMC : Indice de Masse Corporelle; BPCO : Bronchopneumopathie Chronique Obstructive
Les valeurs sont exprimées en n (%)
* Comparaison entre les femmes ayant la BPCO et les témoins: p<0,05

124

III.3. L'implication de l'IMC dans la genèse de la BPCO

Les classes de l'IMC ont été présentées en fonction de la présence ou non de la BPCO Stade I ou Stade II de GOLD (Figures 22 et 23).

Il y avait une différence significative entre les sujets porteurs de la BPCO et les témoins, que ce soit pour la BPCO Stade I ou Stade II de GOLD (p<0,0001).

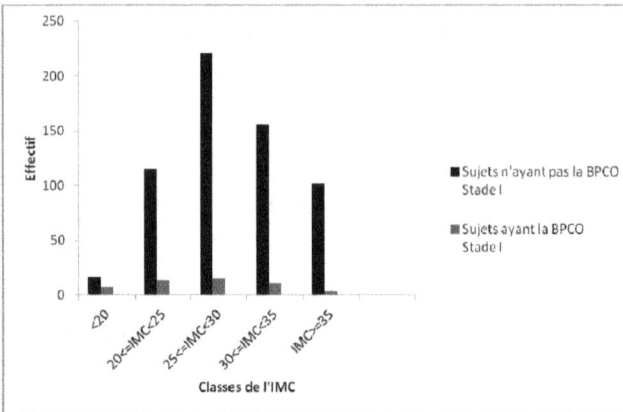

Figure 22: Les classes de l'IMC en fonction de la présence ou non de la BPCO Stade I de GOLD (p<0,0001).

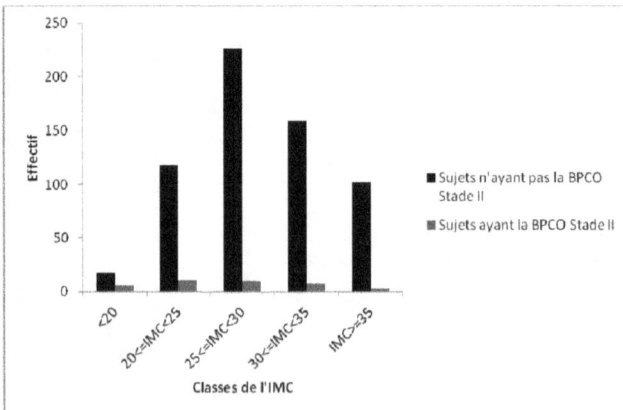

Figure 23: Les classes de l'IMC en fonction de la présence ou non de la BPCO Stade II de GOLD (p<0,0001).

III.4. Les relations entre l'exposition à des combustibles et le risque de la BPCO

Les expositions à la fumée du bois, du charbon et du pétrole pendant la cuisson ainsi que la durée et le type de l'exposition en relation avec la BPCO ont été présentées dans le tableau 19.

L'utilisation des carburants pour le chauffage (charbon, bois ou les deux, ensemble) ainsi que la présence de l'asthme ont été présentées aussi dans le tableau 19.

L'analyse univariée a montré que l'exposition à la fumée du bois, du charbon ou du pétrole pendant la cuisson était associée au risque de la BPCO (p<0,05). La moyenne des années de l'exposition aux carburants pendant la cuisson était aussi liée au risque de la BPCO (p<0,05). Par contre, l'exposition aux carburants (selon les tranches d'années : <10 ans ou ≥ 10 ans) n'avait pas présenté de différence significative.

L'utilisation combinée des trois combustibles de la biomasse pour la cuisson tels que le bois, le charbon et le pétrole est le paramètre le plus significativement associé au risque de développer une BPCO (p<0,05).

La combinaison du bois et du pétrole pour la cuisson a constitué aussi le combustible le plus associé à la BPCO (p<0,05).

Par contre, l'utilisation d'un seul combustible (charbon ou bois ou pétrole) pour la cuisson n'était pas reliée au risque de la BPCO (p=0,084 ; p=0,765 ; p=0,966 respectivement).

Concernant l'utilisation des carburants pour le chauffage, elle n'était pas associée au risque de la BPCO (p>0,05). Mais la présence de l'asthme était liée significativement à la BPCO (p<0,05) (Tableau 19).

Tableau 19: Analyse univariée entre les expositions à la fumée du bois, du charbon, du pétrole et la BPCO

	Sujets témoins	BPCO	OR Non ajusté (95% IC)	Valeur de p
Sujets n	610	51		
Exposition à la fumée du bois, du charbon ou du pétrole (cuisson)	247 (40,5)	29 (56,9)	1,937 (1,088-3,450)	0,025 *
Durée de l'exposition (années)	5,89±9,120	9,78±14,269	1,033 (1,009-1,057)	0,007 *
Durée de l'exposition par tranches				
<10 ans	420 (68,9)	30 (58,8)	1	
>=10 ans	190 (31,1)	21 (41,2)	1,547 (0,863-2,773)	0,142
Type de l'exposition				
Charbon	8 (1,3)	2 (3,9)	4,125 (0,826-20,592)	0,084
charbon +Bois	12 (2,0)	1 (2,0)	1,375 (0,171-11,060)	0,765
Charbon+pétrole	33 (5,4)	3 (5,9)	1,500 (0,426-5,277)	0,528
Charbon+pétrole+bois	38 (6,2)	8 (15,7)	3,474 (1,447-8,337)	0,005 *
Bois	12 (2,0)	1 (2,0)	1,375 (0,171-11,060)	0,765
Bois+pétrole	47 (7,7)	8 (15,7)	2,809 (1,183-6,666)	0,019*
Pétrole	97 (15,9)	6 (11,8)	1,021 (0,403-2,587)	0,966
Non exposé	363 (59,5)	22 (43,1)	1	
Exposition à la fumée du charbon, du bois (chauffage)	244 (40,0)	23 (45,1)	1,232 (0,693-2,189)	0,477
Asthme	45 (7,4)	11 (21,6)	3,453 (1,659-7,187)	0,001*

Les données sont présentées sous forme n (%).
OR: Odds Ratio; IC: Intervalle de Confiance.
* : p<0,05

IV. DISCUSSION

L'objectif de la présente étude était d'examiner l'effet de facteurs de risque autre que le tabagisme et pouvant être impliqués dans la genèse de la BPCO chez les adultes Tunisiens. Nous avons trouvé que l'âge, le sexe, l'IMC, l'exposition à la fumée des carburants pendant la cuisson ainsi que l'asthme sont associés au risque de développer une BPCO. Par contre, nous n'avons trouvé aucune différence significative entre le niveau socio-économique, le tabagisme passif, les infections respiratoires au cours de l'enfance, l'utilisation des carburants pendant le chauffage et l'apparition de la BPCO.

La validité de nos résultats tient en grande partie à la technique d'échantillonnage. La population d'étude est composée d'un nombre assez important d'adultes (661individus), représentatifs de la population Tunisienne de point de vue socio-économique et éducationnel.

L'exposition aux combustibles de la biomasse a été évaluée en utilisant des régressions logistiques univariées. Ceci était conforme avec une autre étude réalisée en Espagne (Orozco-Levi et al. 2006). Nous avons ainsi trouvé que l'exposition à la fumée du bois, du charbon ou du pétrole pendant la cuisson était associée au risque de la BPCO, cependant, l'exposition à la fumée du bois ou du charbon pendant le chauffage n'était pas significativement reliée au risque du développement de la BPCO.

Caractéristiques de la population étudiée

L'âge dans notre population n'était pas différent significativement entre les hommes et les femmes, ce qui confirme le hasard dans la sélection de nos sujets qui étaient âgés de 40 ans et plus. En effet, la moyenne d'âge était similaire aux autres études utilisant le protocole BOLD (Buist et al. 2008), ainsi que l'étude réalisée en Autriche (Schirnhofer et al. 2007) et en Pologne (Nizankowska-Mogilnicka et al. 2007). Par contre, l'âge a présenté une différence significative dans l'étude réalisée au Sud-est de Kentucky (Methvin et al. 2009).

Nos résultats ont montré que la diminution de l'IMC était plus remarquable chez les hommes (27,3) ; ce qui est concordant à d'autres études dérivées du projet BOLD (Buist et al., 2008), telles que celle réalisée en Turquie (27,5), en Islande (28,3), en Allemagne (27,7), en Pologne (27,3), au Canada (27,2), en Australie (28,0) (Buist et al. 2008). Alors que dans d'autres pays, l'IMC était différent par rapport à notre étude tels qu'en Chine (22,9), en Autriche (26,6), en Afrique du Sud (24,6), en Norvège (26,9), aux Etats Unis d'Amérique (30,5) et en Philippines (23,7) (Buist et al. 2008).

Le niveau socio-économique dans notre population étudiée n'était pas différent significativement entre les sexes et le niveau socio-économique moyen était dominant.

Nous avons trouvé que le tabagisme passif pendant l'enfance ainsi que les infections respiratoires enfantines n'étaient pas différents significativement entre les hommes et les femmes (p>0,05). En fait, nous avons étudié ces deux facteurs afin de mieux expliquer les résultats et de montrer ainsi l'importance de notre étude.

L'utilisation des combustibles pour la cuisson ainsi que pour le chauffage n'a pas présenté de différence significative entre les deux sexes (p>0,05). Ceci peut être dû, par exemple, au manque, dans notre population, des carburants utilisés dans la vie quotidienne qui provoquent des modifications au niveau du corps humain.

Nos résultats ont montré que l'asthme était plus fréquent chez les femmes. Nos résultats étaient concordants avec les résultats de l'Enquête sur la santé dans les collectivités canadiennes (ESCC) de 2007-2008, où la proportion de femmes (10,6 %) rapportant être atteintes d'asthme a tendance à être plus élevée que celle des hommes (7,7 %). Une tendance similaire et statistiquement significative est observée au Québec (Noiseux 2010).

Concernant la BPCO, elle était, par contre, plus accentuée chez les hommes. Ce résultat n'était pas conforme à d'autres études telles que celle réalisée au Royaume Uni, aux Etats Unis d'Amérique (Mannino[a] et al. 2002) et en d'autres pays où les femmes sont plus touchées que les hommes par la BPCO (Soriano et al. 2000).

Rôle du sexe et de l'âge dans le développement de la BPCO

Notre étude a montré que les hommes étaient plus touchés par la BPCO. En effet, ce résultat n'était pas concordant avec d'autres études réalisées montrant que les femmes étaient les plus touchées par la BPCO. Aux États-Unis, le nombre absolu des cas de BPCO, les hospitalisations et les décès chez les femmes ont dépassé ceux des hommes (Mannino[a] et al. 2002). Des tendances similaires ont été observées au Canada (Lacasse et al. 1999), au Royaume-Uni (Soriano et al. 2000), en Finlande (Keistinen et al. 1996), et dans d'autres pays. Selon Fuhrman et al. en 2006, la population atteinte est principalement constituée de personnes âgées de plus de 45 ans, dont 60% sont des hommes, mais avec une proportion croissante de femmes, en raison de l'augmentation de leur consommation de tabac (Fuhrman et al. 2006). En fait, la BPCO est une maladie du monde « moderne », directement en relation avec le mode de vie de nos sociétés : tabagisme, pollution et sédentarisation (Feenstra et al. 2001).

En effet, nos résultats auraient pu être influencés par deux facteurs: d'une part, le nombre d'hommes fumeurs était significativement plus élevé que le nombre de femmes dans tous les groupes d'âge d'où une plus grande prévalence de la BPCO chez les hommes, d'autre part, le nombre absolu de femmes fumeuses atteintes de BPCO dans notre échantillon est faible, ce qui rend l'analyse de ce groupe difficile.

Mannino et Silverman ont voulu savoir si les femmes sont intrinsèquement plus susceptibles de développer la BPCO que les hommes, avec des preuves suggérant qu'elles le sont, mais d'autres preuves indiquant qu'elles ne le sont pas (Mannino et al. 2000 ; Silverman et al. 2000). Dans une population basée sur des échantillons, les femmes vivent plus longtemps que les hommes (Mannino[b] et al. 2006). Dans une étude récente, Chapman a conclu: «Il existe des différences documentées dans l'utilisation des soins de santé entre les hommes et les femmes qui ont la BPCO, mais trop peu d'études ont été faites pour permettre de tirer des conclusions sur l'influence du sexe et du genre sur le pronostic de la maladie » (Chapman 2004).

Aux États-Unis, d'après Mannino et al. (2002), il y a eu une augmentation dans le taux de mortalité due à la BPCO chez les femmes entre 1971 et 2000. En 2000 et pour la première fois, le nombre de femmes qui meurent de cette maladie a dépassé celui des hommes (59 936 par rapport à 59 118). Cette étude a montré aussi que le taux de décès chez les femmes atteintes de BPCO était de 20,1 pour 100 000 personnes en 1980 et ce taux s'est élevé à 56,7 pour 100 000 femmes en 2000. Cette augmentation de près de 3 fois contraste fortement avec l'augmentation très modeste de 73,0 à 82,6 pour 100 000 hommes dans la même période (Mannino[a] et al. 2002).

Nous avons noté aussi que la prévalence de la BPCO augmente avec l'âge. En effet, la spirométrie est recommandée dans le diagnostic et l'évaluation de la BPCO (Lenfant et Khaltaev 2001 ; Enright et al. 1993 ; Enright et al. 2005) et GOLD a défini la BPCO comme étant le rapport $VEMS_1/CVF$ inférieur à 70% (Lenfant et Khaltaev 2005). En outre, l'ATS et l'ERS ont utilisé le rapport post-bronchodilatateur $VEMS_1/CVF$ inférieur à 70% comme un critère pour diagnostiquer la BPCO, indépendamment de l'âge (Pierson 2006). Il est cependant bien connu que ce rapport diminue avec l'augmentation de l'âge (Lundback[b] et al. 2003) et que l'utilisation d'un rapport fixe pour tous les âges peut conduire à des erreurs de classification, au sous-diagnostic dans la population plus jeune et au sur diagnostic chez les personnes âgées (Enright et al. 1993 ;Celli et al. 2003 ; Falaschetti et al. 2004 ; Hardie et al.

2002 ; Pistelli et al. 2003), d'où l'intérêt de l'utilisation de la limite inférieure de la normale. En effet, l'utilisation du rapport VEMS₁/CVF inférieur à la LIN à la place du rapport VEMS₁/CVF inférieur à 70% devrait minimiser les biais d'âge connus et refléter mieux la limitation cliniquement significative du débit irréversible (Vollmer et al. 2009). Récemment, l'ATS et l'ERS recommandent l'utilisation de la LIN du rapport VEMS₁/CVF à la place du ratio fixe pour diagnostiquer une obstruction (Pellegrino et al. 2008). Une autre étude de Swanney et al. (2008) soutient également cette recommandation (Swanney et al. 2008). De plus ; la prise en compte de valeurs de référence spécifiques à la population étudiée constitue une alternative réduisant les biais (Tabka et al. 1995).

D'un autre côté, d'après une étude de Bentsen et al. en 2008, les patients âgés atteints de BPCO peuvent causer l'apparition précoce de la maladie. En outre, les facteurs de stress liés à la santé ne peuvent pas produire la même réaction chez les personnes âgées (Bentsen et al. 2008). Bien que les patients plus âgés peuvent avoir des difficultés à cause de l'essoufflement, ils peuvent avoir l'incapacité physique et fonctionnelle comme résultat de vieillissement (Cleland et al. 2007 ; McCord et Cronin-Stubbs 1992).

En fait, le tabagisme est responsable de la majorité des cas de sujets atteints de la BPCO (Lenfant et Khaltaev 2005 ; Langhammer et al. 2003 ; van Schayck et Chavannes 2003) et en raison de l'effet cumulatif des années du tabagisme, la prévalence de la BPCO augmente avec l'âge (Lundback[b] et al. 2003). Donc, la réduction de la fonction pulmonaire peut dans une certaine mesure s'expliquer par les changements structurels qui ont lieu dans les voies respiratoires avec l'âge, notamment la dilatation des alvéoles et la perte du tissu élastique de soutien dans les voies respiratoires périphériques appelé «emphysème sénile» (Pistelli et al. 2003). Un autre aspect du vieillissement normal est la perte du tissu musculaire en général et la réduction de l'endurance physique. Les personnes âgées souffrent, en outre, d'autres maladies, telles que les co-morbidités qui pourraient influer sur la fonction pulmonaire (Enright et al. 1993). L'insuffisance cardiaque, en particulier, est connue être associée à des valeurs spirométriques réduites, y compris le rapport VEMS₁/CVF dans les cas graves (Light et George 1983).

Incidence de l'IMC et l'asthme dans la genèse de la BPCO

Notre étude a montré le rôle important de l'indice de masse corporelle (réparti à son tour en classes) dans l'apparition de la BPCO. En effet, chez les patients avec BPCO ou une insuffisance respiratoire, l'appréciation de l'état nutritionnel par l'IMC sous estime la prévalence de la perte de masse non grasse (MNG) et la perte musculaire. Ainsi, un IMC normal ou élevé peut être associé à une perte de MNG. Cette MNG est utile à mesurer dès qu'elle est corrélée avec la tolérance à l'effort et à la force des muscles respiratoires. L'index de MNG ou MNGI et l'index de masse grasse (IMG) donnent des informations utiles sur la composition corporelle indépendamment de la taille. Vestbo et al. (2006) ont aussi montré que l'IMNG apportait des informations complémentaires en termes de mortalité, notamment chez les BPCO avec un IMC « normal » (Vestbo et al. 2006). Ces informations suggèrent que la composition corporelle devrait être mesurée en routine dans le suivi des patients avec BPCO (Schwartz 2006).

L'étude signalée ci-dessus (Vestbo et al. 2006) a montré donc que l'indice de masse corporelle était un facteur pronostique indépendant connu des BPCO : augmentant ainsi le taux de mortalité avec la baisse de l'IMC. En effet, 15 % des patients ont eu une masse maigre inférieure de plus de 10 % de la valeur normale prédite; 26 % des BPCO ayant un IMC normal ont un indice de masse maigre inférieur de plus de 10 % à la moyenne de la population générale parmi les sujets au stade 3 et 4 du GOLD ayant un IMC normal, 50 % ont un indice de masse maigre abaissé. Cette étude confirme des résultats publiés précédemment (Schols et al. 2005 ; Slinde et al. 2005). Une autre étude récente a montré aussi que la dénutrition retrouvée chez les patients atteints de BPCO a un impact sur la mortalité, la tolérance à l'effort et la qualité de vie. En effet, au cours des décompensations aigues de BPCO, un IMC bas est associé à un recours plus fréquent à la ventilation invasive et à une diminution du taux de survie à 6 mois (Roche et Similowski 2007). Donc, le statut nutritionnel est associé à la fonction respiratoire de façon complexe avec des interactions gênes – environnement via une modulation épigénétique où l'hypoxie joue probablement un rôle clé (Aniwidyaningsih et al. 2008 ; Turan et al. 2011).

Il est maintenant bien établi que la dénutrition est associée à une aggravation du pronostic de l'insuffisance respiratoire chronique indépendamment des paramètres ventilatoires (Schols et al. 1998 ; Cano et al. 2004). En particulier, plusieurs études ont montré que la perte de masse maigre (MM) était un facteur prédictif de mortalité supérieur à l'IMC (Schols et al. 1998 ; Marquis et al. 2002 ; Slinde et al. 2005 ; Schols et al. 2005). De ce fait, une évaluation nutritionnelle comportant une mesure de la composition corporelle, devrait être de réalisation systématique chez le patient BPCO (Pison et al. 2007 ; Thibault et al. 2006).

Notre étude a aussi montré l'implication de l'asthme dans la genèse de la BPCO. En effet, l'asthme était présent chez l'échantillon de la population souffrant de BPCO, et surtout chez les hommes (p<0,0001). En effet, la réversibilité de l'obstruction pulmonaire en réponse à un traitement, une caractéristique de l'asthme, peut diminuer au fil du temps chez certains patients souffrant d'asthme modéré ou grave, jusqu'au point de l'obstruction des voies respiratoires irréversibles ou seulement partiellement réversibles (Vonk et al. 2003 ; Ulrik et Backer 1999). En revanche, les chevauchements dans plusieurs de ces signes et symptômes font souvent la distinction entre les deux maladies obscures, ce qui rend difficile d'étiqueter ces sujets, en particulier dans la population âgée (Barbee et Bloom 1997 ; Fanta 1989). D'où, la progression de la sévérité des symptômes de l'asthme, et le chevauchement des symptômes observés chez certains patients souffrant d'asthme et de la BPCO conduisent à théoriser que l'asthme peut être un facteur de risque pour le développement ultérieur de la BPCO (Silva et al. 2004).

D'un autre côté, étant donné que l'hyperréactivité bronchique est considérée comme une caractéristique centrale de l'asthme, notre observation qu'une baisse accrue du VEMS$_1$ avec l'âge chez les personnes souffrant d'asthme est conforme avec l'hypothèse que l'augmentation de la réactivité bronchique est un facteur de risque pour un déclin accéléré de la fonction pulmonaire (Sluiter et al. 1991 ; Rijcken et Weiss 1996).

Au moment où la BPCO est diagnostiquée, souvent 50% de la fonction pulmonaire est déjà perdue et la nécessité de l'utilisation des soins de santé est élevée (Engstrom et al. 2001). Bien que l'incidence de l'asthme soit importante chez les enfants et les adolescents, la prévalence de l'asthme reste relativement stable et peut également augmenter légèrement chez les personnes âgées : elle est autour de 5 à 10% dans la plupart des pays européens (Lundback 1998). Les charges des personnes âgées souffrant des maladies obstructives des voies respiratoires sont en augmentation.

Relations entre le niveau socio-économique, le tabagisme passif et les infections respiratoires enfantines avec la BPCO

Nous avons trouvé que le niveau socio-économique, le tabagisme passif et les infections respiratoires enfantines n'ont pas influé sur la prévalence de la BPCO.

Concernant le niveau socio-économique, notre étude a montré qu'il n'était pas associé à la BPCO. Ce qui n'est pas le cas pour d'autres études. En effet, une étude prospective menée au Royaume-Uni a ainsi montré une relation inverse entre le niveau socio-économique de la mère et le risque de décès par BPCO chez l'enfant à l'âge adulte. Le rôle aggravant d'un niveau socio-économique bas a été retrouvé dans les résultats de « l'European Community Respiratory Health Survey ». Cette enquête a également identifié les infections de la petite enfance (avant 5 ans) comme facteur de risque de BPCO quel que soit le stade. D'autres études qui se sont attachées à la fonction respiratoire ont montré une diminution significative du VEMS à l'âge adulte chez les enfants qui avaient eu une pneumopathie dans l'enfance (De Blic 2006). Nous avons trouvé aussi que le niveau socio-économique moyen était dominant dans notre population et il était plus remarquable chez les sujets appartenant à la tranche d'âge [50-59] ans, que ce soit chez les hommes que chez les femmes. En effet, l'objectif principal du projet BOLD était la détermination de la prévalence de la BPCO afin d'être utilisée dans les pays ayant des niveaux socio-économiques différents ou similaires (Buist et al. 2005; Buist et al. 2008).

D'après Bonte et al. en 2007, l'exposition passive à la fumée de tabac était associée chez les non-fumeurs à la survenue des symptômes respiratoires chroniques et à celle d'une bronchopneumopathie chronique obstructive, en plus,de nombreux biais et facteurs de confusion peuvent intervenir dans ces travaux (Bonte et al. 2007).

Le fait que le tabagisme passif dans notre population n'a pas influé sur la prévalence de la BPCO peut être expliqué par le faible nombre d'individus atteints de BPCO par rapport aux sujets témoins, et donc il n'y avait pas de différence significative. Ce résultat n'était pas concordant avec les résultats d'autres études (Svanes et al. 2004 ; Eisner et al. 2005).

En effet, Svanes et coll (2004) ont réalisé une étude sur les conséquences du tabagisme parental dans l'enfance et ses répercussions chez les jeunes adultes (Svanes et al. 2004). Dans cette étude, 18 992 sujets sélectionnés au hasard, âgés de 20 à 44 ans, dans 37 centres différents (17 pays européens) ont reçu un questionnaire sur leur état respiratoire actuel. Au sein de ces sujets, 15 901 ont continué l'étude et ont alors complété un deuxième questionnaire et réalisé des épreuves fonctionnelles respiratoires (EFR). La prévalence de la bronchite chronique était de 11 %. Le volume expiré maximal en 1 seconde chutait et le rapport de Tiffeneau chutait aussi.

Dans une autre étude, Eisner s'est intéressé à la prévalence de la BPCO des adultes âgés de 55 à 75 ans et ayant été exposés au tabagisme passif (Eisner et al. 2005). Ce travail a inclus 2113 sujets américains qui ont été interrogés par téléphone sur leur passé médical, leur curriculum laboris, leur condition socio-professionnelle et leur exposition à la fumée de cigarette. Les symptômes respiratoires, y compris le diagnostic de BPCO, étaient rapportés par téléphone (« self-reported physician's diagnosis of COPD ») (Mannino[a] et al. 2002 ; Mannino[b] 2002). Les EFR n'ont pu être obtenues auprès des médecins traitants que chez 47 participants diagnostiqués par téléphone comme ayant la BPCO. Parmi ces patients, 89 % avaient bien une BPCO de stade I ou plus. Les auteurs validaient donc leur diagnostic téléphonique. La prévalence de la BPCO dans la population étudiée était de 18 %. Le nombre de patients diagnostiqués avoir la BPCO et n'ayant jamais fumé était seulement de 75 (Mannino[a] et al. 2002 ; Mannino[b] 2002).

Nos résultats ont montré que les infections respiratoires pendant l'enfance ne sont pas en rapport avec l'apparition de BPCO à l'âge adulte. Ce dernier résultat ne concordait pas avec les données de la littérature.

En effet, d'après l'auteur Journeau en 2006, certaines maladies respiratoires acquises dans l'enfance peuvent aboutir à une obstruction bronchique chronique présente et parfois invalidante à l'âge adulte, mimant la BPCO post-tabagique (Jouneau 2006). Certaines anomalies respiratoires de l'adulte peuvent résulter de détresse respiratoire néonatale (Bentham et Shaw 2005). À l'âge adulte, le scanner thoracique des patients ayant eu une détresse respiratoire néonatale montre une diminution du rapport bronches/artères bronchiques, et les EFR montrent une diminution des paramètres fonctionnels. D'autre part, une étude danoise a analysé les facteurs de risque développant une bronchite chronique chez 3 736 sujets âgés de 65 ans et plus et suivis sur 12 ans (Lange et al. 2003). Les infections respiratoires dans l'enfance apparaissaient comme facteur de risque significatif (OR = 2,1).

Associations entre l'inhalation des fumées des combustibles de la biomasse et la BPCO

En accord avec les données de la littérature (Kurmi et al. 2010), nous avons montré que l'exposition à la fumée des combustibles solides pendant la cuisson est systématiquement associée à la BPCO et à la bronchite chronique, et ce, quelque soit le type de carburant. Le risque de développer une BPCO étant doublé chez les utilisateurs par rapport aux non utilisateurs des combustibles de la biomasse.

Comme largement reconnu, la fumée du tabac est le facteur de risque le plus important pour la BPCO mais l'exposition à la fumée de la biomasse, peut être aussi dangereuse (de Koning et al. 1985 ; Chen et al. 1990). Récemment, une attention considérable a été consacrée à la relation entre la fumée provenant de la combustion de la biomasse et la diminution de la fonction pulmonaire dans la BPCO (Liu et al. 2007 ; Yaksic et al. 2003).

D'après une analyse univariée montrant l'association entre les expositions à la biomasse et la BPCO, nous avons trouvé que les trois combustibles ensemble (le charbon, le bois et le pétrole) ont été associés significativement à la BPCO, en plus, l'association du bois et du pétrole a influé aussi sur la BPCO. En effet, les biocarburants sont composés principalement de bois, des excréments d'animaux et des résidus de culture (World Resources Institute 1998). En fait, ces trois types de carburants ainsi que le charbon brûlés généralement dans des feux ouverts ou des cuisinières mal aérées, peuvent conduire à des niveaux très élevés de pollution de l'air intérieur. Les preuves continuent à s'accumuler pour montrer que la pollution intérieure provenant de la cuisson de la biomasse ainsi que du chauffage dans des logements mal ventilés est un important facteur de risque de la BPCO (GOLD[a] 2013 ; Boman et al. 2006 ; Warwick et Doig 2004).

Environ 50% de la population mondiale et 90% des communautés rurales dans les pays en voie de développement utilisent la biomasse comme source unique de combustible pour la cuisine (World Resources Institute 1998). D'où, la pollution de l'air intérieur, la pollution de l'air extérieur et les infections respiratoires de la petite enfance sont autant de risques supplémentaires de la BPCO dans les pays en développement (Atsou et al. 2012).

En effet, plus de 3 milliards de personnes, près de la moitié de la population mondiale, utilisent des combustibles solides pour répondre à leurs besoins énergétiques de base dans les ménages, et une grande partie de cette population exposée vit dans les pays moins développés économiquement (WHO 2006). Dans de nombreuses régions en Afrique, en Amérique centrale, en Asie du Sud-Est et en Asie du Sud, plus que 90% des foyers ruraux utilisent des combustibles solides pour la cuisson primaire et / ou pour le chauffage. Les femmes dans les zones rurales s'engagent dans la cuisson et le chauffage sur de longues périodes, souvent plusieurs heures par jour, et ont tendance à être exposées à des niveaux beaucoup plus élevés de polluants de l'air intérieur que les hommes qui vivent dans le même foyer (Kurmi et al. 2008).

En fait, les études faites dans les pays en voie de développement d'Asie et d'Afrique (Baumgartner et al. 2011 ; Dionisio et al. 2012) ont montré une exposition élevée à la combustion de biomasse, principale source énergétique pour le chauffage et la cuisson et dont l'utilisation n'est pas contrôlée pour limiter les dégagements polluants, bien que les études épidémiologiques ayant des effets sur la santé dans ces pays, restent trop peu nombreuses. Cette constatation est concordante avec les résultats de notre étude en ce qui concerne les combustibles de la biomasse pour la cuisson et non pas pour le chauffage. Ceci peut être expliqué par le manque d'utilisation par notre population des carburants (tels que le charbon, le bois et le pétrole) pour le chauffage et l'utilisation par contre du gaz et de l'électricité.

Deux méta-analyses ont trouvé un risque augmenté de BPCO pour les personnes exposées à la pollution atmosphérique intérieure. Hu et al (2010) ont méta-analysé quinze études et rapportent un risque augmenté de deux fois et demie pour les personnes exposées à la fumée provenant de la biomasse (Hu et al. 2010). Kurmi et al (2010) ont rapporté un risque équivalent mais causé en premier lieu par les fumées provenant du bois (Kurmi et al. 2010).

Environ un tiers des patients atteints de BPCO dans les pays en développement et à faible revenu le sont du fait de la combustion de biomasse à l'intérieur des logements (Torre-Dudue et al. 2008).

Différentes études incriminent la fumée de la biomasse comme une cause des infections respiratoires aiguës supérieures et inférieures (Robin et al. 1996 ; Shah et al. 1994), de bronchite / maladies obstructives chroniques des voies respiratoires (Cetinkaya et al. 2000 ; Sumer et al. 2004).

De plus, une attention considérable a été accordée aux associations entre les niveaux des polluants de l'air intérieur et extérieur à la fois des gaz (dioxyde de soufre) et les matières particulaires ambiantes et la diminution de la fonction pulmonaire dans la BPCO (Abbey et al. 1998). D'où, l'inhalation des polluants de l'air intérieur est de plus en plus étudiée en ce qui concerne la morbidité aiguë, et en considérant que les caractéristiques et les complications chroniques qui peuvent conduire à des problèmes respiratoires sont moins bien caractérisées (Liu et al. 2007).

En effet, l'exposition à la pollution de l'air intérieur peut être responsable de près de 2 millions de décès dans les pays en développement et environ 4% de la charge mondiale de morbidité (Bruce et al. 2000).

D'où, d'une part, la pollution de l'air intérieur par la fumée de la biomasse est le risque influençant directement sur la santé physique, tant chez les adultes et les enfants (Bruce et al. 2000). D'autre part, les études sur les femmes dans les pays en développement, exposées à divers niveaux de la pollution intérieure émise à partir de la cuisson et le chauffage avec des combustibles solides non traités, y compris la biomasse et le charbon, ont suggéré que les expositions chroniques sont associées à une obstruction bronchique chronique chez les adultes et les infections respiratoires aiguës chez les enfants (Menezes et al. 2005 ; Perez-Padilla et al. 1996).

L'étude de Silva et al. (2012) a mis en évidence un lien entre les expositions chroniques à des particules de combustion de la biomasse et la dégradation de la fonction respiratoire, l'apparition de gêne respiratoire et de BPCO (da Silva et al. 2012). Cette étude est significative car elle met en évidence que la combustion de biomasse en conditions réelles, et pas seulement en conditions contrôlées, induit des lésions pulmonaires. Elle montre également que l'exposition chronique à la combustion de biomasse induit une dégradation de la fonction pulmonaire d'ampleur comparable à celle causée par la cigarette. Elle suit d'autres études tendant à montrer que l'exposition à la combustion de biomasse est un facteur de risque environnemental pour le développement de BPCO aussi important que le tabagisme (Sezer et al. 2006 ; Kodgule et Alvi 2012).

Notre étude a montré que les femmes atteintes de la BPCO et utilisant les carburants pour la cuisson n'ont pas présenté de différence significative par rapport aux témoins. Ceci peut être expliqué par le petit nombre de femmes dans notre population qui utilise les combustibles de la biomasse (tels que le charbon, le bois et le pétrole) comme moyen de cuisson. En effet, elles utilisent le plus souvent le gaz et l'électricité pour cuire les aliments. Ce résultat est concordant avec la conclusion de l'organisation mondiale de la santé (OMS) en 2006 qui a montré que les femmes exposées à la fumée à l'intérieur sont trois fois plus susceptibles de souffrir de la bronchopneumopathie chronique obstructive que les femmes qui cuisinent à l'électricité ou au gaz (WHO 2013). La fumée de l'air intérieur a été estimée être responsable de 1,6 million de décès et de 2,7 pour cent de la charge mondiale de la maladie en 2000 (WHO[b] 2007).

V. CONCLUSION

La présente étude a montré que le sexe, l'âge, l'IMC, l'exposition à la fumée des combustibles de la biomasse pendant la cuisson et la présence de l'asthme étaient les facteurs de risque principaux de la BPCO dans la population Tunisienne.

En revanche, le statut socio-économique, le tabagisme passif ainsi que les infections respiratoires au cours de l'enfance n'ont aucun effet dans la genèse de la BPCO.

D'autres travaux sont nécessaires afin de vérifier davantage les effets de ces facteurs de risque dans l'apparition de la BPCO. En fait, la BPCO est une épidémie moderne, qui malgré les efforts permanents des professionnels de santé et des pouvoirs publics, ne recule ni dans le pays, ni dans le monde, Cette maladie constitue un fantastique défi: défi pour les patients et aussi défi de santé publique. La BPCO est un beau modèle d'innovation en organisation de santé pour les années à venir. C'est un modèle pour la mise en place de valorisation par forfait, qui prenne en charge l'ensemble de la filière et qui réponde aux critères définis. C'est aussi un modèle pour le maître d'œuvre, qui peut être un groupement de médecins, un établissement hospitalier. Il reste, cependant, pour la BPCO, des retards pris sur la recherche et l'organisation des soins. C'est un enjeu important pour le système de santé.

CONCLUSION GENERALE ET PERSPECTIVES

Ce travail de thèse a permis de déterminer, d'une part la prévalence de la BPCO chez une population Tunisienne âgée de plus de 40 ans, à travers le projet international de BOLD, et d'autre part de distinguer les facteurs de risque de la BPCO. Enfin, ce travail nous a permis d'étudier les relations entre les différents facteurs de risque avec la BPCO et a mis l'accent sur la spirométrie qui est une technique non invasive.

La première étude a montré qu'en plus du tabagisme, qui est le principal facteur de risque de la BPCO, l'âge est encore un facteur plus important influençant sur la fonction pulmonaire, chez un échantillon représentatif de 661 individus : soit 352 hommes et 309 femmes âgés de 40 ans et plus. En plus, cette étude confirme que la forte prévalence de la BPCO en Tunisie est plus élevée que celle rapportée avant ainsi que celle diagnostiquée par les médecins.

Par ailleurs, nos résultats ont mis l'accent sur les stades de la BPCO (GOLD stade I et II) afin de les rendre facilement comparables à des enquêtes similaires dans d'autres pays ou encore qui seront effectuées à l'avenir. En effet, GOLD recommande l'utilisation d'un ratio fixe de $VEMS_1/CVF$ (post-BD) pour définir une obstruction irréversible, puis classe la sévérité de la BPCO à l'aide du pourcentage de $VEMS_1$ prédit.

La deuxième étude a montré que les expositions professionnelles aux vapeurs, poussières, gaz et fumées n'ont pas d'effet significatif sur le taux du déclin de la fonction pulmonaire chez les sujets atteints de maladies respiratoires et en particulier la BPCO. En plus, la probabilité de la matrice d'exposition professionnelle n'était pas associée au risque de ces maladies ainsi qu'au risque de la BPCO. Ce résultat a été trouvé aussi chez les sujets porteurs de la BPCO stade II de GOLD. Cette étude nécessite un travail complémentaire chez des personnes exposées aux différents environnements professionnels.

Par ailleurs, l'analyse univariée a montré que les expositions professionnelles et la matrice de l'exposition professionnelle n'étaient pas associées au risque des maladies respiratoires ainsi que celui de la BPCO. Par contre, le statut tabagique influe significativement sur ces maladies.

L'analyse multivariée a montré que les associations entre les expositions professionnelles et la matrice de l'exposition professionnelle, en tenant compte du tabagisme qui est le facteur de confusion, n'étaient pas significativement corrélées au risque de maladies respiratoires de même qu'au risque de la BPCO.

La troisième étude a réuni les autres facteurs de risque de la BPCO et a montré que le sexe, l'âge, l'IMC, l'exposition à la fumée des combustibles de la biomasse pendant la cuisson et la présence de l'asthme étaient les facteurs de risque principaux de la BPCO dans cette population Tunisienne. Par contre, le niveau socio-économique, le tabagisme passif ainsi que les infections respiratoires pendant l'enfance n'ont aucun effet dans la genèse de la BPCO.

L'analyse univariée a montré que l'exposition à la fumée du bois, du charbon et du pétrole pendant la cuisson ainsi que la durée de l'exposition influent significativement sur la BPCO. A l'opposé, l'exposition aux combustibles de la biomasse pour le chauffage n'a pas d'effet significatif sur la BPCO.

À l'avenir, il serait intéressant d'effectuer davantage des recherches. Il faudrait sur le plan du traitement général réservé à la BPCO, changer de paradigme. Car l'un des éléments clé du traitement de la BPCO est la réhabilitation respiratoire dont le bénéfice, est indiscutable dans la prise en charge de la maladie. A l'heure, la médecine entre dans une nouvelle ère de modernité avec la télémédecine, les centres d'appels, l'éducation thérapeutique. La recherche s'oriente vers des anti-inflammatoires non stéroïdes, c'est à dire ayant les mêmes avantages que les corticoïdes , sans leurs inconvénients. La recherche consiste également à dépister les personnes susceptibles d'être atteintes par des spiromètres branchés sur internet, permettant à des pneumologues de dépister à distance; ce système peut aussi permettre une surveillance à domicile quand les malades sont un peu isolés. Parmi les derniers traitements, des inhibiteurs des phosphodiestérases, des protéases et des agents agissant sur le remodelage des voies aériennes, tel l'acide rétinoïque, semblent être des molécules intéressantes dans un futur relativement proche.

La BPCO a malheureusement un avenir encore « florissant » .... En attendant des thérapeutiques plus actives, un déclin effectif du tabagisme et des mesures préventives concernant le chauffage et la cuisine au charbon de bois. Le traitement bénéficie de quelques ajustements même si on ne compte pas de grande nouveauté dans ce domaine et l'accent est mis sur la prévention des exacerbations.

REFERENCES
BIBLIOGRAPHIQUES

A

• Abbey DE, Burchette RJ, Knutsen SF, McDonnell WF, Lebowitz MD, Enright PL. Long-term particulate and other air pollutants and lung function in nonsmokers. Am J Respir Crit Care Med1998; 158(1): 289-298.

• Abrons HL, Petersen MR, Sanderson WT, Engelberg AL, Harber P. Symptoms, ventilatory function, and environmental exposure in Portland cement workers. Br J Ind Med 1988; 45: 368-375.

• Adhadhi N. BPCO la meurtrière silencieuse. Livret Santé. 2012.

• Agusti AG, Noguera A, Sauleda J, Sala E, Pons J, Busquets X. Systemic effects of chronic obstructive pulmonary disease. Eur Respir J 2003; 21(2): 347-360.

• Agusti AGN, Sauleda J, Miralles C, Gomez C, Togores B, Sala E, Vatle S, Busquets X. Skeletal muscle apoptosis and weight loss in chronic obstructive pulmonary disease. Am J Respir Crit Care Med 2002; 166: 485-489.

• Ahmed Y, Rowland SM. U.K. Linesmen's experience of micro shocks on HV over headlines. J Occup Environ Hyg 2009; 6(8): 475-482.

• Al Neaimi TI, Gomes J, Lioyd OL. Respiratory illness and ventilatory function among workers at cement factory in a rapid developing country. Occup Med 2001; 6: 367-373.

• Ameille J. Facteurs de risques professionnels de la BPCO. La revue du Praticien 2011; 61: 774.

• Ameille[a] J, Dalphin JC, Descatha A, Pairon JC. La broncho-pneumopathie chronique obstructive professionnelle : une maladie méconnue. Rev Mal Respir 2006; 23:13S119-13S130.

• Ameille[b] J, Larbanois A, Descatha A, Vandenplas O. Epidémiologie et étiologies de l'asthme professionnel. Rev Mal Respir 2006; 23 (6): 726-740.

• Ameille J, Pauli G, Calastreng-Crinquand A, Vervloët D, Iwatsubo Y, Popin E, Bayeux-Dunglas MC, Kopferschmitt-Kubler MC, and the corresponding members of the ONAP. Reported incidence of occupational asthma in France, 1996–99: the ONAP programme. Occup Environ Med 2003; 60: 136–141.

• Ameille J, Wild P, Choudat D, Ohl G, Vaucouleur JF, Chanut JC, Brochard P. Respiratory symptoms, ventilatory impairment, and bronchial reactivity in oil mist-exposed automobile workers. Am J Ind Med 1995; 27: 247-256.

• Ameille J, Rochemaure J. Epidémiologie de la bronchite chronique en France. Rev Prat 1978; 28 (9): 697-705.

• Aniwidyaningsih W, Varraso R, Cano N, Pison C. Impact of nutritional status on body functioning in chronic obstructive pulmonary disease and how to intervene. Curr Opin Clin Nutr Metab Care 2008; 11(4): 435-442.

• Anthonisen NR, Skeans MA, Wise RA, Manfreda J, Kanner RE, Connett JE. The effects of a smoking cessation intervention on 14.5-year mortality: a randomized clinical trial. Ann Intern Med 2005; 142: 233-239.

• Anto JM, Vermeire P, Vestbo J, Sunyer J. Epidemiology of chronic obstructive pulmonary disease. Eur Respir J 2001; 17: 982-994.

• ATS 2003. American Thoracic Society Documents. American thoracic society statement: occupational contribution to the burden of airway disease. Am J Respir Crit Care Med 2003; 167: 787-797.

• ATS/ERS 1999. Skeletal muscle dysfunction in chronic obstructive pulmonary disease. A statement of the American Thoracic Society and European Respiratory Society. Am J Respir Crit Care Med 1999; 159(4 Pt 2): S1-S40.

• ATS 1998. American Thoracic Society. Respiratory health hazards in agriculture. Am J Respir Crit Care Med 1998; 158: S1-S76.

• ATS[a] 1995. American Thoracic Society. Standards for the diagnosis and care of patients with COPD. Am J Respir Crit Care Med 1995; 152(5Pt2): S77-S121.

• ATS[b] 1995. American Thoracic Society. Standardization of spirometry, 1994 update. Am J Respir Crit Care Med 1995; 152(3): 1107-1136.

• ATS 1991. American thoracic society. Lung function testing: selection of reference values and interpretative strategies. Am Rev Respir Dis 1991; 144: 1202-1218.

• ATS 1989. American Thoracic Society. Guidelines for the approach to the patient with severe hereditary alpha-1-antitrypsin deficiency. Am Rev Respir Dis 1989; 140:1494-1497.

• Attfield MD, Hodous TK. Pulmonary function of US coal miners related to dust exposure estimates. Am Rev Respir Dis 1992; 145: 605-609.

• Attfield MD: Longitudinal decline in FEV in United States coal miners. Thorax 1985; 40: 132-137.

• Atsou K, Annesi − MaesanoI, Chouaid C. BPCO: définition, prévalence, étiologie et évaluation médico-économique. J Fran Viet Pneu 2012; 03(08): 1-65.

- Aubier M, Marthan R, Berger P, Chambellan A, Chanez P, Aguilaniu B, Brillet PY, Burgel PR, Chaouat A, Devillier P, Escamilla R, Louis R, Mal H, Muir JF, Pérez T, Similowski T, Wallaert B, Roche N. [COPD and inflammation: statement from a French expert group: inflammation and remodelling mechanisms]. Rev Mal Respir 2010; 27: 1254-1266.

B

- Balmes JR. Occupational contribution to the burden of chronic obstructive pulmonary disease. J Occup Environ Med 2005; 47: 154-160.
- Balmes J, Becklake M, Blanc P, Henneberger P, Kreiss K, Mapp C, Milton D, Schwartz D, Toren K, Viegi G. American Thoracic Society statement: occupational contribution to the burden of airway disease. Am J Respir Crit Care Med 2003; 167: 787-797.
- Barbee RA, Bloom JW. Epidemiology and natural history: asthma in the elderly. New York, NY: Marcel Dekker, 1997.
- Barker DJ, Godfrey KM, Fall C, Osmond C, Winter PD, Shaheen SO. Relation of birth weight and childhood respiratory infection to adult lung function and death from chronic obstructive airways disease. BMJ 1991; 303: 671-675.
- Barnes PJ. Role of HDAC2 in the pathophysiology of COPD. Annu Rev Physiol 2009; 71: 451-464.
- Barnes PJ. Mediators of chronic obstructive pulmonary disease. Pharmacol Rev 2004; 56: 515-548.
- Barnes PJ, Shapiro SD, Pauwels RA. Chronic obstructive pulmonary disease: molecular and cellular mechanisms. Eur Respir J 2003; 22:672-688.
- Barnes PJ. New concepts in COPD. Annu Rev Med, 2003; 54: 113-129. Review.
- Barnes PJ. Chronic obstructive pulmonary disease. N Engl J Med 2000; 343:269-280.
- Baumgartner J, Schauer JJ, Ezzati M, Lu L, Cheng C, Patz J, Bautista LE. Patterns and predictors of personal exposure to indoor air pollution from biomass combustion among women and children in rural China. Indoor Air 2011; 21(6): 479-488.
- Bayingana K, Demarest S, Gisle L, Hesse E, Miermans PJ, Tafforeau J, Van der Heyden J. Enquête de Santé par Interview, Belgique, 2004. Service d'Epidémiologie, 2006;

Bruxelles, Institut Scientifique de Santé Publique. N° de Dépôt : D/2006/2505/3, IPH/EPI REPORTS N° 2006 – 034.

• Becklake MR. Occupational exposures: evidence for a causal association with chronic obstructive pulmonary disease. Am Rev Respir Dis 1989; 140(3Pt 2):S85-S91.

• Becklake MR, Irwig L, Kielkowski D, Webster I, de Beer M, Landau S. The predictors of emphysema in South African gold miners. Am Rev Respir Dis 1987; 135: 1234-1241.

• Becklake MR, Permutt S. Evaluation of tests of lung function for "screening" for early detection of chronic obstructive lung disease. In: Macklem PT, PermuttS (Eds). The lung in the transition between health and disease. Basel: Marcel Dekker Inc, New-York 1979, pp 345-387.

• Beeckman LA, Wang ML, Petsonk EL, Wagner GR. Rapid decline in FEV and subsequent respiratory symptoms, illnesses, and mortality in coal miners in the United States. Am J Respir Crit Care Med 2001; 163: 633-639.

• Behrendt CE. Mild and moderate-to-severe COPD in nonsmokers. Distinct demographic profiles. Chest 2005; 128: 1239-1244.

• Bellamy D, Bouchard J, Henrichsen S, Johansson G, Langhammer A, Reid J, et al. International Primary Care Respiratory Group (IPCRG) Guidelines: management of chronic obstructive pulmonary disease (COPD). Prim Care Respir J 2006; 15(1): 48–57.

• Ben Abdallah Chermiti F, Taktak S, Chtourou A, Ben Kheder A. Burden of Chronic Respiratory Diseases (CRD) in Middle East and North Africa (MENA). World Allergy Organ J 2011; 4(1Suppl): S6-S8.

• Ben Abdelaziz F. Women's Health and Equity Indicators. Int J Public Health 2007; 52: S1–S2.

• Ben Khelifa F. Caractéristiques morphologiques et biochimiques et épidémiologie du diabète dans la population de Tunis, Tunisie. Imprimerie Officielle de la République Tunisienne 1979.

• Ben Romdhane H. Les cardiopathies ischémiques l'épidémie et ses déterminants volume I les facteurs de risque. Résultats d'une étude épidémiologique auprès de 5771 adultes tunisiens. Tunis. Publications de l'Institut National de Santé Publique, 2001, 314 pages.

• Bentham JR, Shaw NJ. Some chronic obstructive pulmonary disease will originate in neonatal intensive care units. Paediatr Respir Rev 2005; 6: 29-32.

• Bentsen SB, Henriksen AH, Wentzel-Larsen T, Hanestad BR, Wahl AK. What determines subjective health status in patients with chronic obstructive pulmonary disease: importance of symptoms in subjective health status of COPD patients. Health Qual Life Outcomes 2008; 6: 115.

• Bergdhal IA, Torén K, Eriksson K, Hedlund U, Nilsson T, Flodin R, Jarvhölm B. Increased mortality in COPD among construction workers exposed to inorganic dust. Eur Respir J 2004; 23: 402-406.

• Blanc PD[a], Menezes AM, Plana E, Mannino DM, Hallal PC, Toren K, Eisner MD, Zock JP. Occupational exposures and COPD: an ecological analysis of international data. Eur Respir J 2009; 33: 298–304.

• Blanc PD[b], Iribarren C, Trupin L, Earnest G, Katz PP,Balmes J, Sidney S, Eisner MD. Occupational exposures and the risk of COPD: dusty trades revisited. Thorax 2009; 64(1): 6-12.

• Blanc PD, Torén K. Occupation in chronic obstructive pulmonary disease and chronic bronchitis: an update. Int J Tuberc Lung Dis 2007; 11(3): 251–257.

• Blanc PD, Eisner MD, Balmes JR, Trupin L, Yelin EH, Katz PP. Exposure to vapors, gas, dust, or fumes: Assessment by a single survey item compared to a detailed exposure battery and a job exposure matrix. Am J Ind Med 2005; 48(2): 110-117.

• Blanc PD, Eisner MD, Trupin L, Yelin EH, Katz PP, Balmes JR. The association between occupational factors and adverse health outcomes in chronic obstructive pulmonary disease.Occup Environ Med 2004; 61: 661-667.

• Blanc PD, Ellbjär S, Janson C, Norbäck D, Norrman E, Plaschke P, Torén K. Asthma-related work disability in Sweden. The impact of workplace exposures. Am J Respir Crit Care Med 1999; 160(6): 2028-2033.

• Boggia B, Farinaro E, Grieco L, Lucariello A, Carbone U. Burden of smoking and occupational exposure on etiology of chronic obstructive pulmonary disease in workers of southern Italy. J Occup Environ Med 2008; 50(3): 366-370.

• Bohadana AB, Massin N, Wild P, Tomain JP, Engel S, Goutet P. Symptoms, airway responsiveness, and exposure to dust in beech ad oak wood workers. Occup Environ Med 2000; 57: 268-273.

• Bolton CE, Ionescu AA, Shiels KM, Pettit RJ, Edwards PH, Stone MD, Nixon LS, Evans WD, Griffiths TL, Shale DJ. Associated Loss of Fat-free Mass and Bone Mineral

Density in Chronic Obstructive Pulmonary Disease. Am J Respir Crit Care Med 2004; 170: 1286-1293.

• Boman C, Forsberg B, Sandstrom T. Shedding new light on wood smoke: a risk factor for respiratory health. Eur Respir J 2006; 27 (3): 446-447.

• Bonte D, Devienne M, Lejeune F. Tabagisme passif et maladies respiratoires. Air Pur N°7, 2007, pp 25-28.

• Bradshaw LM, Fischwick D, Slater T, Pearce N. Chronic bronchitis, work – related respiratory symptoms, and pulmonary function in welders in New Zealand. Occup Environ Med 1998; 55: 150-154.

• Bridevaux PO, Probst-Hensch NM, Schindler C, Curjuric I, Felber Dietrich D, Braendli O, Brutsche M, Burdet L, Frey M, Gerbase MW, Ackermann-Liebrich U, Pons M, Tschopp JM, Rochat T, Russi EW. Prevalence of airflow obstruction in smokers and never-smokers in Switzerland. Eur Respir J 2010; 36(6): 1259-1269.

• Britten N, Davies JM, Colley JR. Early respiratory experience and subsequent cough and peak expiratory flow rate in 36 year old men and women. Br Med J 1987; 294: 1317-1320.

• Bruce N, Perez-Padilla R, Albalak R. Indoor air pollution in developing countries: a major environmental and public health challenge. Bull World Health Organ 2000; 78: 1078-1092.

• Brusselle GG, Bracke KR, Maes T, D'hulst AI, Moerloose KB, Joos GF, Pauwels RA. Murine models of COPD. Pulm Pharmacol Ther 2006; 19: 155-165.

• BTS 1997. British Thoracic Society. Guidelines for the management of COPD. The COPD guidelines group of the standard of care committee of the British thoracic society. Thorax 1997; 52(Suppl5): S1-S28.

• BTS 1994. British Thoracic Society. Guidelines for the measurement of respiratory function. Recommendations of the British thoracic society and the association of respiratory technicians and physiologists. Respir Med 1994; 88(3):165-194.

• Budweiser S, Heinemann F, Meyer K, Wild PJ, Pfeifer M. Weight gain in cachectic COPD patients receiving noninvasive positive-pressure ventilation. Respir Care 2006; 51:126-132.

• Buist AS, Vollmer WM, McBurnie MA.Worldwide burden of COPD in high- and low-incomecountries. Part I. The Burden of Obstructive Lung Disease (BOLD) Initiative. Int J Tuberc Lung Dis 2008; 12(7): 703-708.

• Buist AS, McBurnie MA, Vollmer WM, Gillespie S, Burney P, Mannino DM, Menezes AM, Sullivan SD, Lee TA, Weiss KB, Jensen RL, Marks GB, Gulsvik A, Nizankowska-Mogilnicka E; BOLD Collaborative Research Group. International variation in the prevalence of COPD (the BOLD Study): a population-based prevalence study. Lancet 2007; 370: 741–750.

• Buist AS, Vollmer WM, Sullivan SD, Weiss KB, Lee TA, Menezes AM, Crapo RO, Jensen RL, Burney PG. The burden of obstructive lung disease initiative (BOLD): Rationale and Design. J COPD 2005; 2(2): 277-283.

Burney P, Jithoo A, Kato B, Janson C, Mannino D, Nizankowska-Mogilnicka E, Studnicka M, Tan W, Bateman E, Koçabas A, Vollmer WM, Gislason T, Marks G, Koul PA, Harrabi I, Gnatiuc L, Buist S; for the Burden of Obstructive Lung Disease (BOLD) Study. Chronic obstructive pulmonary disease mortality and prevalence: the associations with smoking and poverty--a BOLD analysis. Thorax 2013; 0:1–9. doi:10.1136/thoraxjnl-2013-204460

• Burrows B, Bloom JW, Traver GA, Cline MG. The course and prognosis of different forms of chronic airways obstruction in a sample from the general population. N Engl J Med 1987; 317:1309-1314.

C

• Calverley PM, Anderson JA, Celli B, Ferguson GT, Jenkins C, Jones PW, Yates JC, Vestbo J. Salmeterol and fluticasone propionate and survival in chronic obstructive pulmonary disease. N Engl J Med 2007; 356: 775-789.

• Cano NJ, Pichard C, Roth H, Court-Fortune I, Cynober L, Gerard-Boncompain M, Cuvelier A, Laaban JP, Melchior JC, Raphaël JC, Pison CM; Clinical Research Group of the Société Francophone de Nutrition Entérale et Parentérale. C-reactive protein and body mass index predict outcome in end-stage respiratory failure. Chest 2004; 126(2): 540-546.

• Carta P, Aru G, Barbieri MT, Avatanes G, Casula D. Dust exposure, respiratory symptoms, and longitudinal decline in lung function in young coal miners. Occup Environ Med 1996; 53: 312-319.

- Casaburi R, Briggs DD Jr, Donohue JF, Serby CW, Menjoge SS, Witek TJ Jr. The spirometric efficacy of once-daily dosing with tiotropium in stable COPD: a 13-week multicenter trial. The US tiotropium study group. Chest 2000; 118(5): 1294-1302.

- Cazzola M, MacNee W, Martinez FJ, Rabe KF, Franciosi LG, Barnes PJ, Brusasco V, Burge PS, Calverley PMA, Celli BR, Jones PW, Mahler DA, Make B Miravitlles M, Page CP, Palange P, Parr D, Pistolesi M, Rennard SI, Rutten-van Mo''lken MP, Stockley R, Sullivan SD, Wedzicha JA, Wouters EF on behalf of the American Thoracic Society/European Respiratory Society Task Force on outcomes of COPD. Outcomes for COPD pharmacological trials: from lung function to biomarkers. Eur Respir J 2008; 31:416–468.

- Celedón JC, Lange C, Raby BA, Litonjua AA, Palmer LJ, DeMeo DL, Reilly JJ, Kwiatkowski DJ, Chapman HA, Laird N, Sylvia JS, Hernandez M, Speizer FE, Weiss ST, Silverman EK. The transforming growth factor-beta1 (TGFB1) gene is associated with chronic obstructive pulmonary disease (COPD). Hum Mol Genet 2004; 13(15): 1649–1656.

- Cleland JA, Lee AJ, Hall S. Associations of depression and anxiety with gender, age, health-related quality of life and symptoms in primary care COPD patients. Family Practice 2007; 24: 217-223.

- Celli BR, MacNee W; ATS/ERS Taske Force. Standards for the diagnosis and treatment of patients with COPD: a summary of the ATS/ERS position paper. Eur Respir J 2004; 23(6): 932–946.

- Celli BR, Halbert RJ, Isonaka S, Schau B. Population impact of different definitions of airway obstruction. Eur Respir J 2003; 22(2): 268-273.

- Cerveri I, Accordini S, Verlato G, Corsico A, Zoia MC, Casali L, Burney P, de Marco R; European Community Respiratory Health Survey (ECRHS) Study Group. Variations in the prevalence across countries of chronic bronchitis and smoking habits in young adults. Eur Respir J 2001; 18(1): 85-92.

- Cetinkaya F, Gulmez I, Aydin T, Oztürk Y, Ozesmi M, Demir R. Prevalence of chronic bronchitis and associated risk factors in a rural area of Kayseri, Central Anatolia, Turkey. Monaldi Arch Chest Dis 2000; 55(3): 189–193.

- Chaari N, Amri C, Khalfallah T, Alaya A, Abdallah B, Harzallah L, Henchi MA, Bchir N, Kamel A, Akrout M. Rhinite et asthme liés à l'exposition aux poussières de coton chez des apprentis en habillement. Rev Mal Respir 2009; 26 (1): 29-36.

• Chabot F. Insuffisance respiratoire aiguë du sujet âgé : commentaires. Rev Mal Respir 2007; 24 (4-C2) : 41-48.

• Chan-Yeung M, Aït-Khaled N, White N, Ip MS, Tan WC.The burden and impact of COPD in Asia and Africa. Int J Tuberc Lung Dis 2004; 8(1): 2-14.

• Chan-Yeung M, Enarson DA, Kennedy SM.The impact of grain dust on respiratory health. Am Rev Respir Dis 1992; 145: 476-487.

• Chapman KR. Chronic obstructive pulmonary disease: are women more susceptible than men? Clin Chest Med 2004; 25: 331-341.

• Chaudemanche H, Monnet E, Westeel V, Pernet D, Dubiez A, Perrin C, Laplante JJ, Depierre A, Dalphin JC. Respiratory status in dairy farmers in France; cross-sectional and longitudinal analyses.Occup Environ Med 2003; 60(11): 858-863.

• Chen BH, Hong CJ, Pandey MR, Smith KR. Indoor air pollution in developing countries.World Health Stat Q 1990; 43(3): 127-138.

• Cheng SL, Yu CJ, Chen CJ, Yang PC. Genetic polymorphism of epoxide hydrolase and glutathione S-transferase in COPD. Eur Respir J 2004; 23: 818-824.

• Cheng X, Li J, Zhang Z. Analysis of basic data of the study on prevention and treatment of COPD and chronic corpulmonale. Zhonghua Jie He He Hu Xi Za Zhi 1998; 21(12):749-752.

• Choudat D[(a)]. Risque, fraction étiologique et probabilité de causalité en cas d'expositions multiples. II: Les tentatives d'application. Arch Mal Prof 2003; 64 (6): 363-374.

• Choudat D[(b)]. Risque, fraction étiologique et probabilité de causalité en cas d'expositions multiples. I : l'approche théorique. Arch Mal Prof 2003; 64: 129-140.

• Choudat D. Critères de reconnaissance des maladies professionnelles. Arch Mal Prof 2000 ; 61: 223-236.

• Christiani DC, Wang XR. Respiratory effects of long-term exposure to cotton dust Curr Opin Pulm Med 2003; 9(2): 151-155.

• Christiani DC, Wang XR, Pan LD, Zhang HX, Sun BX, Dai H, Eisen EA, Wegman DH, Olenchok SA. Longitudinal changes in pulmonary function and respiratory symptoms in cotton textile workers. Am J Respir Crit Care Med 2001; 163: 847-853.

• Christiani DC, Ye TT, Wegman DH, Eisen EA, Dar HL, Lu PL. Cotton dust exposure, across-shift drop in FEV1, and five-year change in lung function. Am J Respir Crit Care Med 1994; 150: 1250-1255.

• Christiani DC. Occupational health in the People's Republic of China. Am J Pub Health 1984; 74: 58-64.

• Cockroft DW, Murdock KY, Kirby I, Hargreave F. Prediction of airway responsiveness to allergen from skin sensitivity to allergen and airway responsiveness to histamine. Am Rev Respir Dis 1987; 135 (1): 264-267.

• Cockcroft DW, Davis BE, Boulet LP, Deschesnes F, Gauvreau GM, O'Byrne PM, Watson RM. The links between allergen skin test sensitivity, airway responsiveness and airway response to allergen. Allergy 2005; 60 (1): 56-59.

• Coggon D, Newman Taylor A. Coal mining and chronic obstructive pulmonary disease: a review of the evidence. Thorax 1998; 53(5): 398-407.

• Colebatch HJH, Finucane KE, Smith MM. Pulmonary conductance and elastic recoil relationship in asthma and emphysema. J Appl Physiol 1973; 34:143-153.

• Coltey B, Lantuéjoul S, Pison C. bronchopneumopathie chronique obstructive. Rev Prat 2002; 52: 657-669.

• Cooper AR, Van Wijngaarden E, Fisher SG, Adams MJ, Yost MG, Bowman JD. A population-based cohort study of occupational exposure to magnetic fields and cardiovascular disease mortality. Ann Epidemiol 2009; 19: 42-48.

• Cornea C, El Mekki L, El Gharbi B, Kheder A, Gabor S. Poumon de neffa. Une pneumoconiose végétale? Tunis Med 1976; 54 (3): 655-657.

• Cote CG, Chapman KR. Diagnosis and treatment considerations for women with COPD. Int J Clin Pract 2009; 63(3): 486-493.Cotes JE, Steele J. Work-related lung disorders. Oxford: Blackwell Scientific Publications, 1987, 436p.

• Coutrot T. Le rôle des comités d'hygiène, de sécurité et des conditions de travail en France. Une analyse empirique. Travail et emploi 2009; N° 117.

• Crapo RO. Pulmonary-function testing. N Engl J Med 1994; 331(1):25-30.

D

• Dalphin JC. Facteurs de risque respiratoires et mode de vie. Référetiel Sémiologie. Collège des enseignants de Pneumologie, 2009.

• Dalphin JC. Bronchopneumopathie chronique obstructive (BPC0) d'origine professionnelle. Rev Mal Respir 2001; 18: 581-583.

- Dalphin JC. Pathologie respiratoire en milieu agricole. Rev Prat 1998; 48: 1313-1318.

- Dalphin JC, Pernet D, Dubiez A, Debieuvre D, Allemand H, Depierre A. Etiologic factors of chronic bronchitis in dairy farmers. Case control study in the Doubs region of France. Chest 1993; 103(2): 417-421.

- Dares analyses[a]. La répartition des hommes et des femmes par métiers Une baisse de la ségrégation depuis 30 ans. Publication de la direction de l'animation de la recherche, des études et des statistiques 2013 ; N°079.

- Dares analyses[b]. La prévention des risques professionnels vue par les médecins du travail. Publication de la direction de l'animation de la recherche, des études et des statistiques. 2013 ; N° 055

- da Silva LF, Saldiva SR, Saldiva PH, Dolhnikoff M; Bandeira Científica Project. Impaired lung function in individuals chronically exposed to biomass combustion. Environ Res 2012; 112: 111-117.

- David J. Triggle. Dictionary of Pharmacological Agents. Boca Raton: Chapman & Hall/CRC 1996. ISBN 0-412-46630-9.

- De Blic J. Les BPCO débutent-elles dans l'enfance ? Rev Mal Respir 2006; 23(1-C2):52.

- De Konning HW, Smith KR, Last JM. Biomass fuel combustion and health. Bull World Health Organ 1985; 63(1): 11-26.

- Delclos GL, Gimeno D, Arif AA, Burau KD, Carson A, Lusk C, Stock T, Symanski E, Whitehead LW, Zock JP, Benavides FG, Antó JM. Occupational risk factors and asthma among health care professionals. Am J Respir Crit Care Med 2007; 175 (7): 667-675.

- De Meer G, Kerkhof M, Kromhout H, Schouten JP, Heederik D. Interaction of atopy and smoking on respiratory effects of occupational dust exposure: a general population-based study. Environ Health 2004; 3(1): 6.

- Dennis RJ, Maldonado D, Norman S, Baena E, Martinez G. Woodsmoke exposure and risk for obstructive airways disease among women. Chest 1996; 109(1): 115-119.

- De Torres JP, Casanova C, Hernandez C, Abreu J, Aguirre-Jaime A, Celli BR. Gender and COPD in patients attending a pulmonary clinic. Chest 2005; 128: 2012–2016.

- Devereux G. ABC of chronic obstructive pulmonary disease. Definition, epidemiology and risk factors. BMJ 2006; 332(7550):1142-1144.

• DGS/ GTNDO, « Broncho-Pneumopathie Chronique Obstructive », 2003-http://www.sante.gouv.fr/htm/dossiers/losp/50bpco.pdf

• Dionisio KL, Howie SRC, Dominici F, Fornace KM, Spengler JD, Donkor S, Chimah O, Oluwalana C, Ideh RC, Ebruke B, Adegbola RA, Ezzati M.The exposure of infants and children to carbon monoxide from biomass fuels in The Gambia: a measurement and modeling study. J Expo Sci Environ Epidemiol 2012; 22(2):173-181.

• Doll R, Peto R, Boreham J, Sutherland I. Mortality in relation to smoking: 50 years' observations on male British doctors. BMJ 2004; 328: 1519.

• Dosman JA, Gomez SR, Zhou C. Relationship between airways responsiveness and the development of chronic obstructive pulmonary disease. Med Clin North Am 1990; 74(3): 561-569.

• Driscoll T, Nelson DI, Steenland K, Leigh J, Concha-Barrientos M, Fingerhut M, Prüss-Ustün A. The global burden of non-malignant respiratory disease due to occupational airborne exposures. Am J Ind Med 2005; 48(6): 432–445.

• Dumaine J. La modélisation du phénomène accident, Sécurité et Médecine du Travail 1985; 71: 11-22.

• Dwoskin LP, Teng L, Buxton ST, Crooks PA. "(S)-(-)-Cotinine, the major brain metabolite of nicotine, stimulates nicotinic receptors to evoke [3H] dopamine release from rat striatal slices in a calcium-dependent manner". J Pharmacol Exp Ther 1999; 288 (3): 905–911.

E

• Eagan TM, Gulsvik A, Fide GR, Bakke PS. Occupational airborne exposure and the incidence of respiratory symptoms and asthma. Am J Respir Crit Care Med 2002; 166(7): 933-938.

• Eid AA, Ionescu AA, Nixon LS, Lewis-Jenkins V, Matthews SB, Griffiths TL, Shale DJ. Inflammatory response and body composition in chronic obstructive pulmonary disease. Am J Respir Crit Care Med 2001; 164(8 Pt1):1414-1418.

• Eisenberg MJ, Filion KB, Yavin D, Belisle P, Mottilo S, Joseph L, et al. Pharmacotherapies for smoking cessation: a meta-analysis for randomized controlled trials. CMAJ 2008; 179 (2): 135-144.

• Eisner MD, Anthonisen N, Coultas D, Kuenzli N, Perez-Padilla R, Postma D, Romieu I, Silverman EK, Balmes JR; Committee on Nonsmoking COPD, Environmental and Occupational Health Assembly. An official American Thoracic Society public policy statement: Novel risk factors and the global burden of chronic obstructive pulmonary disease. Am J Respir Crit Care Med 2010; 182(5): 693-718.

• Eisner MD, Balmes J, Katz PP, Trupin L, Yelin EH, Blanc PD. Lifetime environmental tobacco smoke exposure and the risk of chronic obstructive pulmonary disease. Environ Health 2005; 4(1): 7.

• El Fekih L, Berraies A, Hamzaoui A, Fenniche S, Megdiche ML, Boussen H. Impact du tabagisme sur les affections bronchopulmonaires : Ampleur du problème. Tunis Med 2011; 89(11) : 814-819.

• El Gharbi B. Tabac et appareil respiratoire. Publications de l'Institut National de Pneumo-Phtisiologie Abderrahmen Mami, Ariana 1984.

• Eliopoulos C, Klein J, Chitayat D, Greenwald M, Koren G. Nicotine and cotinine in maternal and neonatal hair as markers of gestational smoking. Clin Invest Med 1996; 19(4): 231-242.

• Enarson D, Vedel S, Chan-Yeung M. Fate of grainhandlers with bronchial hyperreactivity. Clin Invest Med 1998; 11(3): 193-197.

• Enarson D, Vedal S, Chan-Yeung M. Rapide decline in FEV, in grain handlers. Relation to level of dust exposure. Am Rev Respir Dis 1985; 132: 814-817.

• Engstrom CP, Persson LO, Larson S, Sullivan M. Health related quality of life in COPD: Why both disease-specific and generic measures should be used. Eur Respir J 2001; 18: 69-76.

• Enquête de Santé par Interview, Belgique, Service d'Epidémiologie, Bruxelles, Institut Scientifique de Santé Publique, Analyses interactives. 2006. Module: Chronic conditions (specific).Enright PL, Studnicka M, Zielinski J. Spirometry to detect and manage chronic obstructive pulmonary disease and asthma in the primary care setting. European Respiratory Monograph 2005; 31: 1-14.

• Enright PL, Kronmal RA, HigginsM, SchenkerM, Haponik EF. Spirometry reference values for women and men 65 to 85 years of age—cardiovascular health study. Am Rev Respir Dis 1993; 147(1): 125-133.

• Escoffery C, Bundy L, Carvalho M et al. Third-hand smoke as a potential intervention message for promoting smoke-free homes in low-income communities. Health Educ Res 2013; 28: 923-930.

• Ezzati M, Lopez AD. Estimates of global mortality attributable to smoking in 2000. Lancet 2003; 362(9387): 847-852.

F

• Fakhfakh R, Hsairi M, Maalej M, Achour N, Nacef T. Tabagisme en Tunisie : comportements et connaissances. Bull World Health Organ 2002; 80(5): 350–356.

• Fakhfakh R, Hsairi M, Ben Romdhane H, Achour N. Mortalité attribuable au tabac en Tunisie en 1997. Tunis Med 2001; 79: 408-412.

• Falaschetti E, Laiho J, Primatesta P, Purdon S. Prediction equations for normal and low lung function from the Health Survey for England. Eur Respir J 2004; 23(3): 456-463.

• Fanta CH. Asthma in the elderly. J Asthma 1989; 26: 87-97.

• Feenstra TL, van Gunugten ML, Hoogenveen RT, Wouters EF, Rutten-van Mölken MP. The impact of aging and smoking on the future burden of chronic obstructive pulmonary disease: a model analysis in the Netherlands. Am J Respir Crit Care Med 2001; 164(4): 590-596.

• Fell AK, Thomassen TR, Kristensen P, Egeland T, Kongerud J. Respiratory symptoms and ventilatory function in workers exposed to Portland cement dust. J Occup Environ Med 2003; 45(9): 1008-1014.

• Fennelly K, Nardell E. The relative efficacy of respirators and room ventilation in preventing occupational tuberculosis. Infect Control Hosp Epidemiol 1998; 19(10): 754-759.

• Ferguson GT, Enright PL, Buist AS, Higgins MW. Office spirometry for lung health assessment in adults: A consensus statement from the National Lung Health Education Program. Chest 2000; 117(4): 1146-1161.

• Fletcher C, Peto R. The natural history of chronic airflow obstruction. BMJ 1977; 1: 1645-1648.

• Fletcher C, Peto R, Tinker CM, Speizer FE. The natural history of chronic bronchitis and emphysema. Oxford: Oxford University Press, 1976.

• Fournier M, Mal H. BPCO : sortir du pessimisme thérapeutique. Rev Prat Med Ge 2002; 16: 1655-1657.

• Frischer Th et al. Childhood risk factors for development of COPD: role of infection and passive smoking. Eur Respir Rev 1992; 2: 154-158.

• Fuhrman C, Delmas MC; pour le groupe épidémiologie et recherche clinique de la SPLF. Epidemiology of chronic obstructive pulmonary disease in France. Rev Mal Respir 2010; 27(2): 160-168.

• Fuhrman C, Jougla E, Nicolau J, Eilstein D, Delmas MC. Chronic obstructive pulmonary disease deaths in France: a multiple-cause analysis. Thorax 2006; 61: 930-934.

G

• Gallois P, Vallée JP, Le Noc Y. Bronchopneumopathie chronique obstructive: prévalence et gravité croissantes. Médecine 2007; 3(7) : 316-319.

• Garcia G, Perez T, Verbanck S. Explorations fonctionnelles respiratoires des voies aériennes distales dans la BPCO. Rev Mal Respir 2012; 29: 319-327.

• Garcia G, Perez T, Mahut B. Epreuves fonctionnelles respiratoires et évaluation des voies aériennes distales dans l'asthme. Rev Mal Respir 2009; 26: 395-406.

• Garnier M, Delamare J. Dictionnaire des termes de médecine. Editions Maloine, Paris, 2002.

• Garshick E, Schenker MB, Dosman JA. Occupationally induced airways obstruction. Med Clin North Am 1996; 80(4): 851-878.

• Gautrin D, Desrosiers M, Castano R. Occupational rhinitis. Curr Opin Allergy Clin Immunol 2006; 6 (2): 77-84.

• Gayan-Ramirez G, Janssens W, Decramer M. Physiopathologie de la bronchopneumopathie chronique obstructive. In: EMC, pneumologie. Paris: Elsevier Masson SAS, 2012, 6-030-A-12.

• Gelb AF, Williams AJ, Zamel N. Spirometry. FEV1 vs FEF 25-75%. Chest 1983; 84: 4.

• Gelb AF, Gold WH, Wright RR, Bruch HR, Nadel JA. Physiologic diagnosis of subclinical emphysema. Am Rev Respir Dis 1973; 107: 50-63.

- Ghannem H., Limam K., Ben Abdelaziz A., Haj Fredj A., Marzouki M. Facteurs de risque des maladies cardio vasculaires dans une communauté semi-urbaine du Sahel Tunisien. Rev Epidemio Santé Publ 1992; 40 (2): 108-112.

- Girard WM, Light RW. Should the FVC be considered in evaluating response to bronchodilator? Chest 1983; 84: 87-89.

- Glindmeyer HW, Lefante JJ, Jones RN, Rando RJ, Weill H. Cotton dust and across-shift change in FEV1 as predictors of annual change in FEV. Am J Respir Crit Care Med 1994; 149: 584-590.

- GOLD 2013[a]. Global Initiative for Chronic Obstructive Lung Disease.Global strategy for the diagnosis, management, and prevention of chronic obstructive pulmonary disease. 2013.

- GOLD 2013[b]. Global Initiative for Chronic Obstructive Lung Disease. Pocket guide to COPD diagnosis, management, and prevention summary of patient care information for primary health care professionals. 2013.

- GOLD 2010. Global Initiative for Chronic Obstructive Lung Disease. Global strategy for the diagnosis, management, and prevention of chronic obstructive pulmonary disease. 2010.

- GOLD 2009. Global strategy for the diagnosis management, and prevention of chronic obstructive pulmonary disease. 2009.

- GOLD 2007. Global Initiative for Chronic Obstructive Lung Disease. Global strategy for the diagnosis, management, and prevention of chronic obstructivepulmonary disease. 2007.

- GOLD 2006. Global Initiative for Chronic Obstructive Lung Disease. Global strategy for the diagnosis, management, and prevention of chronic obstructive pulmonary disease. 2006.

- GOLD 2005. Global Initiative for Chronic Obstructive Lung Disease. Global strategy for the diagnosis, management, and prevention of chronic obstructive pulmonary disease. 2005.

- GOLD 2001. Global Initiative for chronic obstructive lung disease. Global strategy for the diagnosis management, and prevention of chronic obstructive pulmonary disease. National institutes of health. Publication number 2701, 2001 (100 pages).

• GOLD 1997. Global Initiative for Chronic Obstructive Lung Disease (GOLD) créé en 1997 en collaboration avec le "National Heart, Lung, and Blood Institute", le "National Institutes of Health", USA, et l'OMS.

• Gomes J, Lloyd OL, Norman NJ, Pahwa P. Dust exposure and impairment of lung function at a small iron foundry in a rapidly developing country. Occup Environ Med 2001; 58: 656-662.

• Gomez E, Guillamot A, Chaouat A, Chabot F. Quels sont les mécanismes de l'obstruction dans la BPCO. La revue du praticien 2011; 61(6): 784-785.

• Graham BL, Dosman JA, Cotton DJ, Weisstock SR, Lappi VG, Froh F. Pulmonary function and respiratory symptoms in potash workers. J Occup Med 1984; 26: 209-214.

• Griffith KA, Sherrill DL, Siegel EM, Manolio TA, Bonekat HW, Enright PL. Predictors of loss of lung function in the elderly: the Cardiovascular Health Study. Am J Respir Crit Care Med 2001; 163: 61-8.

• Gulsvik A. The global burden and impact of chronic obstructive pulmonary disease worldwide. Monaldi Arch Chest Dis 2001; 56: 261-264.

H

• Hagstad S, Ekerljung L, Lindberg A, Backman H, Rönmark E, Lundbäck B. COPD among non-smokers – Report from the Obstructive Lung Disease in Northern Sweden (OLIN) Studies. Respir Med 2012; 106: 980-988.

• Halbert RJ, Natoli JL, Gano A, Badamgarav E, Buist AS, Mannino DM. Global burden of COPD: systematic review and meta-analysis. Eur Respir J 2006; 28(3): 523-532.

• Halbert RJ, Isonaka S, George D, Iqbal A. Interpreting COPD prevalence estimates: what is the true burden of disease? Chest 2003; 123(5): 1684-1692.

• Hansen EF, Phanareth K, Laursen LC, Kok-Jensen A, Dirksen A. Reversible and reversible airflow obsruction as predictor of overall mortality in asthma and chronic obstructive pulmonary disease. Am J Respir Crit care Med 1999; 159: 1267-1271.

• Harber P, Tashkin DP, Simmons M, Crawford L, Hnizdo E, Connett J. Effect of Occupational Exposures on Decline of Lung Function in Early Chronic Obstructive Pulmonary Disease. Am J Respir Crit Care Med 2007; 176: 994–1000.

• Hardie JA, Buist AS, Vollmer WM, Ellingsen I, Bakke PS, Morkve O. Risk of over-diagnosis of COPD in asymptomatic elderly never-smokers. Eur Respir J 2002; 20: 1117-1122.

• Hedlund U, Jarvholm B, LundbackB. Respiratory symptoms and obstructive lung diseases in iron ore miners: report from the obstructive lung disease in northen Sweden studies. Eur J Epidemiol 2004; 19: 953-958.

• Herbert R, Landrigan PJ. Work-related death: a continuing epidemic. Amer J Pub Health 2000; 90: 541-545.

• Heron M, Hoyert DL, Murphy SL, Xu J, Kochanek KD, Tejada-Vera B. Deaths: final data for 2006. Natl Vital Stat Rep 2009; 57(14): 1-134.

• Hnizdo E, Glindmeyer HW, Petsonk EL, Enright P, Buist AS. Case definitions for chronic obstructive pulmonary disease. COPD 2006; 3: 95-100.

• Hnizdo E, Sullivan PA, Bang KM, Wagner G. Airflow obstruction attributable to work in industry and occupation among US race/ethnic groups: a study of NHANES III data. Am J Ind Med 2004; 46: 126-135.

• Hnizdo E, Vallyathan V. Chronic obstructive pulmonary disease due to occupational exposure to silica dust: a review of epidemiological and pathological evidence. Occup Environ Med 2003; 60: 237-243.

• Hnizdo E, Sullivan PA, Bang KM, Wagner G. Association between chronic obstructive pulmonary disease and employment by industry and occupation in the US population: a study of data from the Third National Health and Nutrition Examination Survey. Am J Epidemiol 2002; 156: 738-746.

• Hnizdo E. Health risks among white South African goldminers: dust, smoking and chronic obstructive pulmonary disease. S Afr Med J 1992; 81: 512-517.

• Hogg JC. Pathophysiology of airflow limitation in chronic obstructive pulmonary disease. Lancet 2004; 364: 709-721.

• Hogg JC, Chu F, Utokaparch S, Woods R, Elliott WM, Buzatu L, Cherniack RM, Rogers RM, Sciurba FC, Coxson HO, Paré PD. The nature of small-airway obstruction in chronic obstructive pulmonary disease. N Engl J Med 2004; 350: 2645-2653.

• Hogg J, Macklem P, Thurlbeck W. Site and nature of airway obstruction in chronic obstructive lung disease. N Engl J Med 1968; 278:1355-1360.

• Hooftman WE, van der Beek AJ, Bongers PM, Mechelen W. Is there a gender difference in the effect of work-related physical and psychosocial risk factors on musculoskeletal symptoms and related sickness absence? Scand J Work Environ Health 2009; 35(2): 85-95.

• Hu G, Zhou Y, Tian J, Yao W, Li J, Li B, Ran P. Risk of COPD from exposure to biomass smoke: A meta-analysis. Chest 2010; 138(1): 20-31.

• Hu Y, Chen B, Yin Z, Jia L, Zhou Y, Jin T. Increased risk of chronic obstructive pulmonary diseases in coke oven workers: interaction between occupational exposure and smoking. Thorax 2006; 61(4): 290-295.

• Huchon G, Vergnenegre A, Neukirch F, Brami G, Roche N, Preux PM. Chronic bronchitis among french adults: high prevalence and underdiagnosis. Eur Respir J 2001; 20: 806-812.

• Humerfelt S, Gulsvik A, Skjaerven R, Nilssen S, Kvale G, Sulheim O, Ramm E, Eibertsen E, Humerfelt SB. Decline in FEV and airflow limitation related to occupational exposures in men of an urban community. Eur Respir J 1993; 6: 1095-1103.

• Huynh CK, Moix JB, Dubuis A. Développement et application du moniteur de tabagisme passif MoNIC. Rev Med Suisse 2008; 4: 430-433.

I

• Imbernon E, Chastang JF, Goldberg M. Tabagisme, conditions de travail et expositions professionnelles à E.D.F.-G.D.F. Archives des Maladies Professionnelles 1998; 59 (3): 200-207.

• INRS. Maladies respiratoires Prédominance des allergies. Santé et sécurité au travail 2011.

• Institut de Veille Sanitaire. Aide-mémoire : Bronchopneumopathie chronique obstructive (BPCO), 2006. http://www.invs.sante.fr/surveillance/bpco/default.htm

• Institut National de la Santé Publique. Epidémiologie des broncho-pneumopathies chroniques chez l'adulte: Résultats de l'enquête nationale menée en 1996, Tunis, 1999. Publications de l'Institut National de la Santé Publique 1999 ; 2 : 40-54.

• Institut National de la Statistique. Recensement général de la population et de l'habitat année 1994, principales caractéristiques démographiques de la population fascicule I. Publications de l'Institut National de la Statistique 1995, 65 pages.

• Intergroupe PneumoGériatrie SPLF-SFGG : Évaluation de la fonction respiratoire chez le sujet âgé. Rev Mal Respir 2006 ; 23 : 616-628.

• Ito I, Nagai S, Hoshino Y, Muro S, Hirai T, Tsukino M, Mishima M. Risk and severity of COPD is associated with the group-specific component of serum globulin 1F allele. Chest 2004; 125(1): 63-70.

• Iversen M. Predictors of long-term decline of lung function in farmers. Monaldi Arch Chest Dis. 1997; 52: 474-478.

J

• Jaakkola MS, Ma J, Yang G, et al. Determinants of salivary cotinine concentrations in Chinese male smokers. Preventive Med 2003; 36: 282-290.

• Jaén A, Zock JP, Kogevinas M, Ferrer A, Marín A. Occupation, smoking, and chronic obstructive respiratory disorders: a cross sectional study in an industrial area of Catalonia, Spain. Environ Health 2006; 5:2.

• Jarvhölm B, Bake B, Lanenius B, Thiringer G, Volkmann R. Respiratory symptoms and lung function in oil mist exposed workers. J Occup Med 1982; 24: 473-479.

• Jeannin L. Bronchopneumopathies chroniques obstructives du sujet âgé. Rev Mal Respir 2004 ; 21: 8S126-8S136.

• Jemal A, Ward E, Hao Y, Thun M. Trends in the leading causes of death in the United States, 1970–2002. JAMA 2005; 294(10): 1255-1259.

• Jithoo A, Bateman ED, Lombard CJ, et al. Prevalence of COPD in South Africa: results from the BOLD Study [abstract]. Proc Am Thorac Soc 2006; 3: A545.

• Johannessen A, Lehmann S, Omenaas ER, Eide GE, Bakke PS, Gulsvik A. Postbronchodilator spirometry reference values in adults and implications for disease management. Am J Respir Crit Care Med 2006; 173(12): 1316-1325.

• Jouneau S. Facteurs de risque de la BPCO : au-delà de la cigarette. Rev Mal Respir 2006 ; 23(5-C2): 20-24.

K

• Kalacic I. Ventilatory lung function in cement workers. Arch Environ Health 1973; 28: 84-85.

• Kauffmann F, Dizier MH, Oryszczyn MP, Le Moual N, SirouxV,Kennedy S, Annesi-Maesano I, Bousquet J, Charpin D, Feingold J, Gormand F, Grimfeld A, Hochez J, Lathrop M, Matran R, Neukirch F, Paty E, Pin I, Demenais F.Epidemiological study on the Genetics and Environment of Asthma, bronchial hyperresponsiveness and atopy (EGEA) - First results of a multi-disciplinary study. Rev Mal Respir 2002; 19(1): 63-72.

• Kauffmann F, Drouet D, Lellouch J, Brille D.Occupational exposure and 12 years spirometric changes among Paris area workers. Br J Ind Med 1982; 39: 221-232.

• Kauffmann F, Drouet D, Lellouch J, Brille D. Twelve years spirometric changes among Paris area workers. Int J Epidemiol 1979; 8: 201-212.

• Keatings VM, Cave SJ, Henry MJ, Morgan K, O'Connor CM, FitzGerald MX, Kalsheker N. A polymorphism in the tumor necrosis factor-α gene promoter region may predispose to a poor prognosis in COPD. Chest 2000; 118:971-975.

• Keatings VM, Jatakanon A, Worsdell YM, Barnes PJ. Effects of inhaled and oral glucocorticoids on inflammatory indices in asthma and COPD. Am J Respir Crit Care Med 1997; 155: 542-548.

• Keatings VM, Collins PD, Scott DM, Barnes PJ. Differences in interleukin-8 and tumor necrosis factor-alpha in induced sputum from patients with chronic obstructive pulmonary disease or asthma. Am J Respir Crit Care Med 1996; 153: 530-534.

• Keistinen T, Vilkman S, Tuuponen T, Kivela SL. Hospital admissions for chronic obstructive pulmonary disease in the population aged 55 years or over in Finland during 1972–1992. Public Health 1996; 110: 257-259.

• Klein J, Koren G. Hair analysis - a biological marker for passive smoking in pregnancy and childhood. Hum Exp Toxicol 1999; 18(4): 279-282.

• Knight JM, Eliopoulos C, Klein J, Greenwald M, Koren G. Passive smoking in children. Racial differences in systematic exposure to cotinine by hair and urine analysis. Chest1996; 109(2): 446-450.

• Kocabas A, Hancioglu A, Turkyilmaz S, et al. Prevalence of COPD in Adana, Turkey (BOLD-Turkey Study) [abstract]. Proc Am Thorac Soc 2006; 3: A543.

• Kodgule R, Alvi S. Exposure to biomass smoke as a cause for airway disease in women and children. Curr Opin Allergy Clin Immunol 2012; 12: 82-90.

• Korn RJ, Dockery DW, Speizer FE, Ware JH, Ferris BV JR. Occupational exposures and chronic respiratory symptoms. A population - based study. Am Rev Respir Dis 1987; 136: 298-304.

• Krzesniak L, Kowalski J, Droszcz W, Pitrowska B. Respiratory abnormalities in workers exposed to oil mist. Eur J Respir Dis 1981; 62(suppl 113): 88-89.

• Kuempel ED, Stayner LT, Attfield MD, Buncher CR. Exposure – response analysis of mortality among coal miners in the United States. Am J Ind Med 1995; 28: 167-184.

• Kurmi OP, Semple S, Simkhada P, Smith WC, Ayres JG. COPD and chronic bronchitis risk of indoor airpollution from solid fuel: A systematic review and meta-analysis. Thorax 2010; 65(3): 221-228.

• Kurmi OP, Semple S, Steiner M, Henderson GD, Ayres JG. Particulate matter exposure during domestic work in Nepal. Ann Occup Hyg 2008; 52(6): 509-517.

L

• Lacasse Y, Brooks D, Goldstein RS.Trends in the epidemiology of COPD in Canada, 1980 to 1995. COPD and Rehabilitation Committee of the Canadian Thoracic Society. Chest 1999; 116: 306-313.

• Lam KB, Ying P, Jiang CQ, Zhang WS, Adab P, Miller MR, Thomas GN, Ayres JG, Lam TH, Cheng KK. Past dust and Gas/Fume exposure and COPD in Chinese: the Guanzhou Biobank Cohort Study. Respir Med 2012; 106(10): 1421-1428.

• Lamprecht B, McBurnie MA, Vollmer WM, Gudmundsson G, Welte T, Nizankowska-Mogilnicka E, et al. COPD in never smokers: results from the population-based burden of obstructive lung disease study. Chest 2011; 139: 752–763.

• Lange P, Parner J, Prescott E, Vestbo J. Chronic bronchitis in an elderly population. Age Ageing 2003; 32(6): 636-642.

• Lange P, Parner J, Vestbo J, Schnohr P, Jensen G. A 15-year follow-up study of ventilatory function in adults with asthma. N Engl J Med 1998; 339(17): 1194-1200.

• Langhammer A, Johnsen R, Gulsvik A, Holmen TL, Bjermer L. Sex differences in lung vulnerability to tobacco smoking. Eur Respir J 2003; 21(6): 1017-1023.

• Laplante JJ, Dalphin JC, Piarroux R, Reboux G, Roussel S. Pathologies respiratoires en milieu agricole. La revue du praticien (Supplément) 2007; 57.

• LaraquiHossini CH, LaraquiHossini O, Rahhali AC, Tripodi D, Caubet A, Bellamallem I, Verger C, Hakam K, Alaoui Yazioli A. Symptômes respiratoires et troubles ventilatoires chez les travailleurs dans une cimenterie au Maroc. Rev Mal Respir 2002; 19: 183-189.

• Laroussi M, Bouacha H, Zouari B, Maalej M, Nacef T. Audit of the management of asthma in a hospital department.Tunis Med 1984; 62(3): 221-226.

• Larsson ML, Frisk M, Hallström J, Kiniloog J, Lundbäck B. Environmental tobacco smoke exposure during childhood is associated with increased prevalence of asthma in adults. Chest 2001;120: 711-717.

• Lawlor DA, Ebrahim S, Davey SG. Association between self-reported childhood socioeconomic position and adult lung function: findings from the British Women's Heart and Health Study. Thorax 2004; 59: 199-203.

• Lenfant C, Khaltaev N, editors. Global initiative for Chronic Obstructive Lung Disease. Global strategy for the diagnosis, management, and prevention of chronic obstructive pulmonary disease NHLBI/WHO workshop report, 2701. 2005. National Institutes of Health, National Heart, Lung, and Blood Institute, 2001.

• Le Souëf PN. Pediatric origins of adult lung diseases. 4. Tobacco related lung diseases begin in childhood. Thorax 2000; 55(12): 1063-1067.

• Light RW, George RB. Serial pulmonary function in patients with acute heart failure. Arch Intern Med 1983; 143(3): 429-433.

• Light RW, Conrad SA, George RB. The one best test for evaluating the effects of bronchodilator therapy. Chest 1977; 72: 512-516.

• Linch KD, Miller WE, Althouse RG, Groce DW, Hale JM. Surveillance of respirable crystalline silica dust using OSHA compliance data (1979-1995). Amer J Ind Med 1998; 4: 547-558.

• Lindström M, Jönsson E, Larsson K, Lundbäck B. Underdiagnosis of chronic obstructive pulmonary disease in Northern Sweden. Int J Tuberc Lung Dis 2002; 6: 76-84.

• Liou SH, Cheng SY, Lai FM, Yang JL. Respiratory symptoms and pulmonary function in mill workers exposed to wood dust. Am J Ind Med 1996; 30: 293-299.

• Liu S, Zhou Y, Wang X, Wang D, Lu J, Zheng J, Zhong N, Ran P. Biomass fuels are the probable risk factor for chronic obstructive pulmonary disease in rural South China. Thorax 2007; 62(10): 889-897.

• Lopez AD, Mathers CD, Ezzati M, Jamison DT, Murray CJL, editors. Global burden of disease and risk factors.Washington (DC): World Bank, 2006.

• Lumens MEGL, Spee T. Determinants of exposure to respirable quartz dust in the construction industry. Annals Occup Hyg 2001; 45: 585-595.

• Lundbäck B[a], Lindberg A, Lindström M, Rönmark E, Jonsson AC, Jönsson E, Larsson LG, Andersson S, Sandström T, Larsson K; Obstructive Lung Disease in Northern Sweden Studies.Not 15 but 50% of smokers develop COPD? - Report from the Obstructive Lung Disease in Northern Sweden Studies. Respir Med 2003; 97(2): 115-122.

• Lundbäck B[b],Gulsvik A, Albers M, Bakke P, Rönmark E, van den Boom G, Brøgger J, Larsson LG, Welle I, van Weel C, Omenaas E. Epidemiological aspects and early detection of chronic obstructive airway diseases in the elderly. Eur Respir J 2003; 21 (Suppl40): 3s-9s.

• Lundbäck B.Epidemiology of rhinitis and asthma. Clin Exp Allergy 1998; 28(Suppl2): 3-10.

M

• Maalej M, Bouacha H, Ben Miled T, Ben Kheder A, El Gharbi T, El Gharbi B, Nacef T. Chronic bronchitis in Tunisia. Epidemiological aspect. Tunis Med 1986; 64: 457-460.

• Macklem P, Thurlbeck W, Fraser R. Chronic obstructive disease of small airways. Ann Intern Med 1971; 74: 167-177.

• Malik SK. Exposure to domestic cooking fuels and chronic bronchitis. Indian J Chest Dis Allied Sci 1985; 27: 171-174.

• Malo JL, Lemière C, Desjardins A, Cartier A. Prevalence and intensity of rhino conjunctivitis in subjects with occupational asthma. Eur Respir J 1997; 10 (7): 1513-1515.

• Mandryk J, Alawis KU, Hocking AD. Work-related symptoms and dose – reponse relationship for personal exposures and pulmonary function among woodworkers. Am J Ind Med 1999; 35: 481-490.

• Manley CH. Psychophysiological Effects of Odor. Crit Rev Food Sci Nutr 1993; 33 (1): 57-62.

• Mannino DM [a], Buist AS. Global Burden of COPD: risk factors, prevalence, and future trends. Lancet 2007; 370: 765-773.

• Mannino DM[b], Buist AS, Vollmer WM. Chronic obstructive pulmonary disease in the older adult: what defines abnormal lung function? Thorax 2007; 62(3): 237-241.

• Mannino DM[a], Davis KJ. Lung function decline and outcomes in an elderly population. Thorax 2006; 61: 472-477.

• Mannino DM[b], Doherty DE, Sonia BA. Global Initiative on Obstructive Lung Disease (GOLD) classification of lung disease and mortality: findings from the Atherosclerosis Risk in Communities (ARIC) study. Respir Med 2006; 100: 115-122.

• Mannino DM[a], Homa DM, Akinbami LJ, Ford ES, Redd SC. Chronic obstructive pulmonary disease surveillance–United States, 1971–2000. MMWR Surveill Summ 2002; 51 (6): 1-16.

• Mannino DM [b]. COPD: epidemiology, prevalence, morbidity and mortality, and disease heterogeneity. Chest 2002; 121: 121S-126S.

• Mannino DM, Gagnon RC, Petty TL, Lydick E. Obstructive lung disease and low lung function in adults in the United States: data from the National Health and Nutrition Examination Survey, 1988–1994. Arch Intern Med 2000; 160: 1683-1689.

• Marchand D, Kirchner S, Belair F. Étude des enjeux liés à la mise en œuvre d'un indice de la qualité de l'air intérieur auprès d'acteurs du bâtiment. Air Pur N° 73 - Deuxième semestre 2007, pages 11-14.

•

• Marine WM, Gurr D, Jacobsen M. Clinically important respiratory effects of dust exposure and smoking in British coal miners. Am Rev Respir Dis 1988; 137: 106-112.

• Marquis K, Debigaré R, Lacasse Y, LeBlanc P, Jobin J, Carrier G, Maltais F. Midthigh muscle cross-sectional area is a better predictor of mortality than body mass index in patients with chronic obstructive pulmonary disease. Am J Respir Crit Care Med 2002; 166(6): 809-813.

• Marsh GM. Epidemiology of occupational diseases. In: Rom WN, ed. Environmental Occupational Medicine. 3rd ed. Philadelphia: Lippincott–Raven, 1998; 39-41.

• Martinet Y, Bohadana A. Le tabagisme. De la prévention au sevrage, Paris: Masson 221 pages, 1997; pp.50-58.

• Martinet Y, Bohadana A. Le tabagisme. De la prévention au sevrage, Paris: Masson 340 pages, 2004.

• Massin N, Bohadana AB, Wild P, Goutet P, Kirstetter H, ToamainJP. Airway responsiveness, respiratory symptoms, and exposures to soluble oil mist in mechanical workers. Occup Environ Med 1996; 53: 748-752.

• Mayer AS, Newman LS. Genetic and environmental modulation of chronic obstructive pulmonary disease. Respir Physiol 2001; 128: 3-11.

• Mc Cord M, Cronin-Stubbs D. Operationalizing dyspnea: focus on measurement. Heart Lung 1992; 21(2):167-179.

• McDonald JC, ed. Epidemiology of Work Related Diseases. London: BMJ Publishing Group, 1995.

• Mead J, Turner JH, Macklem PT, Little JB. Signification of the relationship between lung recoil and maximum expiratory flow. J Appl Physiol 1967; 22: 95-108.

• Medical Research Council Working Party. Long-term domiciliary oxygen therapy in chronic hypoxic corpulmonale complicating chronic bronchitis and emphysema. Lancet 1981; 1: 681-686.

• Meijers JMM, Swaen GMH, SlangenJJM. Mortality of Dutch coal miners in relation to pneumoconioses, chronic obstructive pulmonary disease, and lung function. Occup Environ Med 1997; 54: 708-713.

• Meldrum M. Respiratory ill health in construction workers. Health and Safety Executive, 2005.

• Menezes AM, Perez-Padilla R, Jardim JR, Muiño A, Lopez MV, Valdivia G, Montes de Oca M, Talamo C, Hallal PC, Victora CG; PLATINO Team. Chronic obstructive pulmonary disease in five Latin American cities (the Platino study): a prevalence study. Lancet 2005; 366 (9500): 1875-1881.

• Mengesha YA, BekeleA. Relative chronic effects of different occupational dusts on respiratory indices and health of workers in three Ethiopian factories. Am J Ind Med 1998; 34: 373-380.

• Meslier N, Racineux JL, Six P,Lockhart A. Diagnostic value of reversibility of chronic airway obstruction to separate asthma from chronic bronchitis: a statistical approach. Eur Respir J 1989; 2(6): 497-505

• Methvin JN, Mannino DM, Casey BR. COPD prevalence in southeastern Kentucky: the burden of lung disease study. Chest 2009; 135(1): 102-107.

• Miller MR, Hankinson J, Bruscasco V, Burgos F, Casaburi R, Coates A, Crapo RO, Enright P, van der Grinten CPM, Gustafsson P, Jensen R, Johnson DC, MacIntyre N, McKay

R, Navajas D, Pedersen OF, Pellegrino R, Viegi G, Wanger J. Standardisation de la spirométrie. Édition française de la série standardisation des explorations fonctionnelles respiratoires du groupe de travail ATS/ERS. Rev Mal Respir 2006; 23: 17S23–17S45.

• Miller BG, Jacobsen M. Dust exposure, pneumoconioses and mortality of coal miners. Br J Ind Med 1985; 42: 723-733.

• Ministère de la Santé et des Solidarités. Connaître, prévenir et mieux prendre en charge la BPCO, Programme d'actions en faveur de la broncho-pneumopathie chronique obstructive (BPCO), 2005-2010, 2005.

• Miravitlles M, Ferrer M, Pont A, Luis Viejo J, Fernando Masa J, Gabriel R, Jiménez-Ruiz CA, Villasante C, Fernández-Fau L, Sobradillo V. Characteristics of a population of COPD patients identified from a population-based study. Focus on previous diagnosis and never smokers. Respir Med 2005; 99(8): 985-995.

• Murray CJ[a], Lopez AD. Evidence-based health policy--lessons from the Global Burden of Disease Study. Science 1996; 274:740-743.

• Murray CJL [b], Lopez AD, eds. The global burden of disease: a comprehensive assessment of mortality and disability from diseases, injuries and risk factors in 1990 and projected to 2020. Cambridge, MA, Harvard University Press, 1996.

N

• Nafstad P, Jaakkola JJ, Hagen JA, Zahlsen K, Magnus P. Hair nicotine concentrations in mothers and children in relation to parental smoking. J Expos Anal Environ Epidemiol 1997; 7(2): 235-239.

• Ninane V. Pneumologie de la personne âgée. Rev Mal Respir 2004; 21: 8S1-8S160.

• Niven RM, Fletcher AM, Pickering CA, Fischwick D, Warbuton CJ, Simpson JC, Francis H, Oldham LA. Chronic bronchitis in textile workers. Thorax 1997; 52: 22-27.

• Nizankowska-Mogilnicka E, Mejza F, Sonia Buist A, Vollmer WM, Skucha W, Harat R, Pajak A, Gasowski J, Frey J, Nastalek P, Twardowska M, Janicka J, Szczeklik A. Prevalence of COPD and tobacco smoking in Malopolska region – results from the BOLD Study in Poland. Pol Arch Med Wewn 2007; 117(9): 402-409.

• Nocturnal Oxygen Therapy Trial Group. Continuous or nocturnal oxygen therapy in hypoxemic chronic obstructive lung disease: a clinical trial. Ann Intern Med 1980; 93(3): 391-398.

• Noertjojo HK, Dimich-Ward H, Peelen S, Dittrick M, Kennedy SM, Chan Yeung M. Western red cedar dust exposure and lung function: a dose – response relationship. Am J Respir Crit Care Med 1996; 154: 968-973.

• Noiseux M. L'asthme chez l'adulte et l'enfant: deux réalités bien différentes. Bulletin d'information en surveillance de l'état de santé de la population. Direction de santé publique de la Montérégie 2010; 8.

O

• Observatoire Régional de la Santé du Limousin. Les maladies respiratoires. Thème "Problèmes de santé et pathologies" 2003.

• Oddoux K, Peretti-Watel P, Baudier F. Tabac. in Guilbert P, Baudier F, Gautier A. Baromètre santé 2000. Résultats, Vanves : CFES, 2001.

• O'Donnell DE. Implications cliniques de la distension thoracique, ou quand la physiopathologie change la prise en charge thérapeutique. Rev Mel Respir 2008; 25:1305-1318.

• O'Donnell DE, Laveneziana P. Physiology and consequences of lung hyperinflation in COPD. Eur Respir Rev 2006; 15: 61-67.

• O'Donnell DE, Revill SM, Webb KA. Dynamic hyperinflation and exercise intolerance in chronic obstructive pulmonary disease. Am J Respir Crit Care Med 2001; 164:770-777.

• Okba M. L'accès des femmes aux métiers : la longue marche vers l'égalité professionnelle. Premières Synthèses Dares 2004 ; N° 31.2

• OMS. Bronchopneumopathie chronique obstructive (BPCO). Aide-mémoire 2012 ; N°315.

• OMS. Valeurs guides pour la qualité de l'air [archive] (Version actualisée en français, à l'échelle mondiale de 2005). Matières particulaires, ozone, dioxyde d'azote et dioxyde de soufre, OMS, 2006, ix + 484 pages.

• OMS. Rapport sur la Santé dans le Monde: Pour un réel changement. Genève, Publication de l'OMS, 1999 ; 73-89.

• Orig TS, Huffman E, Demartino A, Demarco J. The Effects of Low Concentration Odors on EEG Activity and Behavior. J Psychophysiol 1991; 5: 69-77.

• Orozco-Levi M, Garcia-Aymerich J, Villar J, Ramírez-Sarmiento A, Antó JM, Gea J. Wood smoke exposure and risk of chronic obstructive pulmonary disease. Eur Respir J 2006; 27(3): 542-546.

• Oxman AD, Muir DC, Shannon HS, Stock SR, Hnizdo E, Lange HJ. Occupational dust exposure and chronic obstructive pulmonary disease: a systematic overview of the evidence. Am Rev Respir Dis 1993; 148: 38-48.

• Ozdemir O, Numanoglu N, Gonullu U, Savas I, Alper D, Gurses H. Chronic effects of welding exposure on pulmonary function tests and respiratory symptoms. Occup Environ Med 1995; 52: 800-803.

P

• Pauwels RA, Buist AS, Calverley PMA, Jenkins CR, Hurd SS. The GOLD Scientific Committee: global strategy for diagnosis, management, and prevention of chronic obstructive pulmonary disease. Am J Respir Crit Care Med 2001; 163 (5): 1256-1276.

• Pellegrino R, Brusasco V, Viegi G, Burgos F, Casaburi R, Coates A, van der Grinten CPM, Gustafsson P, Hankinson J, Jensen R, Johnson DC, MacIntyre N, McKay R, Miller MR, Navajas D, Pedersen OF, Wanger J. Definition of COPD: based on evidence or opinion? Eur Respir J 2008; 31: 681–682.

• Pellegrino R, Viegi G, Bruscasco V, Crapo RO, Burgos F, Casaburi R, Coates A, van der Grinten CPM, Gustafsson P, Hankinson J, Jensen R, Johnson DC, MacIntyre N, McKay R, Miller MR, Navajas D, Pedersen OF, Wanger J. Interpretative strategies for lung function tests. Eur Respir J 2005; 26(5): 948-968.

• Pena VS, Miravitlles M, Gabriel R, Jiménez-Ruiz CA, Villasante C, Masa JF, Viejo JL, Fernández-Fau L. Geographic variations in prevalence and underdiagnosis of COPD: results of the IBERPOC Multicentre Epidemiological Study. Chest 2000; 118(4): 981-989.

• Pennock BE, Rogers RM, McCaffree DR. Changes in measured spirometric indices. What is significant? Chest 1981; 80: 97-99.

• Perez-Padilla R, Regalado J, Vedal S, Paré P, Chapela R, Sansores R, Selman M. Exposure to biomass smoke and chronic airway disease in Mexican women. A case-control study. Am J Respir Crit Care Med 1996; 154(3Pt1): 701-706.

• Pham QT, Mastrangelo G, Chau N, Haluszka J. Five year longitudinal comparison of respiratory symptoms and function in steelworkers and unexposed workers. Bull Eur Physiopathol Respir 1979; 15: 469-480.

• Phipatanakul W. Allergic rhinoconjunctivitis : epidemiology. Immunil Allergy Clin North Am 2005; 25: 263-266.

• Pierce R. Spirometry: an essential clinical measurement. Australian Family Physician 2005; 34(7): 535-539.

• Pierson DJ. Clinical practice guidelines for chronic obstructive pulmonary disease: a review and comparison of current resources. Respir Care 2006; 51(3): 277-288.

• Piitulainen E, Eriksson S. Decline in FEV1 related to smoking status in individuals with severe alpha1- antitrypsin deficiency (PiZZ). Eur Respir J 1999; 13: 247-251.

• Pison C, Fontaine E, Barnoud D, Cano N. Nutrition et insuffisance respiratoire. In : Cano N, Barnoud D, Schneider S, Vasson MP, Hasselmann M, Leverve X, (editors). Traité de nutrition artificielle de l'adulte. Paris: Springer-Verlag, 2007 ; 849-866.

• Pistelli R, Bellia V, Catalano F, Antonelli I, Scichilone N, Rengo F. Spirometry reference values for women and men aged 65–85 living in southern Europe: the effect of health outcomes. Respiration 2003; 70(5): 484-489.

• Prescott E, Lange P, Vestbo J. Socioeconomic status, lung function and admission to hospital for COPD: results from the Copenhagen City Heart Study. Eur Respir J 1999; 13: 1109-1114.

• Prevot G, Plat G, Mazieres J. BPCO et cancer bronchique: liens épidémiologiques et biologiques. Rev Mal Respir 2012; 29: 545-556.

• Principles of Hybrid Ventilation Final Report. Denmark: International Energy Agency, Department of Building Technology and Structural Engineering, Aalborg University; 2002.

Q

• Quanjer PH, Tammeling GJ, Cotes JE, Pedersen OF, Peslin R, Yernault JC. Lung volumes and forced ventilatory flows. Report Working party standardization of lung function tests, European community for Steel and Coal. Official Statement of the European Respiratory Society. Eur Respir J 1993; 6(Suppl 16): 5-40.

• Quirce S, Fernández-Nieto M, Escudero C, Cuesta J, de Las Heras M, Sastre J. Bronchial responsiveness to bakery-derived allergens is strongly dependent on specific skin sensitivity. Allergy 2006; 61(10): 1202-1208.

R

• Rabe KF, Hurd S, AnzuetoA Barnes PJ, Buist SA, Calverley P, Fukuchi Y, Jenkins C, Rodriguez-Roisin R, van Weel C, Zielinski J; Global Initiative for Chronic Obstructive Lung Disease. Global strategy for the diagnosis, management and prevention of chronic obstructive pulmonary disease: GOLD executive summary. Am J Respir Crit Care Med 2007; 176(6): 532-555.

• Radon K, Danuser B, Iversen M, Jörres R, Monso E, Opravil U, Weber C, Donham KJ, Nowak D. Respiratory symptoms in European animal farmers. Eur Respir J 2001; 17(4): 747-754.

• Raherison C. Epidémiologie de la bronchopneumopathie chronique obstructive. Rev Prat 2011; 61(6): 769-773.

• Ramsdell JW, Tisi GM. Determination of bronchodilation in the clinical pulmonary function laboratory. Role of changes in static lung volumes. Chest 1979; 76: 622-628.

• Ran PX, Wang C, Yao WZ, Chen P, Kang J, Huang SG, Chen BY, Wang CZ, Ni DT, Zhou YM, Liu SM, Wang XP, Wang DL, Lü JC, Zheng JP, Zhong NS. The risk factors for chronic obstructive pulmonary disease in females in Chinese rural areas. Zhonghua Nei Ke Za Zhi 2006; 45(12): 974-979.

• Randem BG, Ulvestad I, Burstyn I, Kongerud J. Respiratory symptoms and airflow limitation in asphalt workers. Occup Environ Med 2004; 61: 367-369.

• Rennard SI, Vestbo J. COPD: the dangerous underestimate of 15%. Lancet 2006; 367:1216-1219.

• Repace J, Al-Delaimy WK, Bernert JT. Correlating atmospheric and biological markers in studies of secondhand tobacco smoke exposure and dose in children and adults. J Occup Environ Med 2006; 48: 181-194.

• Reynolds SJ, Donham KJ, Whitten P, Merchant JA, Burmeister LF, Popendorf WJ. Longitudinal evaluation of dose-response relationships for environmental exposures and pulmonary function in swine production workers. Am J Ind Med 1996; 29: 33-40.

• Richard A. BPCO: un risque associé à l'exposition domestique aux fumées de bois et de charbon dans les pays industrialisés. ERJ 2006; 27 (3): 542-546 /446-447.

• Rijcken B, Weiss ST. Longitudinal analyses of airway responsiveness and pulmonary function decline. Am J Respir Crit Care Med 1996; 154: S246-S249.

• Robin LF, Less PF, Winget M, Steinhoff M, Moulton LH, Santosham M, Correa A.Wood burning stovesand lower respiratory illness in Navajo children. Pediatr Infect Dis J 1996; 15(10): 859–865.

• Roche N. Histoire naturelle de la BPCO : des grandes études à la pratique. Rev Mal Respir 2008; 25: 16-19.

• Roche N et Similowski T. Qualité de vie et BPCO. Editions John Libbey Eurotext, Paris 2007, p 54.

• Roche N, Huchon G. Épidémiologie de la bronchopneumopathie chronique obstructive. Rev Prat 2004; 54:1408-1413.

• Romundstad P, Andersen A, Haldorsen T. Non-malignant mortality among Norwegian silicon carbide smelter workers. Occup Environ Med 2002; 59: 345-347.

• Roudergues L, Rubat C, Coudert P. La BPCO, en passé de devenir la troisième cause de mortalité en 2020. Actualités pharmaceutiques 2010; 496: 36-39.

• Rushton L. Chronic obstructive pulmonary disease and occupational exposure to Silica. Reviews on environmental health 2007; 22(4): 255-272.

S

• Salameh P, Khayat G, Waked M. Could symptoms and risk factors diagnose COPD? Development of a Diagnosis Score for COPD. Clin Epidemiol 2012; 4: 247-255.

• Scanlon PD, Connett JE, Waller LA, Altose MD, Bailey WC, Buist AS. Smoking cessation and lung function in mild-to-moderate chronic obstructive pulmonary disease. The Lung Health Study. Am J Respir Crit Care Med 2000; 161: 381-390.

• Schellenberg D, Pare PD, Weir TD, Spinelli JJ, Walker BA, Sandford AJ. Vitamin D binding protein variants and the risk of COPD. Am J Respir Crit Care Med 1998; 157 (3Pt1): 957-961.

• Schirnhofer L, Lamprecht B, Vollmer WM, Allison MJ, Studnicka M, Jensen RL, Buist SA. COPD Prevalence in Salzburg, Austria: Results from the Burden of Obstructive Lung Disease (BOLD) Study. Chest 2007; 131: 29-36.

• Schols AM, Broekhuizen R, Weling-Scheepers CA, Wouters EF. Body composition and mortality in chronic obstructive pulmonary disease. Am J Clin Nutr 2005; 82(1): 53-59.

• Schols AM, Slangen J, Volovics L, Wouters EF. Weight loss is a reversible factor in the prognosis of chronic obstructive pulmonary disease. Am J Respir Crit Care Med 1998; 157: 1791-1797.

• Schwartz DB. Malnutrition in chronic obstructive pulmonary disease. Respir Care Clin N Am 2006; 12(4): 521-531.

• Senthilselvan A, Dosman JA, Kirychuk SP, Barber EM, Rhodes CS, Zhang Y, Hurst TS. Accelerated lung function decline in swine confinement workers. Chest 1997; 111(6): 1733-1741.

• Sezer H, Akkurt I, Guler N, Marakoglou K, BerkS. A case control study on the effect of exposure to different substances on the development of COPD. Ann Epidem 2006; 16: 59-62.

• Sferlazza SJ, Beckett WS. The respiratory health of welders. Am Rev Respir Dis 1991; 143: 1134-1148.

• Shah N, Ramankutty V, Premila PG, Sathy N. Risk factors for severe pneumonia in children in South Kerala: a hospital-based case-control study. J Trop Pediatr 1994; 40(4):201-206.

• Shamssain MH. Pulmonary function and symptoms in workers exposed to wood dust. Thorax 1992; 47: 84-87.

• Sherter CB, Connolly JJ, Schilder DP. The significance of volume-adjusting the maximal midexpiratory flow in assessing the response to a bronchodilator drug. Chest 1978; 73(5): 568-571.

• Silva GE, Sherrill DL, Guerra S, Barbee RA. Asthma as a Risk Factor for COPD in a Longitudinal Study. Chest 2004; 126(1): 59-65.

• Silverman EK, Weiss ST, Drazen JM, Chapman HA, Carey V, Campbell EJ, Denish P, Silverman RA, Celedon JC, Reilly JJ, Ginns LC, Speizer FE. Gender-related differences in severe, early-onset chronic obstructive pulmonary disease. Am J Respir Crit Care Med 2000; 162(6): 2152-2158.

• Similowski T, Muir JF, Derenne JP. La bronchopneumopathie chronique obstructive (BPCO). Editions John Libbey Eurotext, Paris, 2004. 261 pages.

• Similowski T, Roche N. Prise en charge pratique des patients atteints de BPCO. Paris: John Libbey Eurotext, 2006. 88 pages.

• Sleiman M, Gundel LA, Pankow JF, Jacob P 3rd, Singer BC, Destaillats H. Formation of carcinogens indoors by surface-mediated reactions of nicotine with nitrous acid, leading to potential third hand smoke hazards. Proc Natl Acad Sci USA 2010; 107: 6576-6581.

• Slinde F, Gronberg A, Engstrom CP, Rossander-Hulthen L, Larsson S. Body composition by bioelectrical impedance predicts mortality in chronic obstructive pulmonary disease patients. Respir Med 2005; 99:1004-1009.

• Sluiter HJ, Köeter GH, de Monchy JGR, Postma DS, de Vries K, Orie NGM. The Dutch hypothesis (chronic non-specific lung disease) revisited. Eur Respir J 1991; 4: 479-489.

• Sobaszek A, EdmeJL, Boulenguez C, Shirali P, Mereau M, Robin H, Haguenoer JM. Respiratory symptoms and pulmonary function among stainless steel workers. J Occup Environ Med 1998; 40(3): 223-229.

• Sobol B. The early detection of airway obstruction: another perspective. Am J Med 1976; 60: 619-624.

• Soriano JB, Mannino DM. Reversing concepts on COPD irreversibility. Eur Respir J 2008; 31(4): 695-696.

• Soriano JB, Davis KJ, Coleman B, Visick G, Mannino D, Pride NB. The proportional Venn diagram of obstructive lung disease: two approximations from the United States and the United Kingdom. Chest 2003; 124(2): 474-481.

• Soriano JB, Maier WC, Egger P, Visick G, Thakrar B, Sykes J, Pride NB. Recent trends in physician diagnosed COPD in women and men in the UK. Thorax 2000; 55: 789-794.

• Soutar CA, Hurley JF. Relation between dust exposure and lung function in miners and ex-miners. Br J Ind Med 1986; 43: 307-320.

• SPLF 2004. Société de Pneumologie de langue française. BPCO Bronchopneumopathie chronique obstructive, Guide à l'usage des patients et de leur entourage. Bash Editions Médicales, Edition 2004. 218 pages.

- SPLF 2003. Société de pneumologie de langue française- Recommandations pour la prise en charge de la BPCO. Actualisation 2003. Rev Mal Respir 2003; 20: 4S5–4S68.

- SPLF 2001. Société de Pneumologie de Langue Française, BPCO 2001.

- SPLF 1997. Société de pneumologie de langue française. Recommandations pour la prise en charge des bronchopneumopathies chroniques obstructives. Rev Mal Respir 1997; 14 (Suppl 2): 2S7-2S91.

- Spraggins RE. U.S. Census Bureau 2005. We the people: women and men in the united states-Census 2000 special reports.

- Stanojevic S, Wade A, Stocks J. Reference values for lung function: past, present and future. Eur Respir J 2010; 36:12-19.

- Stead LF, Bergson G, Lancaster T. Physician advice for smoking cessation. Cochrane Database Syst Rev 2008 (2): CD000165.

- Stellman JM. Encyclopédie de sécurité et de santé au travail. International Labour Organization, 2000. 4838 pages

- Steurer-Stey C, Sen O, Pfisterer J, Karrer W, Russi EW, Muller M. BPCO: l'essentiel pour le médecin de premier recours 2013. Forum Med Suisse 2013 ; 13 (11) : 227-230.

- Stiernstrom EC, Holmberg S, Thelin A, Svardsudd K. A prospective study of morbidity and mortality rates among farmers and rural and urban nonfarmers. J Clin Epidemiol 2001; 54: 121-126.

- Stoller JK, Aboussouan LS.α1-antitrypsin deficiency. Lancet 2005; 365: 2225-2236.

- Sümer H, Turaçlar UT, Onarlioğlu T, Ozdemir L, Zwahlen M. The association of biomass fuel combustion on pulmonary function tests in the adult population of Mid-Anatolia. Soz Preventiv med 2004; 49(4):247-253.

- Sunyer J, Zock JP, Kromhout H, Garcia-Esteban R, Radon K, Jarvis D, Toren K, Künzli N, Norbäck D, d'Errico A, Urrutia I, Payo F, Olivieri M, Villani S, Van Sprundel M, Antó JM, Kogevinas M; Occupational Group of the European Community Respiratory Health Survey. Lung function decline, chronic bronchitis, and occupational exposures in young adults. Am J Respir Crit Care Med 2005; 172(9): 1139-1145.

- Sunyer J, Kogevinas M, Kromhout H, Anto JM, Roca J, Tobias A, Vermeulen R, Payo F, Maldonado JA, Martinez-Moratalla J, Muniozguren N. Pulmonary ventilatory defects and occupational exposures in a population - based study in Spain. Am J Respir Crit Care Med 1998; 157: 512-517.

• Suwazono Y, Okubo Y, Kobayashi E, Kido T., Nogawa K. A follow-up study on the association of working conditions and lifestyles with the development of (perceived) mental symptoms in workers of a telecommunication enterprise. Occupational Medicine 2003 ; 53 : 436-442.

• Svanes C, Omenaas E, Jarvis D, Chinn S, Gulsvik A, Burney P. Parental smoking in childhood and adult obstructive lung disease: results from the European Community Respiratory Health Survey. Thorax 2004; 59: 295-302.

• Swanney MP, Ruppel G, Enright PL, Pedersen O F , Crapo R O , Miller M R , Jensen R L , Falaschetti E, Schouten J P , Hankinson J L, Stocks J , Quanjer P H. Using the lower limit of normal for the FEV1/FVC ratio reduces the misclassification of airway obstruction. Thorax 2008; 63:1046–1051.

T

• Tabka Z, Hassayoune H, Guénard H, Zebidi A, Commenges D, Essabah H, et al. Valeurs de référence spirométriques chez la population tunisienne. Tunis med 1995 ; 73 (2) : 125-131.

• Tabona M, Chan-Yeung M, Enarson D, MacLean L, Dorken E, Schulzer M. Host factors affecting longitudinal decline in lung spirometry among grain elevators workers. Chest 1984; 85(6): 782-786.

• Tashkin DP, Altose MD, Connett JE, Kanner RE, Lee WW, Wise RA. Methacholine reactivity predicts changes in lung function over time in smokers with early chronic obstructive pulmonary disease. The Lung Health Study Research Group. Am J Respir Crit Care Med 1996; 153(6Pt1): 1802-1811.

• Tashkin DP, Detels R, Simmons M, Liu H, Coulson AH, Sayre J, Rokaw S. The UCLA population studies of chronic obstructive respiratory disease: XI. Impact of air pollution and smoking on annual change in forced expiratory volume in one second. Am J Respir Crit Care Med 1994; 149(5):1209-1217.

• Tashkin DP, Altose MD, Bleecker ER, Connett JE, Kanner RE, Lee WW, Wise R. The lung health study: airway responsiveness to inhaled methacholine in smokers with mild to moderate airflow limitation. The Lung Health Study Research Group. Am Rev Respir Dis 1992; 145(2Pt1): 301-310.

• Tessier JF, Nejjari C, Bennani-Othmani M. Smoking in Mediterranean countries: Europe, North Africa and the Middle East : results from a cooperative study. Int J Tuberc Lung Dis 1999; 3: 927–937.

• The national safety: accident facts, Chicago, National Safety Council, 1990.

• Thibault R, Veale D, Chailleux E, Darmaun D, Chambellan A. Evaluation de l'état nutritionnel du patient BPCO. Nutr Clin Metab 2006; 20: 190-195.

• Tiffeneau R, Pinelli A. Régulation bronchique de la ventilation pulmonaire. J Fr Med Chir Thorac 1948; 2: 221-244.

• Tirimanna PR, van Schayck CP, den Otter JJ, van Weel C, van Herwaarden CL, van den Boom G, van Grunsven PM, van den Bosch WJ. Prevalence of asthma and COPD in general practice in1992: has it changed since 1977? Br J Gen Pract 1996; 46(406): 277-281.

• Torre-Dudue C, Maldonado D, Pérez-Padilla R, Ezzati M, Viegi G; Forum of International Respiratory Studies (FIRS) Task Force on Health Effects of Biomass Exposure. Biomass fuels and respiratory diseases: a review of the evidence. Proc Am Thorac Soc 2008 ; 5(5): 577-590.

• Trinkoff AM, Storr CL. Work Schedule Characteristics and Substance Use in Nurses. Am J Ind Med 1998; 34(3): 266-271.

• Trupin L, Earnest G, San Pedro M, Balmes JR, Eisner MD, Yelin E, Katz PP, Blanc PD. The occupational burden of chronic obstructive pulmonary disease. Eur Respir J 2003; 22 (3): 462-469.

• Turan N, Kalko S, Stincone A, Clarke K, Sabah A, Howlett K, Curnow SJ, Rodriguez DA, Cascante M, O'Neill L, Egginton S, Roca J, Falciani F. A systems biology approach identifies molecular networks defining skeletal muscle abnormalities in chronic obstructive pulmonary disease. PLoS Comput Biol 2011; 7(9): e1002129.

• Turato G, Zuin R, Miniati M, Baraldo S, Rea F, Beghé B,Monti S, Formichi B, Boschetto P, Harari S, Papi A, Maestrelli P, Fabbri LM, Saetta M. Airway inflammation in severe chronic obstructive pulmonary disease: relationship with lung function and radiologic emphysema. Am J Respir Crit Care Med 2002; 166(1): 105-110.

• Tzanakis N, Anagnostopoulou U, Filaditaki V, Christaki P, Siafakas N; COPD group of the Hellenic Thoracic Society. Prevalence of COPD in Greece. Chest 2004; 125(3): 892-900.

U

• Ulrik CS, Backer V. Non reversible airflow obstruction in life-long nonsmokers with moderate to severe asthma. Eur Respir J 1999; 14: 892-896.

• Ulrik CS, Lange P. Decline of lung function in adults with bronchial asthma. Am J Respir Crit Care Med 1994; 150: 629-634.

• Ulvestad B, Bakke B, Eduard W, Kongerud J, Lund MB. Cumulative exposure to dust causes accelerated decline in lung function in tunnel workers. Occup Environ Med 2001; 58: 663-669.

• Ulvestad B, Bakke B, Melbostad E, Fuglerud P, Kongerud J, Lund MB. Increased risk of obstructive pulmonary disease in tunnel workers. Thorax 2000; 55: 277-282.

• US Department of Health and Human Services.The health consequences of involuntary exposure to tobacco smoke: a report of the Surgeon General. Atlanta: Department of Health and Human Services, 2006.

V

• Valery-Rodot P, Hamburger J, Lhermitte F. Respiration et Maladies Respiratoires. Flammarion, Paris, 1971.

• van Schayck CP, Chavannes NH. Detection of asthma and chronic obstructive pulmonary disease in primary care. EurRespir J 2003; 39: 16s-22s.

• Vestbo J, Hurd SS, Agustí AG, Jones PW, Vogelmeier C, Anzueto A, Barnes PJ, Fabbri LM, Martinez FJ, Nishimura M, Stockley RA, Sin DD, Rodriguez-Roisin R. Global Strategy for the Diagnosis, Management, and Prevention of Chronic Obstructive Pulmonary Disease. GOLD Executive Summary. Am J Respir Crit Care Med 2013; 187(4): 347-365.

• Vestbo J, Prescott E, Almdal T, Dahl M, Nordestgaard BG, Andersen T, Sørensen TI, Lange P. Body mass, fat free body mass, and prognosis in patients with chronic obstructive pulmonary disease from a random population sample: findings from the Copenhagen City Heart Study. Am J Respir Crit Care Med 2006; 173(1): 79-83.

• Vestbo J, Rasmussen FV. Long term exposure to cement dust and later hospitalisation due to respiratory disease. Int Arch Occup Environ Health 1990; 62: 217-220.

• Viegi G, Prediletto R, Paoletti P, Carrozi L, Di Pede F, Vellutini M, Di Pede C, Giuntini C, Lebowitz MD. Respiratory effects of occupational exposure in a general population sample in north Italy. Am Rev Respir Dis 1991; 143: 510-515.

• Vollmer WM, Gíslason T, Burney P, Enright PL, Gulsvik A, Kocabas A, Buist AS. Comparison of spirometry criteria for the diagnosis of COPD: results from the BOLD study. Eur Respir J 2009; 34(3): 588-597.

• Vonk JM, Jongepier H, Panhuysen CI, Schouten JP, Bleecker ER, Postma DS. Risk factors associated with the presence of irreversible airflow limitationand reduced transfer coefficient in patients with asthma after 26 years of follow up. Thorax 2003; 58(4): 322-327.

W

• Waldron HA, Edling C, eds. Occupational Health Practice. 4th ed. Oxford: Butterworth-Heinemann, 1997.

• Wang XR, Eisen RA, Zhang HX, Sun BX, Dai HL, Pan LD, Wegman DH, Olenchok SA, Christiani DC. Respiratory symptoms and cotton dust exposure; results of a 15 year follow up observation. Occup Environ Med 2003; 60: 935-941.

• Wang ML, McCabe L, Hankinson JL, Shamssain MH, Grinel A, Lapp NL, Banks DE. Longitudinal and cross-sectional analyses of lung function in steelworkers. Am J Respir Crit Care Med 1996; 153: 1907-1913.

• Warwick H, Doig A. Smoke the killer in the kitchen: Indoor air pollution in developing countries. ITDG Publishing, 103-105 Southampton Row, London WC1B HLD, UK 2004: URL: http://www.itdgpublishing.org.uk.

• Watson L, Vonk JM, Lofdahl CG, Löfdahl CG, Pride NB, Pauwels RA, Laitinen LA, Schouten JP, Postma DS; European Respiratory Society Study on Chronic Obstructive Pulmonary Disease. Predictors of lung function and its decline in mild to moderate COPD in association with gender: results from the Euroscop study. Respir Med 2006; 100(4): 746-753.

• Wedzicha JA. COPD exacerbations: defining their cause and preventions. Lancet 2007; 370: 786-796.

• Weinmann S, Vollmer WM, Breen V, Heumann M, Hnizdo E, Villnave J, Doney B, Graziani M, McBurnie MA, Buist AS. COPD and OccupationalExposures: a case-control study. J Occup Environ Med 2008; 50(5): 561–569.

• Weitzenblum E[a], Canuet M, Kessler R, Chaouat A. Explorations fonctionnelles respiratoires dans la bronchopneumopathie chronique obstructive. Presse Med 2009; 38(3): 421-431.

• Weitzenblum E [b], Pacheco Y, Devouassoux G. Insuffisance respiratoire chronique. Référentiel sémiologie. Collège des enseignants de pneumologie, 2009.

• Wenzel RP. Prevention and Control of Nosocomial Infections. 4e éd. Philadelphie: Lippincott Williams & Wilkins ; 2003.

• Whitney E. Effects of misclassification of fume exposure. Am J Respir Crit Care Med 2008;177(10): 1172.

• WHO 2013. World Health Organization. Chronic obstructive pulmonary disease (COPD). Fact sheet N°315. 2013.

• WHO[a] 2007 Development of WHO guidelines for indoor air quality : dampness and mould [archive] Rapport du groupe de travail de Bonn (Allemagne, 2007).

• WHO[b] 2007. World Health Organisation. Indoor Air Pollution: National Burden of Disease Estimates, Geneva: WHO, 2007.

• WHO 2006. World Health Organisation. Fuel for Life: Household Energy and Health, Geneva: WHO, 2006.

• Wild P, Ameille J. Bronchial reactivity in oil-mist exposed automobile workers revisited. AmJ Ind Med 1997; 32: 421-422.

• Wilson D, Adams R, Appleton S, Ruffin R. Difficulties identifying and targeting COPD and population-attributable risk of smoking for COPD: a population study. Chest 2005; 128: 2035-2042.

• Wilson DO, Rogers RM, Wright E, Anthonisen NR. Body weight in chronic obstructive pulmonary disease. Am Rev Respir Dis 1989; 139: 1435-1438.

• Wilt TJ, Niewoehner D, Kim C, Kane RL, Linabery A, Tacklind J, Macdonald R, Rutks I. Use of spirometry for case finding, diagnosis and management of chronic obstructive pulmonary disease (COPD). Evid Rep Technol Assess (Summ) 2005 (121):1-7.

• World Resources Institute, United Nations Environment Program, United Nations Development Program, et al.1998–99. World resources: a guide to the global environment. Oxford, UK: Oxford University Press, 1998.

• Wouters EF, Creutzberg EC, Schols AM. Systemic effects in COPD.Chest 2002; 121(5 Suppl): 127S-130S.

X

• Xu F, Yin X, Zhang M, Shen H, Lu L, Xu Y. Prevalence of physician diagnosed COPD and its association with smoking among urban and rural residents in regional main land China. Chest 2005; 128: 2818-2823.

• Xu X, Rijcken B, Schouten JP, Weiss ST. Airways responsiveness and development and remission of chronic respiratory symptoms in adults. Lancet 1997; 350(9089):1431-1434.

• Xu X, Weiss ST, Rijcken B, Schouten JP. Smoking, changes in smoking habits, and rate of decline in FEV_1: new insight into gender differences. Eur Respir J 1994; 7(6): 1056-1061.

Y

• Yaksic MS,Tojo M, Cukier A, Stelmach R. Profile of a Brazilian population with severe chronic obstructive pulmonary disease. J Pneumol 2003; 29(2): 64-68.

• Yang CY, Huang CC, Chiu HF, Chiu JF, Lan SJ, Chang MF. Effects of occupational dust exposure on the respiratory health of Portland cement workers. J Toxicol Environ Health 1996; 49: 581-586.

• Yin P, Jiang CQ, Cheng KK, Lam TH, Lam KH, Miller MR, Zhang WS, Thomas GN, Adab P. Passive smoking exposure and risk of COPD among adults in China: The Guangzhou Biobank Cohort Study. Lancet 2007; 370(9589): 751-757.

Z

• Zhong N, Wang C, Yao W, Chen P, Kang J, Huang S, Chen B, Wang C, Ni D, Zhou Y, Liu S, Wang X, Wang D, Lu J, Zheng J, Ran P. Prevalence of Chronic Obstructive

Pulmonary Disease in China, a large population-based survey. Am J Respir Crit Care Med 2007; 176(8): 753-760.

- Zhou Y, Wang C, Yao W, Chen P, Kang J, Huang S, Chen B, Wang C, Ni D, Wang X, Wang D, Liu S, Lu J, Zheng J, Zhong N, Ran P. COPD in Chinese nonsmokers. Eur Respir J 2009; 33(3): 509-518.

- Zock JP, Sunyer J, Kogevinas M, Kromhout H, Burney P, Antó JM. Occupation, chronic bronchitis, and lung function in young adults. An international study.Am J Respir Crit Care Med 2001; 163(7): 1572-1577.

- Zuskin E, Ivankovic D, Schachter EN, Witek TJ. A ten-year follow-up study of cotton textile workers. Am Rev Respir Dis 1991; 143: 301-305.

ANNEXES

Annexe 1 : Autorisation du Gouverneur de Sousse

RÉPUBLIQUE TUNISIENNE
MINISTERE DE LA SANTE PUBLIQUE
HÔPITAL UNIVERSITAIRE
FARHAT HACHED
SOUSSE

الجمهورية التونسية
وزارة الصحة العمومية
المستشفى الجامعي
فـرحـــات حشــــاد
سوسة

11 جوان 2009

SOUSSE le, ...

إلى السيّد والي سوسة
ت/ السيّد المدير العام للمستشفى الجامعى فرحات حشّاد بسوسة

<u>الموضوع</u> : مطلب لنشاط تحسيسي للوقاية من التدخين و التلوّث بجهة سوسة.
<u>المصاحيب</u> : نسخة من أسئلة الإستجواب

و بعد,

انتهجت تونس سياسة صحيّة رشيدة حيث سنّت قوانين و وضعت آليات و برامج توعويّة موجّهة
لمختلف شرائح المجتمع بهدف ترسيخ السلوك الوقائي من مضار التدخين و التلوّث.

و في نطاق تكريس القرارات الرئاسيّة الرائدة التي تخص مكافحة التدخين و مقاومة التلوّث يعتزم
قسم الوبائيات و الإحصائيّات الطبيّة و قسم أمراض الرئة و قسم الفيزيولوجيا و الاستكشاف الوظيفي
بمستشفى فرحات حشّاد بسوسة القيام بدراسة تخصّ جهة سوسة و تتضمّن استجواب و كشف وظائفي في
الجهاز التنفسي يتمثّل في استقصاء مخلفات التدخين لدى الكهول الذين تفوق أعمارهم 40 سنة و يجدر
بالذكر أن عدّة نصائح ستعطى للمواطنين في هذا المضمار .

و نعلم سيادتكم أننا توجّهنا للسيّد المدير الجهوي للصحة العمومية بجهة سوسة بمطلب في هذا
الغرض و نطلب من سيادتكم أن تمدّونا بيد المساعدة في الترخيص لزيارة المواطنين و القيام بالاستجواب
و قيس التنفس في المعتمديّات التالية : سوسة المدينة، سوسة جوهرة و سوسة الرياض و ذلك بداية من
موفى شهر سبتمبر 2009.

تقبلوا منى سيّدي الوالي فائق عبارات الإحترام.

الدكتور زهير طبقة
رئيس قسم الفيزيولوجيا و الإستكشاف الوظيفي

Hopital Universitaire
Farhat Hached de Sousse,
Service de Physiologie et des
Explorations Fonctionelles
Chef de Service
Professeur Zouhaier TABKA
www.santetunisie.rns.tn

2009 سنة مكافحة ظاهرة التدخين

وزارة الصحة العمومية
ساحة باب سعدون ـ 1030 ـ تونس

ETABLISSEMENT PUBLIC DE SANTE FONDE EN 1942
AVENUE IBN ELJAZZAR SOUSSE 4000 (TUNISIE) TEL.: 73 221 411 - 73 223 311 / FAX.: 73 226 702

187

Annexe 2 : Autorisation du Directeur régional de la santé de Sousse

MINISTERE DE LA SANTE PUBLIQUE
HÔPITAL UNIVERSITAIRE
FARHAT HACHED
SOUSSE

وزارة الصحة العمومية
المستشفــــى الجـــامعي
فـــرحـــات حشـــاد
ســـوسة

SOUSSE le, ...

سوسة في 7 ماي 2009

إلى السيد المدير الجهوي للصحة بسوسة

ت/إ السيّد المدير العام للمستشفى الجامعي فرحات حشاد بسوسة

الموضوع : مطلب لنشاط تحسيسي للوقاية من التدخين و التلوث بجهة سوسة

و بعد،
انتهجت تونس سياسة صحية رشيدة حيث سنت قوانين و وضعت آليّات و برامج توعوية موجهة لمختلف شر... ... ... يخ السلوك الوقائي من مضار التدخين و التلوث.

و في ... ... ن تكريس القرارات الرئاسية التي تخص مكافحة التدخين و مقاومة التلوث يعتزم قسم الوبئيات و الاحصائيات الطبية و قسم أمراض الرئة و قسم الفيزيولوجيا و الإستكشاف الوظيفي بمستشفى فرحات حشاد بسوسة القيام بدراسة تخص جهة سوسة و تتضمن استجواب و كشف وظائفي في الجهاز التنفسي يتمثّل في استقصاء مخلفات التدخين لدى الكهول الذين تفوق أعمارهم 40 سنة و ذلك بجهة سوسة.

و نطلب من الإدارة الجهوية للصحة القيام بالإجراءات الازمة لتمكين الفرق من القيام بالنشاط التحسيسي.

و في إنتظار توصلي بقراركم الذي أرجو أن يكون إيجابيا، تفضلوا سيدي المدير الجهوي للصحة بقبول فائق عبارات الشكر و التقدير.

الدكتور زهير طبقة
رئيس قسم الفيزيولوجيا و الإستكشاف الوظيفي

ETABLISSEMENT PUBLIC DE SANTE FONDE EN 1942
AVENUE IBN EL JAZZAR SOUSSE 4000 (TUNISIE) TEL.: 73 221 411 - 73 223 311 / FAX.: 73 226 702

Annexe 3 : Accord du Comité d'éthique

RÉPUBLIQUE TUNISIENNE
MINISTERE DE LA SANTE PUBLIQUE
HÔPITAL UNIVERSITAIRE
FARHAT HACHED
SOUSSE

الجمهورية التونسية
وزارة الصحة العمومية
المستشفى الجامعي
فـــرحــــات حشـــاد
ســوســة

SOUSSE le, _____ 26.4.2010

Le Comité d'Ethique et de Recherche de l'Hôpital Universitaire F. Hached de Sousse a été saisie le 24.4.2010 pour demande d'avis d'ordre éthique relatif au projet de recherche intitulé :

«Détermination de la prévalence de la BPCO et de ses facteurs de risque dans la population tunisienne»

et qui a été soumis au Comité par Monsieur le Professeur Zouhair TABKA (Chef de Service de Physiologie et d'Explorations Fonctionnelles) C.H.U F. Hached de Sousse.

Le Comité émet un avis favorable à ce projet.

Le Président du Comité
d'Ethique et de Recherche
Professeur Majed ZEMNI

Hôpital Universitaire
Farhat Hached de Sousse
COMITÉ D'ETHIQUE
ET DE RECHERCHE

ETABLISSEMENT PUBLIC DE LA SANTE FONDE EN 1942
AVENUE IBN EL JAZZAR SOUSSE 4000 (TUNISIE) TEL.: 73 221 411 - 73 223 311 / FAX: 73 226 702 / 73 228 411

Annexe 4 : Un exemple d'une fiche d'informations de participant

Fardeau d'affection pulmonaire

Fiche d'informations de participant

Quelle est « fardeau l'étude d'affection pulmonaire »

? Le fardeau de l'affection pulmonaire (R-U) fait partie d'une tentative mondiale de mesurer l'ampleur de l'affection pulmonaire, les effets qu'elle a et ses causes de commandant. Il essaye également de mesurer les causes de l'affection pulmonaire et du fardeau qu'il met dessus des personnes avec la maladie et leurs soignants. Au R-U nous mesurons ceci dans un certain nombre de pratiques générales à Londres occidentale.

Qui est invité à participer, et pourquoi.

Si vous êtes inscrit à une pratique participante et êtes au-dessus de l'âge de 40 que votre nom peut être sélectionné au hasard et vous serez invité à participer. Nous n'invitons pas des personnes parce que nous croyons qu'elles ont n'importe quoi mal avec elles.

Ce que vous serez invité à faire.

Vous êtes invité à prendre un rendez-vous pour venir à l'hôpital en travers de Charing où une des infirmières examinera vos poumons et te posera quelques questions d'un questionnaire. La fonction de poumon d'essai implique de souffler dans une machine ces mesures comment rapidement de l'air peut être soufflé hors des poumons (un spiromètre). Cet essai sera fait avant et après que vous ayez inhalé une médecine qui augmente les voies aériennes (un salbutamol appelé de « bronchodilatateur »). Cette médecine est utilisée généralement par les patients qui ont l'asthme ou d'autres affections pulmonaires qui limitent la respiration.

Les questionnaires vous interrogeront au sujet des symptômes, des problèmes médicaux passés et courants, les médecines que vous avez employées, votre exposition aux risques tels que le tabagisme et travaux de passé vous vous êtes tenus et des restrictions à vos activités.

Combien de temps est-ce que ceci prendra

? Environ une heure.

Y a-t-il des risques ?

Pas vraiment. Certains peuvent sentir une lumière de peu dirigée quand elles soufflent fort dans la machine, mais vous vous assiérez solidement dans une chaise quand vous faites l'essai et les infirmières sont formées pour regarder dehors pour ceci. La médecine que vous serez donné pour améliorer votre fonction de poumon est régulièrement prise par des patients présentant l'asthme et la bronchite chronique. Elle peut faire votre coeur vous emballer et inciter à sentir un peu nerveux, mais la dose donnée est une dose relativement basse et si vous obtenez ces symptômes du tout ils passeront au loin rapidement.

Y a-t-il n'importe qui qui ne devrait pas participer ?

Nous voudrions que chacun réponde aux questions, mais nous exclurons certains des examens fonctionnels respiratoires. Les contres-indication pour l'essai incluent : coffre ou chirurgie abdominale en 3 derniers mois ; une crise cardiaque en 3 derniers mois ; une chirurgie isolée de rétine ou d'oeil en 3 mois dernier ; hospitalisation pour toute autre raison cardio-vasculaire en mois passé ; ayant lieu en trois derniers mois d'une grossesse ; une impulsion de repos plus de 120 battements par minute et médicament courant pour la tuberculose.

Qu'arrivera à cette information

? Nous enlèverons n'importe quelle information qui pourrait vous identifier personnellement et alors il entrera dans une grande base de données à analyser par des scientifiques. Les résultats seront édités dans les journaux scientifiques, mais les conclusions au sujet de l'étude, et en particulier les conclusions locales, seront faites un rapport à votre généraliste et au service d'hygiène local. Si vous nous donnez votre permission nous enverrons votre propre information à votre généraliste de sorte qu'il ait les résultats.

Est-ce que je dois participer ? Numéro. Cette étude est entièrement volontaire, et vous ne devez pas participer.

Enregistrement audio

Des sessions d'entrevue peuvent être enregistrées pour le contrôle de qualité. Seulement les membres de l'étude auront accès aux enregistrements.

Études complémentaires et anlysis d'échantillon

Il peut y avoir de futures études complémentaires conduites après l'approbation morale. Ceci dépendra tout du placement et des résultats préliminaires de l'étude. Nous ne vous contacterons pas encore pour que la permission participe à une étude complémentaire. Tous les échantillons obtenus pendant l'étude initiale seront anonymes, stockés et alors analysés localement ou dans un autre pays. Ceci dépendra tout de l'expertise et des fonds. Des analyses génétiques peuvent être conduites sur des échantillons pour étudier des rapports avec les maladies respiratoires.

" ; L'université impériale tient la responsabilité publique (" ; harm" négligent ;) et test clinique (" ; harm" non-négligent ;) polices d'assurances qui s'appliquent à cette épreuve. Si vous pouvez démontrer que vous mal ou dommages expérimentés en raison de votre participation à cette épreuve, vous serez éligible pour réclamer la compensation sans devoir montrer que l'université impériale est fautive. Si les dommages résultaient de n'importe quel procédé qui n'est pas une partie de l'épreuve, l'université impériale ne sera pas exigée pour vous compenser de cette façon. Vos droits légaux de réclamer la compensation pour des dommages où vous pouvez prouver la négligence ne sont pas affected" ;

Nombre de centre :

Nombre d'étude :

Numéro d'identification patient pour cette épreuve :

FORME DE CONSENTEMENT

Intitulé du projet : "BOLD" (LE R-U)

Nom de chercheur : ....

1. Je confirme que j'ai lu et compris la fiche d'informations datée. .... (version ....) pour l'étude ci-dessus. J'ai eu l'occasion à considérer l'information, poser des questions et j'ai répondu d'une manière satisfaisante.

2. Je comprends que ma participation est volontaire et que je suis libre de me retirer à tout moment, sans donner aucune raison, sans mon soin médical ou droits légaux étant affectés.

3. Je comprends que les sections appropriées de mes notes et données médicales se sont rassemblées pendant l'étude, peuvent être utilisées par les individus responsables de l'université impériale, des autorités réglementaires ou de la confiance de NHS, où il est approprié à ma prise partie dans cette recherche. Je donne la permission pour que ces individus aient accès à mes informations.

4. J'accepte de participer à l'étude ci-dessus.

5. Êtes vous d'accord pour qu'on envoie vos résultats à votre généraliste

6. Nous pouvons sensibiliser les personnes qui ont participé à cette étude à participer dans d'autres études d'affection pulmonaire. Si nous faisions ceci c'est pour donner une explication des études supplémentaires et vous devriez donner la permission spécifique d'être inclus dans l'étude.

7. Êtes vous d'accord pour que nous vous contactions encore

Nom de patient   _____ Date_____ Signature

_____ _____

Nom de personne prenant le consentement _____
Date_____Signature _____(si différent du chercheur)

_____ _____

Chercheur _____ Date_____

Signature_____

Une fois accompli, 1 pour le patient ; 1 pour le fichier de site de chercheur ; 1 (original) à maintenir dans les notes médicales

Annexe 5 : Questionnaire de refus

رمز البلد ـــــــ ـــــــ ـــــــ

رمز المدينة ـــــــ ـــــــ

ID ـــــــ ـــــــ ـــــــ ـــــــ ـــــــ ـــــــ

التاريخ ـــــــ ـــــــ /ـــــــ ـــــــ /ـــــــ ـــــــ
سنة   شهر   يوم

أدنى معطيات/ رفض الاستفتاء

إحصائيات بشرية

1- شنو هو جنس المشارك؟   ☐ ذكر
    ☐ أنثى

2- تاريخ الولادة   ـــــــ ـــــــ /ـــــــ ـــــــ /ـــــــ ـــــــ

أعراض و اضطرابات التّنفّس:

3- قاللك مرّة الطبيب بأّلي عندك :   ☐ نعم
    ☐ لا
أنفيسيما / الرّية المنفوخة (emphyseme) الفذة (asthme) برنشيّت بالتصفير (bronchite asthmatique) إلتهاب مزمن في القصبات الهوائيّة (bronchite chronique) سدد مزمن في القصبات الهوائيّة (broncho-pneumopathie chronique obstructive)

الأمراض المرافقة

4- قاللك مرّة الطبيب أو فرملي بأّلي عندك مرض القلب، إرتفاع الضّغط، السّكريّ، سرطان الرّيّة ، جلطة دماغيّة أو السلّ؟   ☐ نعم
    ☐ لا

تدخين السجائر

توّا باش نسألك بخصوص التّدخين

5- عمركِشِي دخنت سيقارو متاع الباكو ولاَ شيشة ولاَ نفة ؟   ☐ نعم

    ☐ لا

(نعم، حوالي أكثر من 20 باكو متاع دخّان/ ولاَ شيشة/ ولاَ نفة في الحياة أو أكثر من سيقارو واحد/ ولاَ شيشة وحدة / ولاَ نفة وحدة كلّ يوم لمدّة سنة)

(إذا كان نعم أطرح السّؤال5A والسؤال 5B)

5A- توّا إنت تتكيّف سيقارو متاع الباكو ولاَ شيشة ولاَ نفة ؟   ☐ نعم

    ☐ لا

5B- في المعدّل قدّاش تتكيّف (ولاَ تكيّفت) من سيقارو ولاَ شيشة ولاَ نفة في النّهار ؟   _____ _____ سيقارو في النّهار

    _____ _____ شيشة في النّهار

    _____ _____ نفة في النّهار

أنجز من طرف:._____ _____ _____

Annexe 6 : Questionnaire de spirométrie

رمز البلد ـــــــ ـــــــ
رمز المدينة ـــــــ ـــــــ

ID ـــــــ ـــــــ ـــــــ ـــــــ ـــــــ ـــــــ

التاريخ ـــــــ ـــــــ /ـــــــ ـــــــ /ـــــــ ـــــــ

سنة   شهر   يوم

استبيان **BOLD** لقيـاس التنفس

أسئلة الأمـــان

1- في الثلاثة شهور اللُخرة عملتشي عمليّة جراحيّة على صدرك و إلاّ على كرشك؟   نعم ☐   لا ☐

2 وقعتلكشيّ كريز متاع قلب في الثلاثة شهور إلّي فاتو؟   نعم ☐   لا ☐

3- عندكش تقطيع في شبكة العين و إلّا عملتش عمليّة جراحيّة على عينك في الثلاثة شهور إلّي فاتو؟   نعم ☐   لا ☐

4- دخلتش لسّبيطار بسبب أيّ مشكلة أخرى في القلب في الشّهر اللّي فات ؟   نعم ☐   لا ☐

5- آكش في الثلاثة شهور لُخرة متاع لحبالة؟   نعم ☐

195

☐ لا

☐ نعم

☐ لا

6- دقات القلب متاع المشارك و هو مرتاح تتجاوز 120 دقّة في الدقيقة؟

7- حاليًا آكش قاعد (ة) تاخذ في دواء ضدّ السّل؟

☐ نعم

☐ لا

8- فمّاش أسباب أخرى بسببها المشارك ميلزموش يقوم بعمليّة قياس التنفّس؟

إذا كان الجواب على أيّ سؤال من الأسئلة من 1 حتّى ل 8 هو "نعم" ، ما يتعملش الإختبار, انتقل ل "نتائج قياس التنفّس، و جاوب على الأسئلة 11A و 11 B ب "لا"، واختر الإطار الثاني استبعاد مشارك طبيّا"، بالنسبة للسؤال-11C

☐ نعم

9- كنتش مستبرد في الثلاثة جمع اللّي فاتو؟

☐ لا

☐ نعم

1- 10 خذيتش أيّ دواء متاع تنفّس في الـ 24 ساعة اللّي فاتو؟

☐ لا

إذا كان جواب 10 – 1 هو "نعم"، سجّل اسم و نوع الدّواء أو الأدوية المستعملة

....

....

....

كان جواب السؤال 10-1 هو "نعم"، والدوا المستعمل موجود فالطابلو ، فالجواب على السؤال

10-2. إذا لا جاوب على السؤال 10-5

Types de Médicament	Exemples	
Beta-2 Mimétiques courte durée d'action	Albuterol,Salbutamol	6 Heures avant la visite clinique
Anticholinergique inhalé	Atrovent, Ipratropium	6 Heures avant la visite clinique
Beta-2 mimétiques longue durée d'action (incluant les préparations qui contiennent BMLA)	Serevent, Advair formoterol, Symbicort,	12 Heures avant la visite clinique
Beta-2 Mimétiques oraux	Albuterol	12 Heures avant la visite Clinique
Théophylline Orale	Theodur	12-24 Heures avant la visite clinique, en fonction de la préparation
Anticholinergique longue durée d'action	Spiriva, tiotropium	24 Heures avant la visite clinique

2-10 أندرا المشارك خذا Beta-2 mimétiques courte durée d'action أو

Anticholinergique inhalé وحدهم و إلآ مخلطين مع مادة أخرى في الستّة السّوابع إلّي فاتو؟

3-10 إندرا المشارك خذاBeta-2 mimétiques longue durée d'action أو Beta-2

mimétiques peros وحدهم و إلآ مخلطين مع مادة أخرى في الأثنا عشرة ساعة إلّي فاتو؟

197

10-4 إندرا المشارك خذا Theophylline orale أو Anticholinergique longue durée d'action وحدهم و إلّا مخلطين مع مادة أخرى في الأربعة و عشرين ساعة إلّي فاتو؟

10-5 وقتاش تكيّفت السيّجارة اللّخرانيّة متاعك؟ : عندك........يوم

عندك....... ساعة

أكتب 999 إذا كان غير مدخّن أو مدخّن سابق (متكيّفش في الشّهر اللّي فات)

السؤال 10-6 اختياري:

سجل المقياس متاع Monoxyde de Carbone exalé **ppm**........

(قبل ما تعمل عمليّة قياس التنفّس)	bpm ....
10-7 نبض	
10-8 الطول	cm ....
	Kg ....
10-9 الوزن	cm ....
	cm ....
	cm ....

10 -10-A قياس أوّلي لمحيط المخروقة

10-10-B قياس ثانوي لمحيط المخروقة

cm   ....

10-11-A قيس أوّلي لمحيط الخصر

10-11-B قيس ثانوي لمحيط الخصر

نتائج قياس التنفس

نعم
☐
لا
☐

11A- Test Pré Bronchodilatateur complété acceptable ؟

نعم
☐
لا
☐

11B– Test Post Bronchodilatateur complété acceptable ؟

11C– Le participant est incapable d'obtenir un test de spirométrie satisfaisant : (cochez une raison svp)

Le participant n'a pas compris les instructions ☐

Le participant est médicalement exclu ☐

Le participant est incapable de coopérer physiquement ☐

Le participant a refusé ☐

نعم ☐

لا ☐

12- أندرا المختبر لاحظ أيّ أعراض جانبيّة مرتبطة بعمليّة قياس التّنفّس؟

إذا كان نعم من فضلك أوصف هذه الأعراض:

....

....

13- إذا كان المشارك عندو أيّ ظروف إلّي ممكن تأثّر على نتائج الإختبار متاع قياس التّنفّس (مثلا عضو مقصوص ، حدبة ، الخ) سجّل الظّروف هذي هنا

....

....

أنجز من طرف ____ ____ ____ ____

Annexe 7 : Questionnaire principal de BOLD (Core)

رمز البلد _____ _____ _____

رمز المدينة_____ _____

ID_____ _____ _____ _____ _____ _____

التاريخ _____ _____/_____ _____/_____ _____

سنة   شهر   يوم

الاستفتـاء الأساسي ل

BOLD

معطيات ديموغرافية

1- شنوّا جنس المشارك؟	ذكر
	أنثى

3- شنوّاً تاريخ ميلادك؟   _____ /_____ /_____

سنة   شهر   يوم

4- قدّاش من سنة دراسيّة قريت؟   _____ _____ سنة

5- شنوّا <u>أعلى مستوى</u> دراسي وصلتلو؟	ابتدائي
	إعدادي
	ثانوي

تكوين مهني

أربع سنين في معهد عالي أو جامعة أو مدرسة عليا

لا شيء

غير معروف

6- شنوّا أعلى مستوى دراسي وصلّوا بوك؟

ابتدائي

إعدادي

ثانوي

تكوين مهني

أربع سنين في معهد عالي أو جامعة أو مدرسة عليا

6-1 شنوّا أعلى مستوى دراسي وصلتلو أمّك؟

ابتدائي

إعدادي

ثانوي

تكوين مهني

أربع سنين في معهد عالي أو جامعة أو مدرسة عليا

لا شيء

غير معروف

6.2- قوليّ إذا كان في الدّار هذي و إلّاّ أيّ واحد ساكن في الدّار هاذي عندو لحوايج هاذم :

أقرا كلّ حاجة :

ما نعرفش	لا	نعم		
☐	☐	☐	الكهرباء	a - ؟
☐	☐	☐	ساش ؟	b –
☐	☐	☐	التيليفون فيكس في الدار؟	c–
☐	☐	☐	التلفزة ؟	d –

202

☐	☐	☐	e – الراديو؟
☐	☐	☐	f–الثلاجة ؟
☐	☐	☐	g– الكرهبة؟
☐	☐	☐	h– سكوتر / موتور؟
☐	☐	☐	i– ماكينة الصابون؟
☐	☐	☐	j– الدار ملك؟
☐	☐	☐	k– بانو وإلاّ دوش فالدار؟
☐	☐	☐	l– السبّالة في الدّار؟
☐	☐	☐	m– السبّالة متاعكم خارج الدار؟
☐	☐	☐	n– أنترنات
☐	☐	☐	o – برايول؟
☐	☐	☐	p– التيلفون البورطابل؟

q- عمركشي بقيت بالجوع على خاطر ما كانش عندك فلوس ؟

☐	أغلب النّهارات
☐	أغلب الجَمع
☐	أغلب الشهّور
☐	بعض المرّات في العام
☐	بعض المناسبات
☐	حتى مَرة

3.6 — وقت إلّي عمرك 5 سنين كانش واحد ملّي ساكنين في داركم عندو لحوايج هاذم :

اقرأ كل حاجة   لا   نعم   ما نعرفش

☐	☐	☐ الكهرباء	a؟
☐	☐	☐	b – ساش ؟
☐	☐	☐	c– التيليفون فيكس في الدار؟
☐	☐	☐	d –التلفزة؟
☐	☐	☐	e –الراديو؟
☐	☐	☐	f–الثلاجة ؟
☐	☐	☐	g– الكرهبة؟
☐	☐	☐	h– سكوتر / موتور؟
☐	☐	☐	i– ماكينة الصابون؟
☐	☐	☐	j– الدار ملك؟
☐	☐	☐	k– بانو والاّ دوش فالدار؟
☐	☐	☐	l– السبّالة في الدّار ؟
☐	☐	☐	m– السبّالة متاعكم خارج الدار؟
☐	☐	☐	n– أنترنات
☐	☐	☐	o– برايول

p– عمركشي بقيت بالجوع على خاطر ما كانش عندك فلوس ؟

☐	أغلب النَهارات
☐	أغلب الجَمع
☐	أغلب الشهَور
☐	بعض المرّات في العام
☐	بعض المناسبات
☐	حتى مّرة

6.4– قدّاش من واحد ساكنين في داركم؟ (و إنت معاهم) :...............

204

5.6- قدّاش من بيت في داركم (ما تحسبش الكوجينة و الحمّام) : ....

الأعراض و الاضطرابات التنفسيّة :

هال أسئلة مجعولة بالخصوص للمسالك التنفسيّة متاعك. إذا كان ممكن من فضلك جاوب بـ "نعم" أو "لا". إذا كان عندك شكّ باش تجاوب بنعم أو لا من فضلك جاوب بـ "لا"

<u>الكحّة</u>

7- تكحّش في العَادةِ كيف ما تكونش مستبرد؟

☐ نعم

☐ لا

(إذاإ كان نعم، استمر في السؤال 7A إذا كان لا انتقل للسؤال 8)

7A- جاتش عليك أشهر كحّيت فيها أغلب الأيّامات؟

☐ نعم

☐ لا

إذا كان نعم أسئل الزوز أسئلة 7B و 7C ، إذا كان "لا" إنتقل للسّؤال 8

7B آكش تكح أغلبية الأيام لمدّة 3 شهور فلعام ؟

☐ نعم

☐ لا

7C- قدّاش من عام و إنت عندك هالكحّة؟

☐ أقل من عامين

☐ من 2 حتى لـ5 سنين

☐ أكثر من 5 سنين

التخيمة

8- في العادّة, كيف ما تبداش مستبرد، تخرّج البلغم من صدرك، و إلاّ يكون البلغم في صدرك و يصعب عليك تخرجّو ؟

☐ نعم

☐ لا

(إذا كان الجواب نعم، كمّل مع السؤال 8A، إذا كان الجواب لا إنتقل للسؤال 9)

8A- فمّاشي أشهر عندك فيهم البلغم أغليبّة الأيّام لمدّة توصل 3 شهور فلعام ؟

☐ نعم

☐ لا

إذا كان نعم كمّل بالزّوز أسئلة 8B و 8C ، و إذا كان لا إنتقل للسؤال 9)

8B- أغلب الأيّام إلّي تخرّج فيها البلغم توصلشي 3 أشهرا في العّام؟

☐ نعم

☐ لا

8C- توّا قدّاش من عام عندك البلغم؟

☐ أقل من عامين

☐ من 2 حتى لـ5 سنين

☐ أكثر من 5 سنين

التّصفير في الصّدر :

9 - عندكشي تصفير في صدرك في أيّ وقت في الـ 12 شهر إلّي فاتو؟

☐ نعم

☐ لا

(إذا كان الجواب نعم أسئل الزّوز سوءالات 9A و 9B، ، إذا كان لا إنتقل للسؤال 10)

9A- في الـ 12 شهر إلّي فاتوا كانش عندك التّصفير كان في وقت إلّي تبدا مستبرد ؟

☐ نعم

☐ لا

B9- في الـ 12 شهر إلّي فاتوا و قعتلكشي كريز متاع تصفير خلاّتك تحسّ بضيق في النّفس؟

☐ نعم

☐ لا

صعوبة التنفس

10- عندكشي ظُروف أخرى بخلاف صعوبة التّنفسّ متخلّيكش تتمشّى؟

☐ نعم

☐ لا

إذا كان نعم بالنّسبة للسؤال 10، أوصفلنا هالظّرف في السطر إلّي تحت ثمّ إنتقل للسّؤال 12. إذا كان "لا" و إلّا غير متأكد إمشي مباشرة للسؤال 11.

نوع الظّرف ....

11- تأثرّشي فيك صعوبة التّنفس كتمشي بزربية في طريق مسرّحة و إلّا تطلع في هضبة صغيرة؟

☐ نعم

☐ لا

(إذا كان "نعم" أطرح الأسئلة من 11- A إلى 11-D، إذا كان لا، إنتقل للسؤال 12)

11A- تتلزّئش تمشي بسرعة أقلّ مالنّاس إلّي قدّك في العمر في طريق مسرّحة بسبب ضيق النّفس؟

☐ نعم

☐ لا

☐ لا ينطبق

11B- عمركشي تلزيت تاقف باش تاخذ النّفس كتمشي بالسّرعة العاديّة في طريق مسرّحة؟

☐ نعم

☐ لا

☐ لا ينطبق

11C- عمركشي توقّفت باش تاخذ النّفس بعد ما مشيت تقريبًا 100 ميترو (و إلّا بعد دقائق) في طريق مسرّحة؟

☐ نعم

☐ لا

☐ لا ينطبق

☐ نعم

11D- جاكش ضيق النّفس لدرجة إنّك ما نجّمتش تخرج مذار و إلاّ تلبس حوايجك و إلاّ تتحّم؟

☐ لا

☐ لا ينطبق

☐ نعم

12- قالّكشي طبيب و إلاّ أي عون صحة قبل إلّي عندك الرّيّة المنفوخة / 'emphysema'؟

☐ لا

☐ نعم

13- قالّكشي طبيب و إلاّ أي عون صحة قبل إلّي عندك الفدّة و إلاّ إلتهاب مزمن في القصبات الهوائيّة وإلاّ الحساسيّة

☐ لا
؟ (إذا كان "نعم" أسئل سؤال 13 A ، و إذا كان "لا" إنتقل للسؤال 14)

☐ نعم

13A- باقي عندك الفدّة و إلاّ إلتهاب مزمن في القصبات الهوائيّة و إلاّ الحساسيّة؟

☐ لا

☐ نعم

14- قالّكشي طبيب و إلاّ أي عون صحة قبل إلّي عندك إلتهاب مزمن في القصبات الهوائيّة ؟

☐ لا

(إذا كان "نعم"، أسئل سؤال 14A، إذا كان "لا" إنتقل للسّؤال 15)

☐ نعم

14A- مازالش عندك إلتهاب مزمن في القصبات الهوائية؟

☐ لا

☐ نعم

15- سبقشي لطبيب و إلاّ أي عون صحة قالّك إلّي عندك سدد مزمن في القصبات؟

☐ لا

إدارة القسم

توّا باش نسألوك بخصوص الأدوية إلّي تاخذها باش تعاونك عالتّنفس، نحبّ نعرف الأدوية إلّي تاخذها بإنتظام و الأدوية إلّي يمكن تاخذها فقط كيف تظهر عندك الأعراض، و يلزمك تقوليّ الدّواء إلّي قاعد تاخذ فيه و شكلو و قدّاش من مرّة تاخذوا في الشّهر؟

16- في الـ 12 شهر إلّي فاتوا خذيتشي أدوية متاع تنفس (حتّى الأدوية الخّاصة بالخشم المسكّر)؟

نعم □   لا □

إذا كان المشارك ما خذا حتّى دواء باش يساعدو على التنفّس إنتقّل للسؤال 17.

					16- إسم الدّواء
					16- رمز الدّواء
حرابش □ جهاز إستنشاق جهاز إستنشاق البخّار سائل فتيلة □ زريقة □ أشياء أخرى □	حرابش □ جهاز إستنشاق □ جهاز إستنشاق البخّار سائل فتيلة □ زريقة □ أشياء أخرى □ □	حرابش □ جهاز إستنشاق □ جهاز إستنشاق البخّار سائل فتيلة زريقة أشياء أخرى □ □ □	حرابش □ جهاز إستنشاق □ جهاز إستنشاق البخّار □ سائل فتيلة □ زريقة أشياء أخرى □	حرابش □ جهاز إستنشاق □ جهاز إستنشاق البخّار □ سائل فتيلة □ زريقة أشياء أخرى □	16- شكل الدّواء
أغلب الأيّام □ الأعراض □ الزّوز حاجة أخرى □	أغلب الأيّام □ الأعراض الزّوز حاجة أخرى	أغلب الأيّام □ الأعراض الزّوز حاجة أخرى □	أغلب الأيّام □ الأعراض الزّوز حاجة أخرى □	أغلب الأيّام □ الأعراض الزّوز حاجة أخرى	16- في العّادة تاخذ دواء في أغلب الأيّام، و إلّا كي يبدا عندك الأعراض و إلّا في الزّوز؟ إذا كان يتّاخذ غالب الأيّام أطرح السّؤال 16E و إذا كان بالزّوز أطرح الأسئلة 16E و 16F
أيّام / أسبوع ...../.....	أيّام / أسبوع ...../.....	أيّام / أسبوع ...../.....	أيّام / أسبوع ...../.....	أيّام / أسبوع ...../.....	16- وقتاش تلخذ الدّواء، و قدّاش من نهار في أسبوع تاخذو؟
0-3	0-3 □	0-3 □	0-3 □	0-3 □	16 كي تاخذ الدّواء، قدّاش من شهر في الـ 12 شهر إلّي فاتوا خذيتوا فيه؟

6-4	☐	6-4	☐	6-4	☐	6-4	☐	6-4	
9 -7	☐	9 -7	☐	9 -7	☐	9 -7	☐	9 -7	
12-10	☐	12-10	☐	12-10	☐	12-10	☐	12-10	

17- من فضلك قلّي إذا كان تاخذ في أيّ دواء آخر أوأيّ نشاط يساعدك عالتنفس و مازلت ما قتليش عليه.

الرمز	الدواء أو النشاط

18- عمروشي قالك طبيب و إلّا أي عون صحة باش تنفخ في آبراي باش يقيسلك باها التنفس (مثلا جهاز
قياس التنفّس...) ؟

نعم ☐
لا ☐

(إذا كان "نعم" أطرح السّؤال 18A، إذا كان "لا" إنتقل للسّؤال 19)

نعم ☐
لا ☐

18A- استعملتش هالماكينة في الـ 12 شهر إلّي فاتوا؟

19- جاتكشي قبل فترة لقيت فيها مشاكل في التنفس إلّي ماشيا و تقوا لدرجة أنّها منعتّك من الحركة اليوميّة
العاديّة متاعك أو خلّاتك تغيب على الخدمة؟

نعم ☐
لا ☐

(إذا كان "نعم" أطرح السّؤال 19A، إذا كان "لا" إنتقل للسّؤال 20)

19A- قدّاش من مرّة وقعتلك الحالة هذه في الـ 12 شهر إلّي فاتو؟   ـــــــ مرّة

(إذا كان 19A > *0* ، أطرح السّؤال 19B و19C، و إلّا إنتقل للسّؤال *20*)

19B- قدّاش من مرّة كيف جاووك الحالات هاذوما إحتجت فيها تشوف طبيب أو فرملي و إلّا أي عون صحة   ـــــــ مرّة
في 12 شهر إلّي فاتو؟

C19- قدّاش من مرّة كيف جاووك الحالأت هاذوما رقدت في السبيطار ليلة كاملة في الـ 12 شهر إلّي فاتوا؟ ـــــ ـــــ مرّة

(إذا كان C19-☓، أطرح السؤال C1₁9 ، و إلّاَ إنتقل للسؤال 20)

C1₁9- في العموم قدّاش من يوم الكلّ في يوم الكلّ رقدت في السبيطار ليلة كاملة بسبب مشاكل في التّنفس في الـ12 شهر إلّي فاتوا؟ ـــــ ـــــ يوم

تدخين السجائر

توّا باش نسهلك عالسواقر حتّى المعمولين باليد و من بعد باش نسهلك على حوايج أخرين إلّي ممكن نتكيّفهم كيما اللّفة .....جاوب على الأسئلة هاذم إذا كان إنت مدخّن حالي وإلّاَ إذا كنت تكيّفت قبل.

1.20- عمركشي تكيّفت السواقر؟

(الإجابة بنعم تعني أكثر من 20 باكو سواقر في العمر أو أكثر من سيقارو واحد كلّ يوم لمدّة عام)

(إذا كان "نعم" أطرح السّؤال من 20A حتّى لـ 20D، و إلّاَ إنتقل للسّؤال 20.2).

A- قدّاش كان عمرك أوّل ما بديت التدخين بصفة منتظمة؟ ـــــ ـــــ عام

B- إذا كان توقّفت عالتّدخين ، قدّاش كان عمرك في آخر مرّة حبست فيها؟ ـــــ ـــــ عام

(إذا كان المشارك مازال مبطّلش التّدخين، سجّل الرمز 999)

C- في المعدّل، قدّاش من سيقارو تكيّفت في النّهار و إلّاَ في الجمعة في جملة المرّات إلّي تكيّفت فيها؟ .... سيقارو/ في النّهار

....سيقارو /في الجمعة

D- في المعدّل في المدّة إلّي تكيّفت فيها، أندرا تكيّفت فيهاالاكثر سواقر صناعيّة و إلّاَ صنع يدوي (ملفوفة باليد)

☐ صناعية

☐ ملفوفة باليد

(prière de passer directement à la question 20.4)

20.4– عمركشي تكيَّفت Pipe؟

إذا كان الجواب "نعم" أسئل الأسئلة من a حتى c و إلاَّ إنتقل للسؤال 20.5

a– قدَّاش كان عمرك ملِّي بديت تتكيَّفPipe بصفة منتظمة؟

b– قدَّاش كان عمرك آخر مرَّة قصَّيت فيها عالتدخينPipe إذا قصَّيت ؟ (إذا المشارك ما قصّش عالتدخين سجّل الكود 999).

c– في المعدَّل، في المدَّة الكاملة إليِّ تكيَّفت فيها، قدَّاش تكيَّفت تقريبا من pipe في النَّهار و إلاَّ في الجمعة في جملة المرَّات إلِّي تكيَّفت فيها؟(شوف استفتاء م ر س)

.....................غرامات/نهار

.....................غرامات/جمعة

20.5– عمركشي تكيَّفت السِّيقار، و إلا ة cirgrillos و إلا cheroots ؟

إذا كان الجواب "نعم" أسئل الأسئلة من a حتى c و إلاَّ إنتقل للسؤال 20.6

a– قدَّاش كان عمرك ملِّي بديت تتكيَّف في السِّيقار و إلاَّ فس السِّيكاريوس و إلاَّ الشِّيروتس بصفة منتظمة؟

b– قدَّاش كان عمرك آخر مرَّة قصَّيت فيها عالتدخين إذا قصَّيت ؟ (إذا المشارك ما قصّش عالتدخين سجّل الكود 999).

c– في المعدَّل، في المدَّة الكاملة إليِّ تكيَّفت فيها، قدَّاش تكيَّفت تقريبا من سيقار و إلاَّ من سيكاريوس و إلاَّ الشِّيروتس في النَّهار و إلاَّ في الجمعة

في جملة المرّات إلّي تكيّفت فيها؟

6.20 – <u>عمرك</u>شي تكيّفت شيشا؟

إذا كان الجواب "نعم" أسئل الأسئلة من a حتى c و إلاّ إنتقل للسؤال 7.20

a– قدّاش كان عمرك ملّي بديت تتكيّف الشيّشة بصفة منتظمة؟

b– قدّاش كان عمرك آخر مرّة قصّيت فيها عالتدخين <u>إذا قصّيت</u> ؟ (إذا المشارك ما قصّش عالتدخين سجّل الكود 999).

c– في المعدّل في المدّة الكاملة إلّي تكيّفت فيها، قدّاش تكيّفت تقريبا من شيشا في النّهار و إلاّ في الجمعة في جملة المرّات إلّي تكيّفت فيها؟
ملاحظة : عندك الإختيار باش تسأل الأسئلة 20. 7. و20.8.

7.20 – <u>عمرك</u>شي تكيّفت الحشيش(joints) ؟

إذا كان الجواب "نعم" أسئل الأسئلة من a حتى c و إلاّ إنتقل للسؤال 20.8

a– قدّاش كان عمرك ملّي بديت تتكيّف لحشيش بصفة منتظمة ؟

b– قدّاش كان عمرك آخر مرّة قصّيت فيها عالتدخين <u>إذا قصّيت</u> ؟ (إذا المشارك ما قصّش عالتدخين سجّل الكود 999).

c– في المعدّل، في المدّة الكاملة إلّي دخّنت فيها، قدّاش دخّنت من كميّة حشيش في ا لنّهار و إلاّ في الجمعة في جملة المرّات إلّي تكيّفت فيها؟

8.20 – عمركشي تكيّفت و إلاّ استنشق أيّ مادة أخرى e.g. local, recreational smoked substances) ؟

1.8.20 – حدّد النوع

213

....

20.8.2 –بين الوحدة

....

(إذا كان الجواب نعم أسئل الأسئلة من a حتى c وإلاّ انتقل للسؤال 21)

a– قدّاش كان عمرك ملّي بديت تتكيّف .... بصفة منتظمة ؟

b– قدّاش كان عمرك آخر مرّة قصّيت فيها عالتدخين إذا قصّيت ؟ (إذا المشارك ما قصّش عالتدخين سجّل الكود 999).

c–في المعدل ، في الوقت الكامل إلّي تكيّفت فيه، قدّاش تكيّفت من وحدة تقريبا في النّهار و إلاّ في الجمعة في جملة المرّات إلّي تكيّفت فيهاً؟

نعم ☐

لا ☐

☐   عام ____ ____

☐   لا، منفكرش نقصّ

☐   نعم خلال 6 شهور الجاية

إذا كان المشارك عمرو ماتكيّف جاوب "لا" على الأسئلة الكلّ من 20.1 حتّى 20.5، من بعد انتقل للسؤال 1.24، وإلّا جاوب عالسؤال 23)

نعم ☐

لا ☐

23– سبقشي لطبيب و إلاّ أي عون صحة نصحك باش تقصّ عالتّدخين؟

(إذا كان نعم، أطرح السؤال 23A و23B، إذا كان لا، انتقل مباشرة للسؤال 24).

☐ نعم

☐ لا

23A– جاتكشي نصيحة طبية باش تقص عالتدخين في الـ12 شهر اللّي فاتوا؟

☐ نعم

☐ لا

23B– استعملتشي أيّ دواء (بوصفة أو من غير وصفة)، فيه باتش النيكوتين، باش تساعدك باش تقصّ عالتدخين؟

إذا كان نعم، طرح السؤال 23B₁، ثم أطرح السؤال 24 إذا كان لا، انتقل مباشرة للسؤال 24

☐ Substitut de nicotine

☐ Buproprion

☐ Tofranil

☐ autre

23B1– شنّوا نوع الدواء إلّي خذيتوا باش يساعدك باش تقص عالتدخين؟

☐ نعم

☐ لا

24– استعملتش و إلّا عملتش أيّ حاجة أخرى باش تساعدك تقص عالتدخين ؟

(إذا كان نعم، أطرح السؤال 24A، وإلّا انتقل للسؤال 24.1).

☐ التنويم (Hypnose) المغناطيسي

☐ المعالجة (Acupuncture) بوخز الإبر

☐ (traitement comportemental) المعالجة الذاتية

24A– شنّوا عملت؟

أخرى (autre)

24.1- من غير ماتحسب روحك قدّاش من واحد في داركم يتكيّف بصفة منتظمة؟

....

24.2- فمّاشي ناس يتكيّفوا بصفة منتظمة في البلاصة إلّي أنت تخدم فيها

نعم ☐

لا ☐

لا تعمل ☐

24.3- قدّاش من ساعة في النّهار إنت معرّض لدخان السجاير متاع النّاس لخرين في البلايص هاذم؟

24.3.1- في الدار

24.3.2- في الخدمة .... ساعة

24.3.3- في السّينيما ، في البار ، في القهوة، في المطعم وإلّا أيّ أماكن عمومية أخر .... ساعة

24.3.4- بلايص أخرين؟ .... ساعة

24.4- كاش بوك يتكيّف بصفة منتظمة كيف كنت صغير(ة) ؟ .... ساعة

24.5- كانتشي أمّك تتكيّف بصفة منتظمة كيف كنت صغير(ة) ؟

معرفة، اراء و مواقف

مقدمة: هاالأسئلة هاذي عندها علاقة بالسّواقر و التبغ.

24.6- حسب إليّ تعرفوا و إلّا إلّي تعتقدوا تؤمن به التدخين يسببشي أمراض جدية؟

إذا كان الجواب نعم أسئل السؤال

7.24 وإلاّ انتقل للسؤال 25

7.24– حسب إلّي تعرفوا و إلاّ إلّي تعتقدوا و إلّي تؤمن به التدخين ينجّم يسبب حاجة مالأمور هاذي ؟

أقرا كل حاجة.

	ما نعرفش	لا	نعم
a–جلطة دماغية (تصلب الدم في الدماغ مما يتسبب في الشلل)	☐	☐	☐
b– أزمة قلبية؟	☐	☐	☐
c– كونسير الرّية؟	☐	☐	☐
d– إلتهاب مزمن في الريّة ؟	☐	☐	☐
e– أنفيسيما / الريّة المنفوخة	☐	☐	☐

التعرض المهني

25– سبقلكشي خدمت لمدّة عام و إلاّ أكثر في أيّ خدمة فيها الغبرة؟

(إذا كان نعم، أطرح السؤال 25A، وإلاّ انتقل للسؤال 26)

25.A قدّاش من عام خدمت فيها خدمات كنت معرض فيها للغبرة؟   سنة.................

26– سبقشي لطبيب و إلاّ أي عون صحة قالك ألي عندك:

26A– مرض القلب

26B – ارتفاع الضغط (الطونسيو)

26C – السّكر (مرض السكر)

26D – كونسير الرية

26E – جلطة دماغية

26F – سل

(إذا كان نعم 26F، أطرح السؤال 26F2 /26F1، وإلّا انتقل للسؤال 27)

26F1 – باقي تاخذ في دواء ضدّ السّل؟

26F2 – عمركشي خذيت دواء ضدّ السّل؟

27 – سبقلكشي و عملت عمليّة على صدرك نخّبت فيها طرف من الرّية متاعك؟

28- دخلتش لسبيطار بسبب مشاكل التنفس وقت إليّ كنت صغير <u>قبل ما تعمل</u> 10 سنين ؟

ما عا,

29- في 12 شهر اللي فاتو، خذيتش لأنفلونزا ؟

ما عا,

30- قاكلشي قبل طبيب و إلأ أي عون صحة إليّ أمّك و إلأ بوك و إلأ أختك و إلأ خوك، عندهم مرض أنفيسيما ، إلتهاب مزمن في الريّة أو الزّية المنفوخة / سدد مزمن في القصبات الهوائية؟

31- عايششي معاك واحد في الدار يتكيّف السجاير و إلأ pipe و cigar إلأ "بحذاك" في دارك في الجمعتين إليّ فاتوا؟

SF12:

الأسئلة الجابة باش نكون حول الخدمة و حول الوقت إلّي ممكن تضيّع فيه العمل سبب مشاكل صحّية. اختار الجواب اللي يوصف حالتك أكثر

. 32- بصفة عامة، هل تعتبر أن صحتك:

ممتازة	☐
جيدة جدا	☐

جيدة ☐

متوسطة ☐

سيئة ☐

33- تتعلق الأسئلة التالية بالنشاطات التي يمكنك إنجازها خلال يوم عادي. هل أن صحتك حاليا تعيقك في

القيام بالنشاطات التالية؟ إن كان كذلك، فإلى أي مدى؟

A33 – الأنشطة المتوسطة القوة كنقل طاولة ودفع مكنسة كهربائية وركوب الدراجة أو السباحة

نعم، تعيقني كثيرا ☐

نعم، تعيقني قليلا ☐

لا، لا تعيقني بالمرة ☐

B33- صعود أدراج عدة طوابق

نعم، تعيقني كثيرا ☐

نعم، تعيقني قليلا ☐

لا لا، لا تعيقني بالمرة ☐

34. خلال الأربعة أسابيع الماضية، كم مرة واجهت أيا من الصعوبات التالية أثناء قيامك بعملك أو بأنشطتك العادية اليومية الأخرى بسبب صحتك الجسدية؟

A34- أنجزت أقل مما تريد

دائما ☐

غالبا ☐

أحيانا ☐

نادرا ☐

أبدا ☐

B34-كنت محدودا في إنجاز نوع عمل معين أو أنشطة أخرى

دائما ☐

غالبا ☐

أحيانا ☐

نادرا ☐

أبدا ☐

35- خلال **الأربعة** أسابيع **الماضية**، كم مرة واجهت أيا من الصعوبات التالية أثناء قيامك بعملك أو

بأنشطتك العادية اليومية الأخرى **بسبب أي مشاكل متعلقة بالعاطفة** (مثل الإحساس بالإكتئاب أو

القلق)؟ A35- أنجزت أقل مما تريد

دائما ☐

غالبا ☐

أحيانا ☐

نادرا ☐

أبدا ة ☐

B 35. أنجزت عملا أو أنشطة أخرى بانتباه أقل من المعتاد

دائما ☐

غالبا ☐

أحيانا ☐

نادرا ☐

أبدا ☐

36. خلال **الأربعة أسابيع الماضية** إلى أي مدى أعاق **الألم** عملك العادي (بما في ذلك عملك

خارج البيت وداخله)؟

لا شيء ☐

قليلا ☐

بنسبة معتدلة ☐

كثيرا ☐

بصفة بالغة ☐

37- تتعلق الأسئلة التالية بشعورك وبتدبيرك الأمور خلال الأربعة أسابيع الماضية. بالنسبة لكل سؤال، الرجاء إعطاء الجواب الذي يعبر أكثر عن شعورك. خلال الأربعة أسابيع الماضية، كم مرة...

37 A – شعرت بالهدوء والطمأنينة

دائما ☐

غالبا ☐

أحيانا ☐

نادرا ☐

أبدا ☐

B37-كنت متقدا نشاطا ؟

دائما ☐

غالبا ☐

أحيانا ☐

نادرا ☐

أبدا ☐

C37-شعرت بالحزن والإكتئاب؟

دائما ☐

غالبا ☐

أحيانا ☐

نادرا ☐

أبدا ☐

38. **خلال الأربعة أسابيع الماضية، كم مرة أعاقت صحتك الجسدية أو مشاكلك المتعلقة بالعاطفة نشطتك الإجتماعية (مثل زيارة الأصدقاء والأقارب، ألخ.)؟**

كل الوقت ☐

معظم الوقت ☐

بعض الوقت ☐

قليلا من الوقت ☐

أبدأ ة ☐

Impact économique

أيام العمل الضائع

الأسئلة الجاية باش تكون حول الخدمة وحول الوقت إلّي ممكن تضيّيع فيه العمل بسبب مشاكل صحّية .

39- في أماً وقت في الـ12 شهر إلّيّ فاتوا خدمت بمقابل ؟

(إذا كان لا، إستمر بالسؤال 39A، إذا كان نعم، إنتقل للسؤال 40)

نعم ☐
لا ☐

39A- في 12 شهر إلّي فاتو، ما خدمتش بمقابل بلخصوص بسبب مشاكل في <u>التنفّس</u>؟

نعم ☐
لا ☐

39B- في 12 شهر اللي فاتو ، ما خدمتش بمقابل، لأنك كنت مشغول النهّار بكلّوا بسبب الدّار أو لأنك كنت مشغول بالصحة ؟

(إذا كان نعم، إستمرّ بالسؤال 39C، إذا كان لا، إنتقل للسؤال 44)

نعم ☐
لا ☐

39C- في 12 شهر إلّي فاتو، فمأشي مشكلة صحّية مخلّاتكشي تعمل الخدمة متاع الدّار و إلّا نتلها بالصحة متاعك ؟

(إذا كان نعم، إستمر بالسؤال 39D و39E، إذا كان لا انتقل للسؤال44).

.........يوم

39D- في 12 شهر إلّي فاتو، قدّاش من نهار في الجملة كنت منتجمشي تعمل الخدمة في الدّار و إلّا نتلها بالصحة متاعك، بالخصوص بسبب مشاكل <u>صحّية</u>؟

.........يوم

39E- في الـ 12 شهر إلّي فاتوا، قدّاش من نهار في الجملة كنت منتجّمشي تقوم فيها بواجباتك في الدّار، بالخصوص بسبب مشاكل <u>التنفّس</u>؟

........شهر

40- قدّاش طول المدّة إلّي خدمت فيها بالخلاص في 12 شهر إلّي فاتوا؟

.........يوم

41- في الأشهر إلّي خدمت فيها، قدّاش من نهار خدمت في <u>الجمعة</u> بالخلّاص؟

.... ساعة

42- شنوّا عدد <u>الساعات</u> في <u>النهّار</u> إلّي تخدمه في العادة مقابل أجر أو بلخلاص؟

نعم ☐
لا ☐

43- في 12 شهر إلّي فاتو، فمأشي مشاكل صحية منعتك مالخدمة مقابل أجر؟

(إذا كان نعم، إستمر بالسؤال 43A و 43B، إذا كان لا، إنتقل للسؤال 44)

.... يوم

43A- في 12 شهر إلّي فاتو شنيّ مجموع الأيّام إلّي ما كنتش قادر تخدم فيها مقابل أجر بسبب مشاكل صحّية؟

224

43B- في12 شهر اللي فاتو ، شنيّ مجموع الأيام اللي ما كنتش فيها قادر تخدم مقابل أجر، بلخصوص .... يوم
بسبب مشاكل في التنفس؟

الأنشطة خارج العمل الضائعة

الأسئلة الجاية تطرح مسائل بخصوص الوقت إلّي **تنجّم تضيّع** فيه الأنشطة العادية متّاعك (الشّوق، زيارة
الأصدقاء، العائلة، المشي للمسجد أو أيّ نشاط آخر) بسبب مشاكل صحيّة.

44- في12 شهر إلّي فاتو منعّتكشي مشاكل في الصحّة من المشاركة في أيّ نشاط أو أكثر ما عندوش ☐ نعم
علاقة بالخدمة؟ ☐ لا

(إذا كان نعم،أطرح السؤال 44B و 44A، إذا كان لا، إنتقل إلى: أنجز من طرف في نهاية الاستقصاء)

44A- في 12 شهر إلّي فاتو، شنيّا مجموع الأيّام إلّي ما شاركتش فيها في الأنشطة إلّي ما عندهاش علاقة .... يوم
بالخدمة بسبب مشاكل في الصحّة؟

44B- في12 شهر إلّي فاتو، شنيّا مجموع الأيّام إلّي ما شاركتش فيها في الأنشطة إلّي ما عندهاش علاقة .... يوم
بالخدمة بلخصوص بسبب مشاكل التنفس؟

أنجز من طرف_____ _____
—

Annexe 8 : Questionnaire de biomasse

رمز البلد ـــــــ ـــــــ ـــــــ

رمز المدينة ـــــــ ـــــــ

ـــــــ ـــــــ ـــــــ ـــــــ ـــــــ
ID ـــــــ

التاريخ ـــــــ ـــــــ ـــــــ/ـــــــ ـــــــ/ـــــــ ـــــــ
سنة   شهر   يوم

استفتــــــــــــــاء الساكنة حول الاستعمالات اليومية للوقود

بقلكشي أن إستعملت في دارك الفحم كوسيلة أساسيّة للتّطيب لأكثر من 6 شهور؟

نعم ☐
لا ☐

ن الجواب نعم في السؤال 1, أطرح الأسئلة من (A1) حتى (D1) ولا انتقل للسؤال 2)

.اش من عام إستعملت الفحم للتّطيب في دارك؟

.... سنة

المعدّل، قدّاش تعدّي من ساعة في النّهار و إنت شخصيا إطّيب بالفحم ؟

.... ساعة

ِلت تستعمل في الفحم للتّطيب في دارك؟

نعم ☐
لا ☐

ز و إلّا العافية متاعك عندهمش عندهمش منين يخرّجوا الدّخان (مثلا بواسطة شوميني و إلّا شاروق و إلّا شبّاك)

نعم ☐
لا ☐

لكشي إستعملت في دارك اللّوح و إلاّ لعواد و إلاّ بقايا الحصاد أو الغبار لتشغيل العافية كوسيلة أساسيّة، لمدّة أكثر من 6 شهور؟   نعم ☐   لا ☐

ن الجواب نعم في السؤال 2 ,أطرح الأسئلة من(A2) حتى (D2) ولا انتقل للسؤال3)

اش من عام إستعملت فيه اللّوح و إلاّ لعواد و إلاّ بقايا الحصاد أو الغبار لتشغيل العافية لتّطيب في   .... سنة

المعدل، قدّاش من ساعة في النّهار كنت شخصيا طيب باللّوح و إلاّ لعواد و إلاّ بقايا الحصاد أو الغبار ؟   .... ساعة

قي تستعمل في للّوح و إلاّ لعواد و إلاّ بقايا الحصاد أو الغبار للتّطيب في دارك؟   نعم ☐   لا ☐

از و إلاّ العافية متاعك، عندهمشي منين يخرجوا الدّخان لبرّا (مثلا بواسطة شوميني و إلاّ شاروق و إلاّ   نعم ☐   لا ☐

ي أن إستعملت الفحم كوسيلة أساسيّة للتدفئة أو التسخين متاع دارك لمدّة أكثر من 6 شهور؟   نعم ☐   لا ☐

اب نعم في السؤال 3 , أطرح الأسئلة من(A3) (B3) وإلا انتقل للسؤال 4)

ـ من عام إستعملت فيه الفحم لتشغيل العافية كوسيلة أساسيّة للتدفئة/أو التسخين متع دارك ؟   .... سنة

ـ تستعمل الفحم لتشغيل العافية كوسيلة أساسيّة للتدفئة/ أو التسخين متاع دارك؟   نعم ☐   لا ☐

ى أن إستعملت اللّوح و إلّا لعواد و إلّا بقايا الحصاد أو الغبار لتشغيل العافية كوسيلة أساسيّة للتدفئة   □ نعم
دارك لمدّة أكثر من 6 شهور؟   □ لا

واب نعم في السؤال 4 , طرح الأسئلة من(A-4) والسؤال (B-4) والا انتقل لسؤال 4-1:

عام إستعملت فيه اللّوح و إلّا لعواد و إلّا بقايا الحصاد أو الغبار لتشغيل العافية كوسيلة أساسيّة للتدفئة في   سنة.........

، اللّوح و إلّا لعواد و إلّا بقايا لحصاد أو لغبار لتشغيل العافية كوسيلة أساسيّة للتدفئة متاع دارك؟   □ نعم
   □ لا

ى حياتك اللّوح و إلّا لعواد و إلّا بقايا الحصاد أو غبار لتشغيل العافية كوسيلة أساسيّة لتسخين الماء متاع   □ نعم
ن 6 شهور؟   □ لا

، كان الجواب نعم في السؤال 4-1, اطرح السؤال (A - 1-4) والسؤال (B - 1-4) والا انتقل للسؤال 4-2

ن عام استعملت فيه للّوح و إلّا لعواد و إلّا بقايا الحصاد أو غبار لتشغيل العافية كوسيلة   سنة.........
ماء متاع دارك ؟

ستعمل في اللّوح أو لعواد أو بقايا لحصاد أو لغبار لتشغيل العافية كوسيلة أساسيّة لتسخين الماء متاع   □
   □ نعم
   لا

اتك الكروزين كوسيلة أساسيّة للتّطيب في دارك لمدّة أكثر من 6 شهور؟   □ نعم

    □ لا

، السؤال 4-2, اطرح الأسئلة من (4-2- A) (4-2- D) إذا كان لا، امشي للسؤال 5

، فيه الكروزين للتّطيب في دارك؟   ....سنة

اش من ساعة في النّهار كنت شخصيا طيب بالكروزين؟   ....ساعة

، في الكروزين للتّطيب في دارك؟   □ نعم

    □ لا

فية متاعك عندهمش منين يخرّجوا الدّخان (مثلا بواسطة شوميني و إلّا شاروق و إلّا شبّاك)؟ ؟   □ نعم

    □ لا

5- شنّوا الوقود إلّي تستعملو الأكثر لتّطيب في دارك؟

(يمكن أن تختار أكثر من جواب)

a. الكهرباء

b. الغاز

c. الكروزين

d. الفحم

e. الخشب

f. الغبار

g. بقايا التبن أو الحصيدة

h. وسيلة أخرى   حدد : ....

6- قداش من ساعة من النّهار تعذّبها في التأطيب؟ ....ساعة

6-1 في الوقت الحاضر و إلا قبل عينيك يدمعوا و إلا يحرقوك كيف تطيب ؟

☐ لا, أبدا

☐ نعم أحيانا

☐ نعم دائما

غلبيّة التأطيب في الدّارفين يكون؟ (إختار جواب واحد)

a. لبرا في الهواء الطلق ☐

ـا في بيت معزولة ومسكرة ☐

c. داخل الدار في بيت معزولة (الكوجينة) ☐

d. داخل الدار في بيت لقعاد ☐

إذا كان الجواب c "نعم" للسّؤال 7B أو 7Cأو7D كمل السؤال 8 و إلاّ إنتقل للسّؤال 12 :

بيها شاروق؟ نعم ☐

لا ☐

ليه Hotte aspirante ؟ نعم ☐

لا ☐

فيها شبّابك و إلاّبيبان يتحلوا ؟ نعم ☐

☐

لا

قدّاش من ساعة في النّهار تعدّاها في هاك البيت ؟

.... ساعة

تسخّنشي الذّار متاعك؟

☐ نعم

☐ لا

كان نعم، كمّل مع سؤال13إذا كان لا، إمشي للإستفتاء التّالي

قدّاش من شهر في العام تسخّن فيه دارك غالبيّة الوقت ؟

.......شهر

الشّوديار أو الغازأو النّارمعاك في قلب الدّأر؟

☐ نعم

☐ لا

كان الجواب نعم، جاوب السّؤال14 A إذا كان "لا" جاوب على 14 B

في حالة نعم : أهوا شي مهويّ على برّا عن طريق الشّاروق؟

☐ نعم

☐ لا

في حالة لا : البيت هذه إلّأفيها الشّوديار أو الغازأو النّار فيهاش شتّابك و إلّا'بيبان يتحلوا

☐ نعم

☐ لا

15- شنّوا الوقود إلّي تستعملو الأكثر لتدفئة دارك ؟ (اختار جواب واحد)

a. الكهرباء

b. الغاز

c. الكروزين

d. الفحم

e. الخشب

f. الغبار

g. بقايا التبن أو الحصيدة

وسيلة أخرى : حدد ....

انجز من طرف_____ _____ _____ _

Annexe 9 : Questionnaire de travail

رمز

_____ _____ _____ البلد

_____ رمز المدينة_____

_____ _____ ____ _____ _____ _____ID

_____ ____/_____ _____/_____ ____ التاريخ

يوم   شهر   سنة

استفتاء BOLDالخاص بالعمل

1– عمركشي خدمت في أيّ خدمة من هاالخدم لمدّة **3 شهوراو أكثر؟**

عدد سنوات العمل (إذا كان أقلّ من عام واحد سجّل 00)	اختر نعم أو لا لكلّ حالة	
__ ___ . ___ سنة	نعم ☐	a– إستغلال مناجم الصخور الصّلبة
	لا ☐	
__ ___ . ___ سنة	نعم ☐	b– المناجم متاع الفحم الحجري
	لا ☐	
__ ___ سنة	نعم ☐	c– تنظيف أو تزويق الأحجار والزجاج والحديد بآلة الرّمل
	لا ☐	

سنة ___ ___.	نعم ☐	d–أيّ خدمة فيها الأمينات Amiante
	لا ☐	
سنة ___ ___.	نعم ☐	e– صناعة الموادّ الكيمياويّة و البلاستيكيّة
	لا ☐	
سنة ___ ___.	نعم ☐	f– الطاحونة
	لا ☐	
سنة ___ ___.	نعم ☐	g– صناعة القطن والفيبر
	لا ☐	
سنة ___ ___.	نعم ☐	h– تذويب المعدن و الحديد
	لا ☐	
سنة ___ ___.	نعم ☐	i– اللّحام
	لا ☐	
سنة ___ ___.	نعم ☐	j– مكافحة الحرائق
	لا ☐	
سنة ___ ___.	نعم ☐	k– الفلاحة وتربية الماشيّة
	لا ☐	

الأسئلة من (l) و (o) تزادوا على بعض الخدمات الخاصّة و إلّي معروف عليها أنّها تعرّض لخطر أمراض إختناق القصبات الهوائيّة المزمن.

إذا كان إحتجت للميادين هذه boldcentreuk@imperial.ac.uk من فضلك اتصل بمركز العمليات

عدد سنوات العمل   اختر نعم أو لا فكل حالة

(الا كان أقل من عام

سجل 00)

سنة ___ . ___   نعم   ☐

☐

ل   l– البني

سنة ___ . ___   نعم   ☐   m– النظافة: مواد التنظيف المنزلية والصناعية، والعمل مع المنظفات والمطهرات أو غيرها

☐   من المواد الكيميائية

ل

سنة ___ . ___   نعم   ☐

☐   n– التكستيلّ

ل

سنة ___ . ___   نعم   ☐

☐   o– صناعة الأسمنت

ل

نعم   2– في الخدمة الحاليّة متاعك آكش معرّض بصفة منتظمة للغبرة؟

☐

☐   ل

☐   ما تخدمش الوقت الحالي

نعم   3– في الخدمة الحاليّة متاعك آكش معرّض بصفة منتظمة للدّخان؟

☐

☐   ل

☐   ما تخدمش الوقت الحالي

نعم   4– في خدمتك الحاليّة، آكش تستعمل ديما في الماسك أو أيّ مادة واقية لصدرك؟

☐

☐   ل

☐   ما تخدمش الوقت الحالي   1–4 – في الوقت الحاضر إنت : إختار إجابة واحدة

- تخدم (بما فيها الخدمة في لعسكر) ☐

- تخدم حر ☐

- عاطل عن العمل يبحث عن خدمة ☐

- ما يخدمشي خاطر ما عندوش صحّة ☐

- ديما قاعد في الدار ☐

- طالب ☐

- متقاعد ☐

- آخر ☐

5- شنيّا الخدمة أو النشاط إلّي قعدت فيها أكثر مدّة؟ (سمي الخدمة)

....

إذا كان المشارك ما عمرو ما خدم (مثال وقت كامل في الدار) أجب ب "ما عمرو ما خدم" و إنتقل للسؤال 6.

5-A- شنوا تعمل حاليّا أو عملت سابقا في خدمتك؟ (أوصف)

....

5B- في أيّ صناعة قاعد تخدم توّا و إلّا خدمت سابقا؟

....

5C- قدّاش من عام خدمت في الخدمة هاكي؟

سنة ___ ___

5D - كنتش قبل و إلاّ آكش توّا تخدم :   ☐   نعم

☐   لا

a- إداري موظّف لدي صاحب عمل؟   ☐   نعم

☐   لا

b- فورمان أو مشرف لدى صاحب عمل؟   ☐   نعم

☐   لا

c- خدّام لدى صاحب عمل أماّ موش إداري و إلاّ فورمان أو مشرف ؟   ☐   نعم

☐   لا

d- خدّام حرّ

5E-أدخل ----------- ISCO code

6- عمركشي إتلزيّت باش تخرج من الخدمة متاعك على خاطر عملتك مشاكل متاع   ☐   نعم
تنفّس؟   ☐   لا

إذا كان نعم،أطرح السؤال A 6، إذا كان لا، إنتقل إلى الاستفتاء الموالي

شنيّ كان هالخدمة؟   (سمي الخدمة)

....

B6- شنوّا كنت تعمل بالضّبط في الخدمة هاذي؟ (أوصف)

....

C6- قدّاش من عام قعدت في الخدمة هاذي؟

سنة ____ ____

D6- في الوقت هاذاك في أيّ صناعة كنت تعمل؟

....

E6- كنتش قبل و إلّا أكش توّا تخدم:

a- إداري موظّف لدى صاحب عمل؟

b- فورمان أو مشرف لدى صاحب عمل؟

c- خدّام لدى صاحب عمل أماً موش إداري و إلّا فورمان أو مشرف ؟

نعم ☐

لا ☐

d- خدّام حرّ ؟

نعم ☐

لا ☐

أدخل   ISCO code   ----------

نعم ☐

لا ☐

نعم ☐

لا ☐

أنجز من طرف ____ ____ ____

Annexe 10 :

Questionnaire de tabagisme

رمز

_____ _____ _____ البلد

رمز المدينة_____

____ ____ ____ ____ ____ID

سنة _____ / شهر _____ / يوم _____ التاريخ

إستطلاع على المدخنين

من فضلك أطرح هالسؤال على جميع المشاركين
حاليّ

إستطلاع : الإدمان على النّيكوتين Fagerstrom

1- كيف تفيق من النّوم قدّاش من وقت تعدّي قبل
ما تتكيّف أوّل سيقارو؟

☐ 5 - دقائق   0

☐
30 - دقيقة   6

☐ دقيقة   60-31

☐ من بعد 60 دقيقة

2- تلقاشي أيّ صعوبة باش تحبس عالتدخين في
البلايص الممنوع فيها "التدخين"؟ (السّبيطار ،
الإدارة...)

نعم
☐

لا
☐

3- شنوّا هوّ السّيقارو إلّي تلقى صعوبة باش تتخلى
عليه؟

السيقارو اللّول متاع الصباح
☐

أيّ سيقارو آخر
☐

4 - قدّاش من سيقارو تتكيّف في
النهّار؟

10 والاّ أقلّ –
☐

20 .11 –
☐

30.21 –
☐

240

- 31 و إلاّ أكثر
☐

5 - في العادة تتكيّف في الساعات الأولى كي
تفيق، أكثر من بقيّة النهار؟

نعم
☐

لا
☐

6 - تتكيّفشي كيف تبدا مريض و تعدي أغلب
النهار و إنت في الفرش؟

نعم
☐

لا
☐

إقتصاديّات السّجائر المنتجة

مقدمة :

في الأسئلة الجاية باش نسألك على آخر مرّة شريت
لروحك؟ فيها سيقارو

عمركشي شريت سيقارو ليك

نعم
☐

ﻻ
☐

إذا كان الجواب "نعم"، جاوب على الأسئلة من 7.1
حتّى 7.6 و إذا كان الجواب لا إتعدّى للسؤال 8

ʹ- من قدّاش سيقارو لروحك فيها شريت مرّة آخر /1
سيقارو شريت

Répond à المحاور : ادخل المجموعة و الرقم.
l'une des options a, b, c, ou d

a السّيقارو ....
(ضروري عند الإقتضاء)

i.   b باكو ....

i i كان سيقارو من قدّاش .
في الباكو
....
....

c i كاردونات .
....
....

i i سيقارو من قدّاش .
كان في كلّ
كردونة؟....................
....

d i حدّد : أخرى حاجة .
....
....
i i كان سيقارو من قدّاش
في كلّ وحدة (عمّر) ؟
....
....

7- 2/ في المجموع قدّاش فلوس خلّصت في الشريّة هاذي؟

المحاور : إذا كان ما تعرفشي أدخل (0)

"الدّينار" (عمر عملة البلاد)

7- 3/ شنيّا الماركة إلّى شريتها آخر مرّة شريت فيها سيقارو لروحك؟

(أرجع لليستة الخانات متاع الأجوبة متاع لبلاد المحدّدة باش إدخّل الرّمز) الرمز ----------

------

7- 4/ آخر مرّة شريت فيها سيقارو لروحك، منين شريتو؟

(عدّل الفئات للبلاد المحدّدة)

☐ آلة متاع البيع

☐ حانوت

☐ بائع متجوّل

☐ حانوت متاع العسكر

☐ Free Shop (حانوت متاع المطار)

☐ مالبرّا(خارج البلاد)

☐ كيوسك

☐ أنترنيت

أيّ حدّ آخر عند من ☐

حاجة أخرى ☐

حدد

....:

....

ماعادش نتذكّر ☐

5/ السيقارو هاكا بالفيلتر و إلاّ لا؟-7

بلفيلتر ☐

بلا فيلتر ☐

6/ السيقارو هاكا كانش فيه ملاحظة كيما : -7
قطران، كودرون خفيف، متوسّط، ناقص؟

(عدّل الفئات للبلاد المحدّدة)

خفيف ☐

متوسط ☐

ناقص ☐

ما كانش مكتوب عليها حتّى شيء ملّي قلناه سابقا
☐

☐ما نعرفشي

في أيّ بلاصة من هاذوما ما تنجّمش تتكيّف

سينما ☐

مطعم ☐

المدرسة ☐

الإدارة☐

الكار ☐

الثّران ☐

طيارة ☐

تراموي ☐

☐ حتّى وحدة ملّي قلناه سابقا

التدخين مسموح بيه في الخدمة·

نعم ☐

لا ☐

ما تخدمش ☐

مقدمة:

السّؤال الجاي يتعلّق بالتّعرّض متاعك للإعلام و
الإشهار في الـ30 يوم إلّي فاتو·

- في الـ 30 يوم الأخيرة لاحضتش أيّ نوع
مالإشهارات التّالية للتّدخ

آقرا كلّ نقطة وحدها: (عدل الفئات للبلاد المحددة)

ما تعرفشي	لا	نعم	
			ني للسّيقارو؟
			ـ.2سيقارو؟
			ات السجائر؟
			ى كي تشري .السّيقارو
			ع أيُ سيقارو
			ـطة أو البريد
			حدث رياضّي

أنجز من طرف___ ___ ___ ___ ___

Annexe 11 : Questionnaire de suivi du patient

رمز البلد ــــــ ــــــ

ــــــ

رمز المدينةــــــ ــــــ ــــــ

ID ــــــ ــــــ ــــــ ــــــ ــــــ ــــــ

التاريخ ــــــ ــــــ /ــــــ ــــــ /ــــــ ــــــ

يوم   شهر   سنة

استفتاء لتحديد المشاركين في BOLD

1- السن		ــــــ ــــــ سنوات
2- الجنس	ذكر ☐	
	أنثى ☐	

	لا	نعم
3- المعطيّات المجمّعة		
– الاستفتاء الأساسي	☐	☐
– استفتاء المدخنين	☐	☐
– استفتاء الساكنة	☐	☐
– قياس التنفس (يشمل الاستفتاء)	☐	☐
– أدنى المعطيات\ رفض الاستفتاء	☐	☐
– الاستفتاء الخاص بالعمل	☐	☐
– الاستفتاء الخاص بالأكل	☐	☐

4- عدم الإجابة [خاص بالمشاركين اللّي ماعندهم حتى معطى (الاجابة ب "لا" على كلشي) في السؤال 3]

☐ مرفوض/بدون بيانات مجمّعة

☐ معروف أنو خارج المنطقة

☐ مؤقتًا خارج المنطقة

☐ متوفى/ ميّت

☐ في عمر غير مؤهّل

☐ مؤسساتي

☐ معندوش أثر (عنوان موش واضح و إلّا تليفون)

غير موجود (لم يرجع برسالة أو بجواب هاتفي)

.

5. الأسئلة التالية 5 و 6 اختيارية

5.1. سجل بيانات المعلومات الجغرافية (مثلا الإحداثيات الجغرافية، والرمز البريدي ورقم المنطقة)

☐

_____ _____ _____ _____

5.2. سجل البيانات عن المعلومات الجغرافية

_____ _____ _____

6. للمراكز التي يؤديها أساليب أخذ العينات متعددة المراحل، يرجى إدخال مجموعة الأرقام المعرفة هنا

6.1 _____

6.2 _____

6.3 _____

أنجز من طرف _____ _____ _____ _____

PUBLICATION

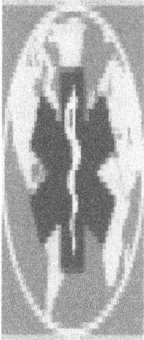

International Journal of Environmental Research and Public Health

Shortcut: Int J Environ Res Public Health

ISSN number: 1660-4601

Impact Factor 2012: 1.998

Indexing and Abstracting Services:

- AGORA (FAO)

  - AGRIS - Agricultural Sciences and Technology (FAO)
  - CAB Abstracts (CABI)
  - CAS - Chemical Abstracts (ACS)
  - Current Contents - Arts & Humanities (Thomson Reuters)
  - DOAJ - Directory of Open Access Journals
  - EMBASE (Elsevier)
  - FSTA - Food Science and Technology Abstracts (IFIS)
  - GeoBase (Elsevier)
  - Global Health (CABI)
  - Journal Citation Report (Thomson Reuters)
  - MEDLINE (NLM)
  - PubMed (NLM)
  - SCIE - Science Citation Index Expanded (Thomson Reuters)
  - SciSearch (Thomson Reuters)
  - Scopus (Elsevier)
- Web of Science (Thomson Reuters)

Website: www.mdpi.com/journal/ijerph

Frequency: open access journal published monthly online by MDPI

Int. J. Environ. Res. Public Health **2013**, *10*, 7257-7271; doi:10.3390/ijerph10127257

International Journal of
Environmental Research and
Public Health
ISSN 1660-4601
www.mdpi.com/journal/ijerph

Article

Prevalence of COPD and Tobacco Smoking in Tunisia — Results from the BOLD Study

Hager Daldoul [1,†], Meriam Denguezli [1,†,*], Anamika Jithoo [2], Louisa Gnatiuc [2], Sonia Buist [3], Peter Burney [2], Zouhair Tabka [1,‡] and Imed Harrabi [4,‡]

[1] Laboratory of Physiology, Faculty of Medicine Ibn El Jazzar, Mohamed Karoui Avenue, Sousse 4000, Tunisia; E-Mails: hagerdaldoul@yahoo.fr (H.D.); tabkazouhair@yahoo.fr (Z.T.)

[2] National Heart and Lung Institute, Imperial College London, 28 Emmanuel Kaye Building,
Royal Brompton Campus, London, SW7 2AZ, UK; E-Mails: a.jithoo@imperial.ac.uk (A.J.); l.gnatiuc2@imperial.ac.uk (L.G.); p.burney@imperial.ac.uk (P.B.)

[3] Department of Pulmonary and Critical Care Medicine, Oregon Health and Science University, Portland, OR 97239, USA; E-Mail: buists@ohsu.edu

[4] Department of Epidemiology, University Hospital Farhat Hached, Sousse 4000, Tunisia; E-Mail: imed_harrabi@yahoo.fr

[†] *These authors contributed equally to this work.*

[‡] *These authors contributed equally to this work.*

[*] Author to whom correspondence should be addressed; E-Mail: myriam_denguezli2@yahoo.fr;
Tel.: +216-97-263-212; Fax: +216-73-224-899.

Received: 26 September 2013; in revised form: 2 December 2013 / Accepted: 9 December 2013 /
Published: 17 December 2013

Abstract: In Tunisia, there is a paucity of population-based data on Chronic Obstructive Pulmonary Disease (COPD) prevalence. To address this problem, we estimated
the prevalence of COPD following the Burden of Lung Disease Initiative. We surveyed 807 adults aged 40+ years and have collected information on respiratory history and symptoms, risk factors for COPD and quality of life. Post-bronchodilator spirometry was performed and COPD and its stages were defined according to the Global Initiative for Chronic Obstructive Lung Disease (GOLD) guidelines. Six hundred and sixty one (661) subjects were included in the final analysis. The prevalence of GOLD Stage I and II or higher COPD were 7.8% and 4.2%, respectively (Lower Limit of Normal modified stage I and II or higher COPD prevalence were 5.3% and 3.8%, respectively). COPD was more common in subjects aged 70+ years and in those with a BMI < 20 kg/m^2. Prevalence of stage I+ COPD was 2.3% in <10 pack years smoked and 16.1% in 20+ pack years smoked. Only 3.5% of participants reported doctor-diagnosed COPD. In this Tunisian population, the prevalence of COPD is higher than reported before and higher than self-reported doctor-diagnosed COPD. In subjects with COPD, age is a much more powerful predictor of lung function than smoking.

Keywords: COPD; prevalence; smoking; Tunisia; BOLD

1. Introduction

Chronic obstructive pulmonary disease (COPD) represents a major public health problem in developing countries and especially in North Africa [1]. It is characterized by lung function impairment with airway obstruction, and is currently estimated to be one of the leading causes of death in 2010 [2]. Although COPD is one of the leading causes of mortality and morbidity, epidemiological data on COPD are very limited in North Africa, including Tunisia. The comparison of the few Tunisian COPD prevalence estimates with the international literature showed that estimated prevalence of COPD in Tunisia was low compared with America and Europe and the disease is certainly under diagnosed [1]. In fact, National estimates of COPD prevalence are usually based on self-reported diagnosis without the use of objective measurement of lung function by spirometry testing. One survey of chronic bronchitis has estimated the prevalence as 3.8% (1.1% in women and 6.6% in men) [3].

Several investigations, using spirometry, and conducted in the United States [4], Korea [5], Spain [6], Sweden [7], and South America [8], have demonstrated the under-diagnosis of COPD. The most extreme example was observed in Japan, where the results of the 2004 population-based prevalence of COPD survey contrasts with the estimates of the Japanese Ministry of Health (10.9% *vs.* 0.3% respectively) [9]. Only 9.4% of the subjects documented with airflow obstruction reported a physician diagnosis of COPD. Similar rates of under diagnosis have been frequently reported [10].

Therefore, objective measurement of lung function by spirometry testing is needed to determine
the true prevalence of COPD in Tunisia. The Burden of Obstructive Lung Disease (BOLD) study was designed to provide a standardized framework for estimating COPD prevalence, risk factors and economic burden in different countries around the world [11]. In this paper we report the population estimate of COPD prevalence in Sousse, Tunisia, using the BOLD protocol.

2. Experimental Section

We followed the BOLD protocol as it has been described elsewhere [11,12]. Data were collected by trained and certified staff, under continuous quality control from the BOLD coordinating center.

2.1. Participants

The survey was conducted on a gender-stratified representative random sample of non-institutionalized residents selected from the general population living in the urban area of Sousse. Two quartiers with clear administrative boundaries were selected for convenience and districts were sampled at random from each of the two selected quartiers. Site or home visits were scheduled for adults aged ≥40 years to complete questionnaires and perform pre- and post-bronchodilator spirometry. All participants gave written informed consent, and the study was approved by the Medical School of Sousse Ethics' Committee.

2.2. Data Collection

2.2.1. Study Outcomes

Spirometry was performed according to ATS (American Thoracic Society) criteria [13,14] before and 15–60 min after administering 200 μg of salbutamol (Ventolin, GlaxoSmithKline, Middlesex, UK). Portable spirometers (Easy One ndd. Medizintechnik, Zurich, Switzerland) were used in this study and were daily calibrated, using a 3.00 L syringe. All spirometry data were reviewed and graded for quality by the BOLD Pulmonary Function Quality Control Centre. We defined COPD according to GOLD (Global Initiative for Chronic Obstructive Lung Disease) criteria, as post-bronchodilator FEV_1/FVC (FEV_1: Forced expiratory volume in 1 s; FVC: Forced vital capacity) less than 70% [15].

2.2.2. Definition of COPD Stages

COPD stages in those with post-bronchodilator (post-BD) FEV_1/FVC <0.7, were defined according to GOLD guidelines: Stage I: if FEV_1 ≥80% predicted; Stage II: if FEV_1 ≥50 and <80% predicted; Stage III: if FEV_1 ≥30 and <50%; and Stage IV: if FEV_1<30% predicted. We used the third US National Health and Nutrition Examination Survey (NHANES 3) to compute predicted values for FEV_1 [16]. We examined also the impact of using FEV_1/FEV_6 (FEV_6: Forced expiratory volume in 6 s) in place of FEV_1/FVC in our definitions [17]. Doctor-diagnosed COPD was defined as self-reported physician's diagnosis of COPD, chronic bronchitis, or emphysema.

The number of pack-years of cigarette smoking was calculated as the average number of cigarettes smoked per day divided by 20, times the duration of smoking in years.

Education level was assessed as self-reported years of education and classified according to the education system in Tunisia, as 0, 1–5, 6–8, 9–11 and ≥12 years.

2.2.3. Questionnaire Data

The questionnaires used in this study contained information on history of respiratory symptoms and diseases, use of respiratory medication, comorbidities, risk factors for COPD, health-care utilization, tobacco exposure, use of biomass fuels for cooking or heating, occupational exposures and activity limitation due to breathing problems [11].

2.3. Statistical Analysis

Population estimated prevalence of COPD was calculated for the overall Sousse population, using population weights. Prevalence of COPD was stratified by gender, age and pack-years   of cigarette smoking.

The significance of differences between proportions was determined by chi-square tests. Calculations of odd ratios (ORs) and 95% CI values for COPD in relation to potential risk factors were performed with multivariate logistic regression models. The variables of sex, age groups, body mass index (BMI), smoking status, pack-years of smoking, occupational exposure to dusts/gases/fumes, respiratory disease in family, pulmonary problems in childhood and education were tested in the multivariate logistic regression model. All statistical tests were performed with Stata statistical software (version 7.0; Stata Corporation, College Station, TX, USA), and a p value of 0.05 was considered significant.

3. Results

3.1. Sample Demographics

Of the 807 subjects sampled from Sousse region in Tunisia, 717 were interviewed. The response rate was 90%. The number of non-responders and ineligible participants were 77 and 13, respectively. The reasons for non-response included refusals, contact failures, spirometry ineligibility, and failed attempts.

Among the 717 interviewees, 56 failed to complete the spirometry testing and 661 completed acceptable and reproducible post-BD spirometry and questionnaires and were included in this analysis (Figure 1). There were no significant differences in age, sex and smoking status between responders and non-responders, thus, the pattern of these variables distribution was similar in the two groups, suggesting that the study participants are highly representative of the general population (data not shown).

Figure 1. Response rate of questionnaire and spirometry.

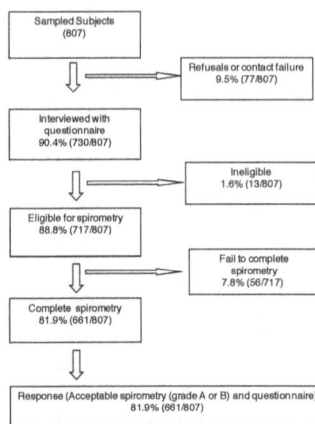

The study sample consisted of 309 men and 352 women. The mean age of the final study population did not differ significantly between men and women. The educational level differs significantly between men and women (2.8 (SD, 1.23) *vs*. 1.9 (SD, 1.41); $p < 0.01$).

A history of current or past smoking was greater in men than women (47.4% *vs*. 7.0% and 74.3% *vs*. 8.5%, respectively). Despite the differences in smoking history between men and women, percent of predicted FEV_1 and FVC did not differ between sexes while FEV_1/FVC was significantly higher in women (Table 1).

Moreover, we used spirometric data to classify people with restricted spirometry (FEV1/FVC $\geq$ 0.70 and FEV1 < 80%). Overall, we found that 12.6% of men (39/309) and 19% of women (67/352) had restricted spirometry.

Table 1. Participants smoking status * and lung function ** by sex.

	Men	**Women**	**p-value**
Smoking status (pack years)			
Never	78 (19.6)	320 (80.4)	
0–10	22 (62.9)	13 (37.1)	<0.001
10–20	57 (87.7)	8 (12.3)	
20+	152 (93.3)	11 (6.7)	
Lung Function			
FEV_1 (L)	3.1 (0.77)	2.3 (0.60)	<0.001
FEV_1 (%, predicted)	90.5 (17.34)	92.3 (17.10)	0.1913
FVC (L)	4.0 (0.79)	2.8 (0.66)	<0.001

FVC (%, predicted)	89.3 (13.66)	88.7 (14.63)	0.5801
FEV$_1$/FVC (%)	77.8 (8.66)	81.9 (5.73)	<0.001

* Smoking pack-years are expressed in N (%); ** Lung function measures are taken post bronchodilator and are expressed in Mean (SD); Abbreviations: FEV$_1$—1 s forced expiratory volume, FVC—forced vital capacity, SD—standard deviation.

Table 2 shows the estimated prevalence of smoking in Tunisia by age and gender. 41.9% of the Tunisian population is estimated to be ever smokers, while the prevalence of current smoking in this population is estimated to be 28.6%. Current smokers accounted for 49.4% of the male subjects and 7.3% of the female subjects.

According to GOLD diagnostic criteria, the overall prevalence of stage I or higher COPD was 7.8% (1.2) (Lower Limit of Normal (LLN) modified stage I or higher COPD prevalence was 5.3% (1.4)).

The prevalence of COPD was significantly higher in men than in women (13.5% (2.9) *vs.* 1.9% (0.7) respectively; $p < 0.01$). The prevalence of GOLD stage II COPD was 4.2% (0.9) (LLN modified stage II COPD prevalence was 3.8% (1.3)) and was also different between men and women (7% (1.9) *vs.* 1.2% (0.7) respectively; $p < 0.01$) (Figure 2). However, none of the study subjects met criteria for GOLD stages III or IV COPD. The prevalence of COPD stage I and stage II increased with age in both sexes, and for each age group was greater in men than in women ($p < 0.01$) (Figure 2).

Table 2. Population estimates of the smoking distribution in Sousse, Tunisia, by age and gender *.

	40–49 year	50–59 year	60–69 year	70+ year	All
Male gender					
Never smoker	24.3 (6.7)	23.5 (3.5)	34.4 (5.4)	25.0 (7.2)	25.8 (4.1)
Former smoker	16.0 (3.6)	26.9 (4.0)	42.0 (6.2)	37.6 (7.7)	24.8 (3.0)
Current smoker	59.6 (5.8)	49.6 (4.8)	23.6 (3.8)	37.5 (7.8)	49.4 (4.2)
Female gender					
Never smoker	89.4 (3.2)	90.7 (3.0)	96.2 (2.8)	95.2 (4.7)	91.3 (2.1)
Former smoker	1.5 (1.0)	2.8 (1.6)	0	0	1.5 (0.7)
Current smoker	9.2 (2.8)	6.5 (2.1)	3.8 (7.8)	4.8 (4.7)	7.3 (1.9)
Total					
Never smoker	57.1 (4.6)	54.9 (3.1)	64.6 (3.5)	64.2 (5.6)	58.1 (2.8)
Former smoker	8.7 (2.0)	15.6 (2.1)	21.5 (3.5)	16.6 (3.7)	13.3 (1.4)
Current smoker	34.2 (4.1)	29.5 (3.2)	13.9 (2.5)	19.2 (4.8)	28.6 (2.9)

* All values are % (SE); Abbreviations: SE—standard error.

Figure 2. Prevalence of COPD (GOLD stage I and II COPD) by gender and age groups.

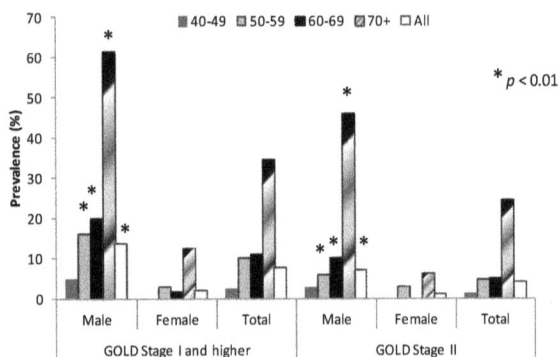

COPD: Chronic Obstructive Pulmonary Disease; GOLD I: Global Initiative for Chronic Obstructive Lung Disease Stage I COPD; GOLD II: Global Initiative for Chronic Obstructive Lung Disease Stage II COPD; * $p < 0.01$, significant difference between men and women according to age.

Our study showed that 74.5% of patients with COPD (94.7% of male and 5.2% of female patients with COPD) were smokers. As expected, prevalence of COPD (GOLD stage I and higher) increased with increasing pack-years of cigarette smoking in both men and women from 3.9% in subjects who had never smoked to 16.1% in those with a smoking history ≥ 20 pack-years. Similarly, the prevalence of GOLD stage II COPD increased from 2.6% in subjects who had never smoked to 8.2% in those with the most pack-years of smoking (Figures 3 and 4). Surprisingly, high prevalence of COPD stages I and II was found in never-smokers and especially in men (12.4 % (6.7) and 9.3% (5.4), for stages I and II respectively; $p < 0.01$) (Figures 3 and 4).

Figure 3. Prevalence of GOLD Stage I and higher by pack years and sex.

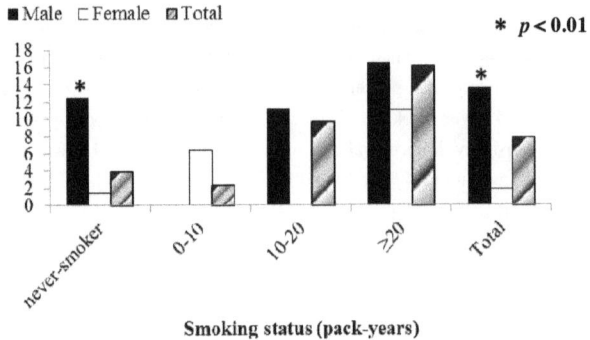

Smoking status (pack-years)

GOLD I: Global Initiative for Chronic Obstructive Lung Disease Stage I COPD; * $p < 0.01$, significant difference between men and women according to smoking status.

Figure 4. Prevalence of GOLD Stage II by pack years and sex.

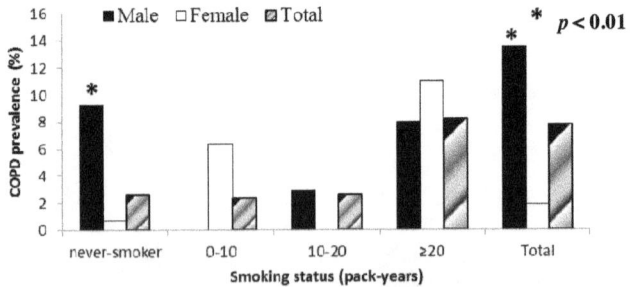

GOLD II: Global Initiative for Chronic Obstructive Lung Disease Stage II COPD; * $p < 0.01$, significant difference between men and women according to smoking status.

3.2. Risk Factors for COPD

We performed univariate and multivariate logistic regression to assess the association of COPD with gender, age, education, smoking history, BMI, childhood and family history of respiratory disease and occupational exposure to dust. After mutual adjustment for all these potential factors in the model, we found that in our study population, COPD was more common in subjects aged 70+ years (OR = 17.67, $p = 0.007$) compared to subjects aged 40–49 years of age, and in those with a BMI < 20 kg/m^2 (OR = 6.61, $p = 0.02$) compared to subjects with a BMI of 20–25 kg/m^2. Smoking 10+ pack years

per year, was independently associated with an increased risk of COPD (OR = 1.25, $p = 0.003$), however that association decreased and did not reach conventional levels of statistical significance (OR = 1.18, $p = 0.1$) after adjustment of all other potential risk factors in the model (Table 3).

Table 3. Factors associated with COPD *.

	Unadjusted OR (95% CI)	*p*-value	Adjusted OR (95% CI) **	*p*-value
Sex				
Male	1		1	
Female	0.198 (0.062–0.635)	0.010	0.201 (0.015, 2.733)	0.210
Age, years				
40–49	1		1	
50–59	2.090 (0.769–5.677)	0.137	2.105 (0.755, 5.863)	0.142
60–69	2.472 (0.778–7.853)	0.116	3.519 (0.942, 13.152)	0.060
≥70	10.403 (2.072–52.222)	0.007	17.670 (2.488, 125.472)	0.007
Education, years				
0	1		1	
1–5	0.375 (0.076–1.840)	0.208	0.480 (0.062, 3.698)	0.455
6–8	0.774 (0.211–2.844)	0.681	1.471 (0.245, 8.827)	0.653
9–11	0.798 (0.329–1.934)	0.595	0.932 (0.112, 7.761)	0.944
≥12	0.602 (0.142–2.545)	0.464	0.881 (0.273, 2.839)	0.820
Smoking Status				
Never smoker	1			
Former smoker	2.164 (0.667, 7.022)	0.182	0.426 (0.041, 4.429)	0.449
Current smoker	3.301 (1.127, 8.150)	0.030	0.641 (0.084, 4.885)	0.648
Smoking pack-years				
10 year increase	1.252 (1.093–1.435)	0.003	1.176 (0.941, 1.470)	0.141
Body Mass Index				
<20	4.673 (1.032, 21.159)	0.046	6.610 (1.439, 30.354)	0.019
20–25	1		1	
25–30	0.536 (0.145, 1.977)	0.324	0.821 (0.267, 2.527)	0.714
30–35	0.743 (0.282, 1.960)	0.524	1.299 (0.401, 4.208)	0.642
>35	0.271 (0.069, 1.063)	0.060	0.660 (0.177, 2.466)	0.512

Occupational dust exposure

10 year increase	1.288 (0.978, 1.697)	0.069	0.996 (0.689, 1.441)	0.983

Childhood breathing problems

No	1		1	
Yes	0.956 (0.099, 9.242)	0.967	1.666 (0.195, 14.235)	0.620

Family history of pulmonary disease

No	1		1	
Yes	0.190 (0.024, 1.508)	0.108	0.194 (0.018, 2.114)	0.164

* Post-bronchodilator FEV_1/FVC < Lower Limit of Normal (LLN) defined COPD; ** Mutual adjustment for all the risk factors in the table; Abbreviations: CI = confidence interval; COPD = chronic obstructive pulmonary disease; OR = odds ratio.

3.3. Lifetime Diagnosis of COPD and Respiratory Symptoms

The prevalence of self-reported doctor-diagnosed chronic bronchitis, emphysema or COPD was 3.5% (0.7). This value is half of the estimated prevalence of GOLD stage I or higher COPD in Sousse (7.8%) (Table 4). The prevalence of self-reported doctor-diagnosed COPD was higher in females than males (4.8% (0.9) *vs*. 2.3% (0.8), respectively).

The prevalence of doctor-diagnosed COPD increased with age, particularly in men as seen in Table 4 but no clear trend was seen with increasing pack-years of smoking.

Table 4. Prevalence of COPD according to Doctor Diagnosis's by; gender, age and pack years *.

	Doctor-Diagnosed COPD		
	Male	Female	Total
Age, year%			
40–49	1.1 (0.7)	4.6 (1.5)	2.8 (0.9)
50–59	2.4 (1.4)	7.0 (1.9)	4.6 (1.4)
60–69	3.2 (2.5)	3.8 (2.8)	3.5 (2.4)
70+	9.4 (6.8)	0	4.1 (3.0)
All	2.3 (0.8)	4.8 (0.9)	3.5 (0.7)
Pack-Years%			
Never-smoker	3.3 (1.5)	4.2 (0.9)	4.0 (0.8)

0–10	0	6.2 (5.7)	2.0 (2.0)
10–20	3.3 (2.5)	19.8 (17.2)	5.3 (3.4)
20+	1.8 (0.9)	9.2 (7.2)	2.3 (0.8)
Total	2.3 (0.8)	4.8 (0.9)	3.5 (0.7)

* All values are % (SE).

The prevalence of cough, sputum, wheezing, and breathlessness in patients with COPD Stages I and II are shown in Table 5. The frequency of these respiratory symptoms increased with the severity of COPD. Only 2.7% of the subjects had ever been tested by lung function tests (spirometry).

Table 5. Frequencies of respiratory symptoms in patients with chronic obstructive pulmonary disease.

	COPD defined as			
	LLN Stage I+ (n = 33)	LLN Stage II (n = 30)	GOLD Stage I+ (n = 51)	GOLD Stage II (n = 39)
Cough	13 (39.39)	13 (43.33)	19 (37.25)	17 (43.59)
Sputum	18 (54.55)	17 (56.67)	25 (49.02)	22 (56.41)
Wheezing	20 (60.61)	20 (60.67)	25 (49.02)	22 (56.41)
Dyspnea	12 (36.36)	12 (40.00)	16 (31.37)	16 (41.03)
Chronic cough with phlegm †	7 (21.21)	7 (23.33)	10 (19.61)	9 (23.08)

Values are n (%). Definition of abbreviations: COPD = chronic obstructive pulmonary disease; GOLD = Global Initiative for Chronic Obstructive Lung Disease; LLN = Lower Limit of Normal; † Cough with phlegm for at least 3 months per year in the previous 2 years.

4. Discussion

The key findings of this population-based prevalence survey are that 7.8% of the residents of Sousse, Tunisia, 40 years of age or over had at least Stage I COPD, and this was more common in men than in women. These findings indicated COPD as a more serious public health problem in Tunisia than expected from previous studies [3] and illustrate the magnitude of the burden that COPD will pose in the near future, as the proportion of the population living into old age when chronic diseases including COPD are common.

Our finding is consistent with an expected range of 4% to 10% from an international review of COPD prevalence based on spirometry [8,18,19]. As expected, COPD prevalence found in our study most likely reflects the aging of our study population. This is similar to the results found in many other countries using the same BOLD methodology [14] and in many other previous epidemiological studies [19,20]. Indeed, the projected increase in the prevalence of COPD worldwide is being driven more by the projected aging of the world population than by estimated changes in the prevalence of smoking [21]. Demonstrating this point, our data show a steep gradient in COPD prevalence with increasing age, with the highest prevalence seen in men and women ≥70 years of age. This result reflects the use of the threshold based on a fixed ratio of less than 0.70 to define irreversible airflow obstruction as recommended by the GOLD. Indeed, the fixed ratio has been shown to overdiagnose airflow obstruction, especially in the elderly since it has a small but significant age-related regression [17,22,23].

The finding that COPD prevalence increased with age does not minimize the fact that smoking is an important risk factor for COPD [4,24,25]. In the present study, smoking 10+ pack years per year, was independently associated with an increased risk of COPD.

However it is surprising that in the present study, half of patients with COPD (50%) were never smokers. The prevalence of COPD in never smokers, which was as high as 3.9%, was much higher in comparison to other countries participating in the BOLD Study [14] and suggested that factors other than smoking exposure might also be involved in COPD.

Moreover, the potential risk factors we explored were not associated with having more COPD (*i.e.*, exposure to occupational dust) suggesting that other factors that were not explored on our model should be considered. There is a lot of debate in the current literature whether exposure to biomass cooking may be a risk factor for COPD, particularly in low income settings, however the evidence is contradictory [26].

As reported in the study of Lamprecht *et al.*, we found a consistent association of airflow obstruction in never smokers with asthma and older age [27]. Similar results were found in two other cross-sectional studies that showed that COPD in never smokers was more common in older subjects with a medical diagnosis of asthma and with a low educational level [27,28]. Other studies [29,30] are consistent with our finding and have found that persons who could have or have had an asthma will be progressed into chronic obstruction. Thus, asthma has been identified as a risk factor of COPD [30].

In Tunisia, the COPD prevalence in women is lower than that seen in men. This situation is probably due to the fact that Tunisian women have not been as likely to smoke as men. This situation is different in some developed countries, where the prevalence of smoking in women is now often as high as that in men [19]. There has been considerable controversy as to whether women are at equal or perhaps at greater risk than men given an equal exposure. This controversy has not been resolved, although there is increasing evidence that women may be more vulnerable [21]. In developing countries, the increase in smoking among women, that is likely to occur, will probably lead to a tidal wave of COPD as women both have more exposure and live longer. Women are also more likely than men to be exposed to high indoor air pollution levels in developing countries. Thus, fossil fuel pollution has been found to have a greater effect in women compared with men [31,32].

Surprisingly, we found that a low BMI is associated with having more COPD, and why this should be the case and whether other related factors such as nutrition could explain this finding, warrants further investigation.

Our results revealed only 3.5% of participants which reported doctor-diagnosed COPD. An important finding of our study is that there was a huge gap between physician diagnosis of COPD and the presence of airflow obstruction defined by spirometry. Moreover, more than 87.9% had never been diagnosed before this survey. This suggests that diagnosis of COPD based on symptoms may not be adequate and awareness of COPD among health professionals require more use of objective measures of lung function to confirm the diagnosis.

Prevalence estimates depend on the diagnostic criteria and methods used [33]. In order to obtain accurate estimates of COPD prevalence, we used standardized methods developed by the BOLD initiative [13] that incorporate many quality control measures, including careful population-based sampling with high response rate, standardized spirometry equipment, central training, certification, and monitoring of technicians, over reading of all spirograms and a strict protocol for the translation of questionnaires.

Estimated population frequency of COPD in Stage ≥1 in our study was very high in subjects aged 70 or more (about 61.5% in men and over 12.5% in women). Using a post-bronchodilator fixed FEV1/FVC ratio of less than 0.7 as a threshold for COPD diagnosis in this age group can probably lead to overestimation of the disease prevalence. Indeed, the limitations of using a fixed FEV1/FVC ratio <0.70 as a cut point for airflow obstruction, as recommended by the GOLD, have been highlighted recently [22,34,35] and this use has the potential to misclassify at older ages, since the ratio has a small but significant age-related regression [22]. The present controversy revolves around the question of whether using a fixed ratio of FEV1/FVC or a more statistically appropriate metric, such as the lower limit (e.g., 95th percentile) of the population distribution is a better way to separate normal aging from abnormal aging (*i.e.*, disease). A population-based study in individuals over 70 years showed FEV1/FVC ratio below 0.7 in about 35% of asymptomatic, non-smoking subjects [6]. Study based on the NHANES III data has shown that up to 20% of elderly subjects with FEV1/FVC above 5th percentile had FEV1/FVC ratio below 0.7 [35].

The LLN, based on the normal distribution, classify the bottom 5% of the healthy population as abnormal. When we use LLN criterion in the evaluation of FEV1/FVC, it could be one of alternatives to minimize the potential misclassification [15,36]. Several previous studies showed that use of the LLN criterion instead of the fixed ratio criterion minimizes known age biases and better reflects clinically significant irreversible airway obstruction [22,35].

Compared to the reports on COPD prevalence using the same methods [8,37,38], our data showed
a lower prevalence of COPD in Tunisia than that in the five Latin American cities [8], in South Africa [37] and in Turkey [38]; indeed, GOLD Stage II COPD, constituted about half of all

the   COPD   cases
(4.2% overall; 7.0% in men and 1.2% in women).

The high prevalence of GOLD Stage II COPD in our population could probably be attributed   to the fact that all the measured FEV1 and FVC values were expressed relative to the NHANES III white American references values; however, the Tunisian spirometry reference values are 10% lower than Caucasians and the latter may result in an over-diagnosis of GOLD Stage II COPD [39].

5. Conclusions

The results of BOLD Study carried out in Tunisia confirm the high prevalence of COPD and call for more research to be directed toward preventive measures and efforts. In fact, smoking cessation and early diagnosis may inhibit the growth to a relevant clinical stage. Therefore, health-care professionals are duty to do more researches, to inform patients about the disease and to advise them to reduce and even halt smoking. Hence, the outbreak of COPD may be monitored.

Acknowledgments

The authors wish to acknowledge the support of the BOLD Operations Center for their assistance in carrying out the study and for providing technical training and questionnaires. The authors would also like to thank the participants in the BOLD study.

Conflicts of Interest

None of the co-authors have potential, perceived, or real conflict of interest.

References

1. Abdallah, F.C.B.; Taktak, S.; Chtourou, A.; Mahouachi, R.; Kheder, A.B. Burden of Chronic Respiratory Diseases (CRD) in Middle East and North Africa (MENA). *World Allergy Organ. J.* **2011**, *4*, S6–S8.
2. Lozano, R.; Naghavi, M.; Foreman, K.; Lim, S.; Shibuya, K.; Aboyans, V.; Abraham, J.; Adair, T.; Aggarwal, R.; Ahn, S.Y.; *et al.* Global and regional mortality from 235 causes of death for 20 age groups in 1990 and 2010: A systematic analysis for the Global Burden of Disease Study 2010. *Lancet* **2012**, *380*, 2095–2128.
3. Maalej, M.; Bouacha, H.; Ben Miled, T.; Ben Kheder, A.; el Gharbi, B.; Nacef, T. Chronic bronchitis in Tunisia: Epidemiological aspect. *Tunis. Med.* **1986**, *64*, 457–460.
4. Mannino, D.M.; Gagnon, R.C.; Petty, T.L.; Lydick, E. Obstructive lung disease and low lung function in adults in the United States: Data from the National Health and Nutrition Examination Survey, 1988–1994. *Arch. Intern. Med.* **2000**, *160*, 1683–1689.
5. Kim, D.S.; Kim, Y.S.; Chung, K.-S.; Chang, J.H.; Lim, C.-M.; Lee, J.H.; Uh, S.-T.; Shim, J.J.; Lew, W.J. Prevalence of chronic obstructive pulmonary disease in Korea: A population-based spirometry survey. *Am. J. Respir. Crit. Care Med.* **2005**, *172*, 842–847.
6. Pena, V.S.; Miravitlles, M.; Gabriel, R.; Jimenez-Ruiz, C.A.; Villasante, C.; Masa, J.F.; Viejo, J.L.; Fernandez-Fay, L. Geographic variations in prevalence and underdiagnosis of COPD: Results of the IBERPOC multicentre epidemiological study. *Chest* **2000**, *118*, 981–989.
7. Halbert, R.J.; Isonaka, S.; George, D.; Iqbal, A. Interpreting COPD prevalence estimates: What is the true burden of disease? *Chest* **2003**, *123*, 1684–1692.

8. Menezes, A.M.B.; Perez-Padilla, R.; Jardim, J.B.; Muino, A.; Lopez, M.V.; Valdivia, G.; de Oca, M.M.; Talamo, C.; Hallal, P.C.; Victora, C.G. Chronic obstructive pulmonary disease in five Latin American cities (the Platino study): A prevalence study. *Lancet* **2005**, *366*, 1875–1881.

9. Fukuchi, Y.; Nishimura, M.; Ichinose, M.; Adachi, M.; Nagai, A.; Kuriyama, T.; Takahashi, K.; Nishimura, K.; Ishioka, S.; Aizawa, H.; *et al.* COPD in Japan: The nippon COPD epidemiology study. *Respirology* **2004**, *9*, 458–465.

10. Schirnhofer, L.; Lamprecht, B.; Vollmer, W.M.; Allison, M.J.; Studnicka, M.; Jensen, R.L.; Buist, S. COPD prevalence in Salzburg, Austria: Results from the burden of obstructive lung disease (BOLD) study. *Chest* **2007**, *131*, 29–36.

11. Buist, A.S.; Vollmer, W.M.; Sullivan, S.D.; Weiss, K.B.; Lee, T.A.; Menezes, A.M.B.; Crapo, R.O.; Jensen, R.L.; Burney, P.G.J. The burden of Obstructive Lung Disease Initiative (BOLD): Rationale and design. *J. Chronic Obstr. Pulm. Dis.* **2005**, *2*, 277–283.

12. Buist, A.S.; McBurnie, M.A.; Vollmer, W.M.; Gillespie, S.; Burney, P.; Mannino, D.M.; Menezes, A.M.B.; Sullivan, S.D.; Lee, T.A.; Weiss, K.B.; *et al.* International variation in the prevalence of COPD (The BOLD Study): A population-based prevalence study. *Lancet* **2007**, *370*, 741–750.

13. Medical Section of the American Lung Association. Standardization of spirometry: 1994 update. *Am. J. Respir. Crit. Care Med.* **1994**, *152*, 1107–1136.

14. Enright, P.L.; Studnicka, M.; Zielinski, J. Spirometry to detect and manage chronic obstructive pulmonary disease and asthma in the primary care setting. *Eur. Respir. Mon.* **2005**, *31*, 1–14.

15. Global Strategy for the Diagnosis, Management, and Prevention of COPD. Available online: http://www.goldcopd.org/guidelines-global-strategy-for-diagnosis-management.html (accessed on 10 December 2013).

16. Hankinson, J.L.; Odencrantz, J.R.; Fedan, K.B. Spirometric reference values from a sample of the general U.S. population. *Am. J. Respir. Crit. Care Med.* **1999**, *159*, 179–187.

17. Vollmer, W.M.; Gıslason, B.; Burney, P.; Enright, P.L.; Gulsvik, A.; Kocabase, A.; Buist, A.S. Comparison of spirometry criteria for the diagnosis of COPD: Results from the BOLD study. *Eur. Respir. J.* **2009**, *34*, 588–597.

18. Zhong, N.; Wang, C.; Yao, W.; Chen, P.; Kang, J.; Huang, S.; Chen, B.; Wang, C.; Ni, D.; Zhou, Y.; *et al.* Prevalence of chronic obstructive pulmonary disease in China, a large population-based survey. *Am. J. Respir. Crit. Care Med.* **2007**, *176*, 753–760.

19. Lundback, B.; Lindberg, A.; Lindstrom, M.; Ronmark, E.; Jonsson, A.C.; Jonsson, E.; Larsson, L.-G.; Andersson, S.; Sandstrom, T.; Larsson, K. Not 15 but 50% of smokers develop COPD?—Report from the obstructive lung disease in Northern Sweden studies. *Respir. Med.* **2003**, *97*, 115–122.

20. Tzanakis, N.; Anagnostopoulou, U.; Filaditaki, V.; Christaki, P.; Siafakas, N.; COPD group of the Hellenic Thoracic Society. Prevalence of COPD in Greece. *Chest* **2004**, *125*, 892–900.

21. Feenstra, T.L.; van Gunugten, M.L.; Hoogenveen, R.T.; Wouters, E.F.; Rutten-van Molken, M.P. The impact of aging and smoking on the future burden of chronic obstructive pulmonary disease: A model analysis in the Netherlands. *Am. J. Respir. Crit. Care Med.* **2001**, *164*, 590–596.

22. Hardie, J.A.; Buist, A.S.; Vollmer, W.M.; Ellingsen, I.; Bakke, P.S.; Mørkve, O. Risk of over-diagnosis of COPD in asymptomatic elderly never-smokers. *Eur. Respir. J.* **2002**, *20*, 1117–1122.

23. Hnizdo, E.; Glindmeyer, H.W.; Petsonk, E.L.; Enright, P.; Buist, A.S. Case definitions for chronic obstructive pulmonary disease. *Chronic Obstr. Pulm. Dis.* **2006**, *3*, 95–100.

24. Pauwels, R.A.; Buist, A.S.; Calverley, P.M.A.; Jenkins, C.R.; Hurd, S.S. Global strategy for diagnosis, management, and prevention of chronic obstructive pulmonary disease. *Am. J. Respir. Crit. Care Med.* **2001**, *163*, 1256–1276.

25. Hemminki, K.; Li, X.; Sundquist, K.; Sundquist, J. Familial risks for chronic obstructive pulmonary disease among siblings based on hospitalisations in Sweden. *J. Epidemiol. Community Health* **2008**, *62*, 398–401.

26. Kurmi, O.P.; Semple, S.; Simkhada, P.; Smith, W.C.S.; Ayres, J.G. COPD and chronic bronchitis risk of indoor air pollution from solid fuel: A systematic review and meta-analysis. *Thorax* **2010**, *65*, 221–228.

27. Lamprecht, B.; McBurnie, M.A.; Vollmer, W.M.; Gudmundsson, G.; Welte, T.; Nizankowska-Mogilnicka, E.; Studnicka, M.; Bateman, E.; Anto, J.M.; Burney, P.; *et al.* COPD in never smokers: Results from the population-based burden of obstructive lung disease study. *Chest* **2011**, *139*, 752–763.

28. Zhou, Y.; Wang, C.; Yao, W.; Chen, P.; Kang, J.; Huang, S.; Chen, C.; Wang, D.; Ni, X.; Wang, D.; *et al.* COPD in Chinese nonsmokers. *Eur. Respir. J.* **2009**, *33*, 509–518.

29. Silva, G.E.; Sherill, D.L.; Guerra, S.; Barbee, R.A. Asthma as a risk factor for COPD in a longitudinal study. *Chest* **2004**, *126*, 59–65.

30. Hagstad, S.; Ekerljung, L.; Lindberg, A.; Backman, H.; Rönmark, E.; Lundbäck, B. COPD among non-smokers—Report from the Obstructive Lung Disease in Northern Sweden (OLIN) studies. *Respir. Med.* **2012**, *106*, 980–988.

31. Pembroke, T.P.I.; Farhat, R.; Hart, C.L.; Smith, G.D.; Stansfeld, S.A. Psychological distress and chronic obstructive pulmonary disease in the Renfrew and Paisley (MIDSPAN) study. *J. Epidemiol. Community Health* **2006**, *60*, 789–792.

32. Varkey, A.B. Chronic obstructive pulmonary disease in women: Exploring gender differences. *Curr. Opin. Pulm. Med.* **2004**, *10*, 98–103.

33. Celli, B.R.; Halbert, R.J.; Isonaka, S.; Schau, B. Population impact of different definitions of airway obstruction. *Eur. Respir. J.* **2003**, *22*, 268–273.

34. Stanojevic, S.; Wade, A.; Stocks, J. Reference values for lung function: past, present and future. *Eur. Respir. J.* **2010**, *36*, 12–19.

35. Hansen, J.E.; Sun, X.-G.; Wasserman, K. Spirometric criteria for airway obstruction: Use percentage of FEV_1/FVC ratio below the fifth percentile, not <70%. *Chest* **2007**, *131*, 349–355.

36. Pellegrino, R.; Viegi, G.; Brusasco, V.; Crapo, R.O.; Burgos, F.; Casaburi, R.; Coates, A.; van de Grinten, C.M.P.; Gustafsson, P.; Hankinson, J.; *et al.* Interpretative strategies for lung function tests. *Eur. Respir. J.* **2005**, *26*, 948–968.

37. Jithoo, A.; Bateman, E.D.; Lombard, C.J.; Beyers, N.; Allison, M. Prevalence of COPD in South Africa: Results from the BOLD Study. *Proc. Am. Thorac. Soc.* **2006**, *3*, A545.

38. Kocabas, A.; Hancioglu, A.; Turkyilmaz, S.; Unalan, T.; Umut, S.; Cakir, B.; Vollmer, W.; Buist, S. Prevalence of COPD in Adana, Turkey (BOLD-Turkey Study). *Proc. Am. Thorac. Soc.* **2006**, *3*, A543.

39. Tabka, Z.; Hassayoune, H.; Guénard, H.; Zebidi, A.; Commenges, D.; Essabah, H.; Salamon, R.; Varene, P. Valeurs de référence spirométriques chez la population tunisienne. *Tunis. Med.* **1995**, *73*, 125–131.

RÉSUMÉ

La prévalence de la BPCO est en augmentation constante dans le monde. Les données épidémiologiques sont très limitées en Afrique du Nord et surtout en Tunisie. Nos objectifs sont de déterminer sa prévalence chez la population Tunisienne âgée de plus de 40 ans, à travers le projet international de BOLD, d'explorer le rôle de la profession dans la genèse des maladies respiratoires et en particulier la BPCO et d'analyser les autres facteurs de risque. 807 participants ont participé à cette étude dont 661 ont réussi la spirométrie. La première étude a montré qu'en plus du tabagisme, l'âge est encore un facteur plus important influençant sur la fonction pulmonaire. De plus, il a été montré que la forte prévalence de la BPCO en Tunisie (7,8%) est plus élevée que celle rapportée dans les rares études tunisiennes effectuées en 1983. La deuxième étude a conclu que les expositions professionnelles n'étaient pas liées au risque des maladies respiratoires et la BPCO. La troisième étude a distingué les autres facteurs de risque. La BPCO est une maladie irréversible mais un diagnostic posé à temps et des traitements permettent d'en ralentir l'évolution et d'améliorer la qualité de vie.